高等学校新工科计算机类专业系列教材

《离散数学》学习指导书

蔡 英 刘均梅 编著

西安电子科技大学出版社

内 容 简 介

　　本书是与西安电子科技大学出版社 2008 年出版的《离散数学》(第二版)教材 (蔡英、刘均梅编著)相配套的学习指导书,也可单独使用。书中内容按照教材章 节的先后顺序安排,每章均包括概述、例题选解和习题与解答三部分。另外,针 对每篇还补充了部分习题,并提供了相应的参考解答。本书的目的是为读者开拓 解题思路,提供解题方法和技巧,从而增强读者分析问题和解决问题的能力。

　　本书可作为一般高等院校计算机专业及相关专业本科生和专科生离散数学课 程的教学参考书,也可作为考研人员的复习用书。

图书在版编目(CIP)数据

《离散数学》学习指导书/蔡英,刘均梅编著. —西安:西安电子 科技大学出版社,2022.7(2024.1重印)
ISBN 978 - 7 - 5606 - 6511 - 5

Ⅰ. ①离… Ⅱ. ①蔡… ②刘… Ⅲ. ①离散数学－高等学校—教学参考资料 Ⅳ. ①O158

中国版本图书馆 CIP 数据核字(2022)第 098403 号

责任编辑　陈　婷
出版发行　西安电子科技大学出版社(西安市太白南路2号)
电　　话　(029)88202421　88201467　　邮　编　710071
网　　址　www. xduph. com
电子邮箱　xdupfxb001@163. com
经　　销　新华书店
印刷单位　咸阳华盛印务有限责任公司
版　　次　2022年7月第1版　2024年1月第2次印刷
开　　本　787毫米×1092毫米　1/16　印张　14.5
字　　数　344千字
定　　价　37.00元
ISBN 978 - 7 - 5606 - 6511 - 5/O

XDUP　6813001 - 2

＊＊＊如有印装问题可调换＊＊＊

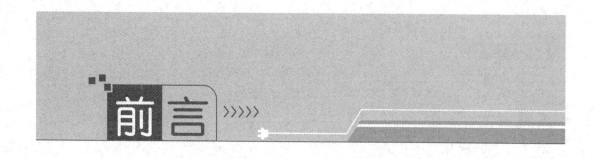

前言 >>>>>

离散数学的内容比较分散。它的特点就是概念、定义、定理多，全部内容缺乏一个完整的体系，加之离散数学题型比较丰富，解题方法比较灵活，没有明显的规律可循，常使人觉得无从下手，有时题做完了也不知道对错。这是离散数学教学的一大特点或一大难点。因此，要学好这门课程，除了课堂教学外，课后必须做一定数量的习题来帮助学生深入理解和掌握有关内容，以巩固所学知识。为了给读者提供学习和解题方法的指导，我们编写了这本学习指导书。

本书是与西安电子科技大学出版社 2008 年出版的《离散数学》（第二版）教材相配套的学习指导书。全书分为四篇，共十章，每章的内容包括三部分。第一部分是概述，包括知识点、学习基本要求和内容提要，它是相应章节所要求掌握的解答习题所涉及的概念、理论和方法的总结，便于读者在学习中对主要内容的复习。其中，学习基本要求部分的概念、理论分三级要求：理解、了解、知道；运算、方法分三级要求：熟练掌握、掌握、会（能）。第二部分是例题选解，它为一些典型题提供了解题思路和方法，使读者可逐步提高分析和解决问题的能力。第三部分是习题与解答，它对教材中的每一道习题都给出了详细的解题过程和答案。在每一篇的后面我们又补充了部分习题，并提供了相应的参考解答。

需要指出的是，和所有的题解一样，本题解只是对习题给出一个建议性的解答，并非典范，希望广大读者能提供更精巧的解法。

本书的数理逻辑和图论基础部分（第一、二、八、九、十章）由刘均梅编写，集合论和代数结构部分（第三章至第七章）由蔡英编写。在编写过程中，夏伦进副教授认真、仔细地审阅了全部习题解答，提出了宝贵的修改意见，我们也参阅了大量的有关离散数学习题的书籍和资料，在此一并向有关作者表示衷心的感谢。同时，我们衷心感谢西安电子科技大学出版社对本书的出版所给予的大力支持。

由于时间仓促、作者水平有限，解题过程难免有不足和错误之处，我们诚恳地期待读者的批评和指正。

作　者
2021 年 12 月于北京

目录 >>>>>

第一篇 数理逻辑

第二篇 集 合 论

第三篇 代 数 结 构

第四篇　图　论　基　础

第一篇

数理逻辑

第一章　命题逻辑

1.1　概　述

【知识点】

■ 命题与联结词
■ 命题公式与赋值
■ 等值演算
■ 联结词的全功能集
■ 主析取范式与主合取范式
■ 命题逻辑的推理理论

【学习基本要求】

1. 理解命题、命题的真值及五种逻辑联结词(熟记真值表),熟练掌握命题的表示方法,正确进行命题的符号化。

2. 理解命题演算的重言式、等值式、蕴含式的概念和性质,正确判断命题公式的类型(永真式、永假式、可满足式),熟练掌握命题公式的等值演算。

3. 了解联结词的全功能集和极小全功能集,会由全功能集$\{\neg,\wedge\}$、$\{\neg,\vee\}$证明其他联结词集合是全功能集。

4. 理解命题范式(析取范式、合取范式、主析取范式、主合取范式)的概念和性质,熟练掌握命题公式化为范式的方法,用主析取范式或主合取范式求公式的成真赋值和成假赋值。

5. 掌握命题演算的推理理论和用真值表技术、推理规则证明逻辑推理的方法。

【内容提要】

命题　能唯一判断真假的陈述句。如果某个陈述句判断为真(与人们公认的客观事实相符),则我们称其为真命题,否则称为假命题。

真值　表示命题真假的值。真命题的真值为1,假命题的真值为0。

简单命题(原子命题)　表达命题的简单句,是命题逻辑研究的最小单位,用小写英文字母p,q,r(或p_i,q_i,r_i)等符号表示。

联结词　逻辑运算符,用来构成复合命题。

复合命题 由命题和联结词构成的命题。一个复合命题的真值不仅与构成复合命题的命题的真值有关，而且也与所用联结词有关。

命题变元 一个不确指的(抽象的)命题，用 p，q，r 等表示。

命题公式 由命题变元(常元)符、联结词和圆括号按一定逻辑关系联结起来的字符串。命题合式公式定义如下：

(1) 单个的命题变元(或常元)是合式公式。

(2) 如果 A 是一个合式公式，则 $\neg A$ 也是合式公式。

(3) 如果 A、B 均是合式公式，则 $A \wedge B$、$A \vee B$、$A \rightarrow B$、$A \leftrightarrow B$ 也都是合式公式。

(4) 只有有限次地应用(1)、(2)、(3)组成的字符串才是合式公式。

真值函数 自变量是真值，函数值也是真值的函数。每个命题公式均对应一个真值函数。n 元真值函数的定义域为 $\{x \mid x$ 是由 n 个 0 或 1 构成的字符串$\}$，值域为 $\{0, 1\}$。取值情况可列表(真值表)表示。

解释 指定命题公式中的命题变元代表某个具体的命题。

赋值(真值指派) 对公式中的命题变元指派确定的真值。

成真赋值 使公式的真值为 1 的赋值。

成假赋值 使公式的真值为 0 的赋值。

永真式(重言式) 所有赋值均为成真赋值的公式。

永假式(矛盾式) 所有赋值均为成假赋值的公式。

可满足式 至少有一组赋值是成真赋值的公式。

可以用真值表判断公式 A 是否是永真式、永假式、可满足式。

真值表 将公式在所有赋值情况下的取值列成的表。每一个真值表即为一个真值函数，含有 n 个命题变元的公式的真值表共有 2^n 行，对应公式的 2^n 个赋值；这样的真值表共有 2^{2^n} 个，对应 2^{2^n} 个真值函数。常用的对应五个联结词 $\neg$，$\wedge$，$\vee$，$\rightarrow$，$\leftrightarrow$ 的真值函数的真值表见表 1.1 和表 1.2。

表 1.1 一元联结词 $\neg$ 的真值表

p	$\neg p$
0	1
1	0

表 1.2 二元联结词 $\wedge$，$\vee$，$\rightarrow$，$\leftrightarrow$ 的真值表

p	q	$p \wedge q$	$p \vee q$	$p \rightarrow q$	$p \leftrightarrow q$
0	0	0	0	1	1
0	1	0	1	1	0
1	0	0	1	0	0
1	1	1	1	1	1

等值 A、B 是任意两个命题公式，若等价式 $A \leftrightarrow B$ 为重言式，则称 A 与 B 是等值的，记作 $A \Leftrightarrow B$。

常用等值式如下：

双重否定律 $A \Leftrightarrow \neg \neg A$

幂等律 $A \Leftrightarrow A \vee A$ $A \Leftrightarrow A \wedge A$

交换律 $A \vee B \Leftrightarrow B \vee A$ $A \wedge B \Leftrightarrow B \wedge A$

结合律 $(A \vee B) \vee C \Leftrightarrow A \vee (B \vee C)$ $(A \wedge B) \wedge C \Leftrightarrow A \wedge (B \wedge C)$

分配律	$A \vee (B \wedge C) \Leftrightarrow (A \vee B) \wedge (A \vee C) \quad A \wedge (B \vee C) \Leftrightarrow (A \wedge B) \vee (A \wedge C)$
德·摩根律	$\neg (A \vee B) \Leftrightarrow \neg A \wedge \neg B \qquad\qquad \neg (A \wedge B) \Leftrightarrow \neg A \vee \neg B$
吸收律	$A \vee (A \wedge B) \Leftrightarrow A \qquad\qquad\qquad A \wedge (A \vee B) \Leftrightarrow A$
零律	$A \vee 1 \Leftrightarrow 1 \qquad\qquad\qquad\qquad A \wedge 0 \Leftrightarrow 0$
同一律	$A \vee 0 \Leftrightarrow A \qquad\qquad\qquad\qquad A \wedge 1 \Leftrightarrow A$
排中律	$A \vee \neg A \Leftrightarrow 1$
矛盾律	$A \wedge \neg A \Leftrightarrow 0$
蕴含等值式	$A \rightarrow B \Leftrightarrow \neg A \vee B$
等价等值式	$A \leftrightarrow B \Leftrightarrow (A \rightarrow B) \wedge (B \rightarrow A)$
假言易位	$A \rightarrow B \Leftrightarrow \neg B \rightarrow \neg A$
等价否定等值式	$A \leftrightarrow B \Leftrightarrow \neg A \leftrightarrow \neg B$
归谬论	$(A \rightarrow B) \wedge (A \rightarrow \neg B) \Leftrightarrow \neg A$

全功能集(功能完备集) 任一真值函数均可用仅含该集中的联结词的公式表示。

冗余的联结词 对于一个联结词集来说,如果集中的某个联结词可以用集中的其他联结词所定义(即这个联结词和命题变元所构成的公式,与用集中的其他联结词和命题变元所构成的公式等值),则称这个联结词是冗余的联结词。

极小全功能集(全功能完备集) 不含冗余联结词的全功能集。

文字 将命题变元及其否定统称为文字。

简单析取式(基本和) 仅由有限个文字构成的析取式。

简单合取式(基本积) 仅由有限个文字构成的合取式。

析取范式 由有限个简单合取式构成的析取式。

合取范式 由有限个简单析取式构成的合取式。

极小项 包含所给全部命题变元或其否定一次且仅一次的简单合取式(见表 1.3)。

极大项 包含所给全部命题变元或其否定一次且仅一次的简单析取式(见表 1.3)。

表 1.3　有 3 个命题变元的对应每个赋值的极小项和极大项

$p \quad q \quad r$	极小项	(m)	极大项	(M)
0　0　0	$\neg p \wedge \neg q \wedge \neg r$	(m_0)	$p \vee q \vee r$	(M_0)
0　0　1	$\neg p \wedge \neg q \wedge r$	(m_1)	$p \vee q \vee \neg r$	(M_1)
0　1　0	$\neg p \wedge q \wedge \neg r$	(m_2)	$p \vee \neg q \vee r$	(M_2)
0　1　1	$\neg p \wedge q \wedge r$	(m_3)	$p \vee \neg q \vee \neg r$	(M_3)
1　0　0	$p \wedge \neg q \wedge \neg r$	(m_4)	$\neg p \vee q \vee r$	(M_4)
1　0　1	$p \wedge \neg q \wedge r$	(m_5)	$\neg p \vee q \vee \neg r$	(M_5)
1　1　0	$p \wedge q \wedge \neg r$	(m_6)	$\neg p \vee \neg q \vee r$	(M_6)
1　1　1	$p \wedge q \wedge r$	(m_7)	$\neg p \vee \neg q \vee \neg r$	(M_7)

主析取范式　由不同极小项构成的析取范式。

主合取范式　由不同极大项构成的合取范式。

主范式　主析取范式和主合取范式统称为主范式。设 A 是含有命题变元 p_1，p_2，$\cdots$，p_n 的公式，B 是关于命题变元 p_1，p_2，$\cdots$，p_n 的主范式，若 $A \Leftrightarrow B$，则称 B 是 A 的主范式。

推理　由前提到结论的思维过程。设 A_1，A_2，$\cdots$，A_n，B 均是公式，若 $(A_1 \wedge A_2 \wedge \cdots \wedge A_n) \rightarrow B$ 是重言式，则称从前提 A_1，A_2，$\cdots$，A_n 推出结论 B 的推理正确，B 是 A_1，A_2，$\cdots$，A_n 的有效结论或逻辑结论，记作：A_1，A_2，$\cdots$，$A_n \vdash B$ 或 A_1，A_2，$\cdots$，$A_n \Rightarrow B$。

构造证明法　构造证明可以看作公式的序列，其中的每个公式都是按照事先规定的规则得到的，且需将所用的规则在公式后写明，该序列的最后一个公式正是所要证明的结论。常用方法为直接证明法和间接证明法（附加前提证明法和归缪法）。

证明中用到的推理规则如下：

前提引入规则　在证明的任何步骤上，都可以引入前提。

结论引入规则　在证明的任何步骤上，所得到的结论均可作后续证明的前提加以引用。

置换规则　在证明的任何步骤上，命题公式中的任何子公式都可以用与之等值的公式置换。

附加规则　　　　　　　$A \vdash (A \vee B)$

化简规则　　　　　　　$(A \wedge B) \vdash A$

假言推理规则　　　　　$(A \rightarrow B)$，$A \vdash B$

拒取式规则　　　　　　$(A \rightarrow B)$，$\neg B \vdash \neg A$

假言三段论规则　　　　$(A \rightarrow B)$，$(B \rightarrow C) \vdash (A \rightarrow C)$

析取三段论规则　　　　$(A \vee B)$，$\neg B \vdash A$

构造性二难规则　　　　$(A \rightarrow B)$，$(C \rightarrow D)$，$(A \vee C) \vdash (B \vee D)$

合取引入规则　　　　　A，$B \vdash (A \wedge B)$

定理 1.1　设 A，B，C 是任意公式。

(1) $A \Leftrightarrow B$，当且仅当 A 与 B 有相同的真值表（对应同一个真值函数）。

(2) $A \Leftrightarrow A$。

(3) 若 $A \Leftrightarrow B$，则 $B \Leftrightarrow A$。

(4) 若 $A \Leftrightarrow B$ 且 $B \Leftrightarrow C$，则 $A \Leftrightarrow C$。

(5) $A \Leftrightarrow B$，当且仅当 $A \Rightarrow B$ 且 $B \Rightarrow A$。

定理 1.2　联结词集合 $\{\neg，\wedge\}$、$\{\neg，\vee\}$、$\{\neg，\rightarrow\}$ 均是极小全功能集。

定理 1.3　每个命题公式均存在与之等值的析取范式和合取范式。

定理 1.4　每个命题公式均存在唯一的主析取范式和主合取范式。

定理 1.5　设公式 A 中出现 n 个命题变元，A 的主析取范式中含有 m 个极小项，A 的主合取范式中含有 k 个极大项，则必有 $m + k = 2^n$，且

(1) A 是永真式，当且仅当 $m = 2^n$。

(2) A 是永假式，当且仅当 $k = 2^n$。

(3) A 是非永真的可满足式，当且仅当 $0 < m < 2^n$。

1.2 例 题 选 解

【例 1.1】 在命题逻辑中符号化下列句子：

(1) 小明和小亮既是兄弟又是同学。

(2) 如果你和他都是白痴，则你俩都会去干此傻事。

(3) 无论你和他去不去，我去。

解

(1) 设 p：小明和小亮是兄弟，q：小明和小亮是同学。原命题符号化为 $p \wedge q$。

(2) 设 p：你是白痴，q：他是白痴，r：你会去干此傻事，s：他会去干此傻事。原命题符号化为 $\neg(p \wedge q) \to (\neg r \wedge \neg s)$。

(3) 设 p：你去，q：他去，r：我去。原命题符号化为 $((p \wedge q) \to r) \wedge ((\neg p \wedge q) \to r) \wedge ((p \wedge \neg q) \to r) \wedge ((\neg p \wedge \neg q) \to r)$。

注 在符号化自然语句时，① 要注意正确地选取原子命题，"是兄弟"表明的是小明和小亮之间的一种关系，而非说明谁是兄，谁是弟，所以"和"联结的是两个名词做主语，而不是联结两个句子；② 要注意否定符号的位置，即"都不是"与"不都是"的差异；③ 要善于识别句子的真正含义。另外，符号化的形式不一定唯一，"无论你和他去不去，我去"也可符号化为 $(p \wedge q \wedge r) \vee (\neg p \wedge q \wedge r) \vee (p \wedge \neg q \wedge r) \vee (\neg p \wedge \neg q \wedge r)$，说明四种情况必居其一，甚至可以简单地符号化为 r，意为"我去，不管什么情况"。易证三种表示形式是等值的。

【例 1.2】 证明 $\{\neg, \leftrightarrow\}$ 不是全功能集。

分析 证明一个联结词集合不是全功能集，只需找出一个联结词不能用该集合中的联结词定义即可。虽然由命题变元和联结词构成的公式有无穷个，但对应的真值函数却是有限的，因此，只要将所证联结词集合对应的所有真值函数列出，并说明其中不包含某一个联结词所对应的真值函数即可。特殊情况下，也可考虑已知的全功能集：$\{\neg, \wedge, \vee\}$，$\{\neg, \wedge\}$，$\{\neg, \vee\}$，$\{\neg, \to\}$，说明某个全功能集不能用所证联结词集定义。

证明

(1) 任一由 $p, q, \neg, \leftrightarrow$ 组成的公式 $A(p, q)$，其对应的真值函数只有八种(见表1.4)，每个真值函数的成真赋值均是偶数个。

表 1.4 由 $p, q, \neg, \leftrightarrow$ 组成的公式 $A(p, q)$ 对应的真值表

$p\ \ q$	$A(p, q)$							
	1	2	3	4	5	6	7	8
0 0	0	0	0	0	1	1	1	1
0 1	0	0	1	1	0	0	1	1
1 0	0	1	0	1	0	1	0	1
1 1	0	1	1	0	1	0	0	1

关于(1)我们对联结词↔,¬的个数作归纳证明。

如果 A 恰好是原子命题 p,q,则其取值如表 1.4 中的 2、3 列所示,各有偶数个成真赋值。

若 A 为 $A_1 \leftrightarrow A_2$ 或 $\neg A_1$,假设 A_1,A_2 只可能有表 1.4 中所示的八种取值情况,容易验证,$A_1 \leftrightarrow A_2$,$\neg A_1$ 的取值仍在这八种之列,成真赋值总有偶数个。

(2) 因为公式 $p \wedge q$ 的成真赋值仅有"11"一个,所以 $p \wedge q$ 不可能与任何仅用 $p,q,\neg$,↔组成的公式等值,即 $\wedge$ 不能用 $\neg$,↔定义,故 $\{\neg,\leftrightarrow\}$ 不是全功能集。

【例 1.3】 可用几种方法求一个公式的成真赋值?并求公式 $p \rightarrow (q \leftrightarrow r)$ 的成真赋值。

解 可用三种方法求公式的全部成真赋值:列真值表法、分析取值法和求公式的主析取范式法。

解法 1:列公式 $p \rightarrow (q \leftrightarrow r)$ 的真值表,见表 1.5。

表 1.5 公式 $p \rightarrow (q \leftrightarrow r)$ 的真值表

$p \quad q \quad r$	$q \leftrightarrow r$	$p \rightarrow (q \leftrightarrow r)$
0　0　0	1	1
0　0　1	0	1
0　1　0	0	1
0　1　1	1	1
1　0　0	1	1
1　0　1	0	0
1　1　0	0	0
1　1　1	1	1

由真值表可以看出,公式 $p \rightarrow (q \leftrightarrow r)$ 的成真赋值为 $000,001,010,011,100,111$。

解法 2:分析公式 $p \rightarrow (q \leftrightarrow r)$ 的取值情况,作为蕴含式,"前真后真""前假"时均使公式为真,满足这样条件的赋值为 $000,001,010,011,100,111$。

解法 3:求公式 $p \rightarrow (q \leftrightarrow r)$ 的主析取范式:

$$p \rightarrow (q \leftrightarrow r)$$

$\Leftrightarrow \neg p \vee ((q \rightarrow r) \wedge (r \rightarrow q))$ （蕴含等值式、等价等值式）

$\Leftrightarrow \neg p \vee ((\neg q \vee r) \wedge (\neg r \vee q))$ （蕴含等值式）

$\Leftrightarrow (\neg p \vee \neg q \vee r) \wedge (\neg p \vee q \vee \neg r)$ （分配律、交换律）

$\Leftrightarrow M_6 \wedge M_5 \Leftrightarrow m_0 \vee m_1 \vee m_2 \vee m_3 \vee m_4 \vee m_7$

$\Leftrightarrow (\neg p \wedge \neg q \wedge \neg r) \vee (\neg p \wedge \neg q \wedge r) \vee (\neg p \wedge q \wedge \neg r) \vee (\neg p \wedge q \wedge r)$

$\quad \vee (p \wedge \neg q \wedge \neg r) \vee (p \wedge q \wedge r)$

所以,公式 $p \rightarrow (q \leftrightarrow r)$ 的成真赋值为 $000,001,010,011,100,111$。

【例 1.4】　可用几种方法判断公式的类型？并判断公式$((p \lor q) \to r) \leftrightarrow ((p \to r) \lor (q \to r))$的类型。

解　可用两种方法判断公式的类型：列真值表法和求主范式法。

解法 1：列出公式$((p \lor q) \to r) \leftrightarrow ((p \to r) \lor (q \to r))$的真值表，见表 1.6。

表 1.6　公式$((p \lor q) \to r) \leftrightarrow ((p \to r) \lor (q \to r))$的真值表

p q r	$p \lor q$	$(p \lor q) \to r$	$p \to r$	$q \to r$	$(p \to r) \lor (q \to r)$	$((p \lor q) \to r) \leftrightarrow ((p \to r) \lor (q \to r))$
0　0　0	0	1	1	1	1	1
0　0　1	0	1	1	1	1	1
0　1　0	1	0	1	0	1	0
0　1　1	1	1	1	1	1	1
1　0　0	1	0	0	1	1	0
1　0　1	1	1	1	1	1	1
1　1　0	1	0	0	0	0	1
1　1　1	1	1	1	1	1	1

由真值表可知，公式$((p \lor q) \to r) \leftrightarrow ((p \to r) \lor (q \to r))$是非永真的可满足式。

解法 2：求公式$((p \lor q) \to r) \leftrightarrow ((p \to r) \lor (q \to r))$的主合取范式：

$$((p \lor q) \to r) \leftrightarrow ((p \to r) \lor (q \to r))$$
$$\Leftrightarrow (((p \lor q) \to r) \to ((p \to r) \lor (q \to r))) \land (((p \to r) \lor (q \to r)) \to ((p \lor q) \to r))$$
$$\Leftrightarrow (\neg (\neg (p \lor q) \lor r) \lor \neg p \lor r \lor \neg q \lor r) \land (\neg (\neg p \lor r \lor \neg q \lor r) \lor (\neg (p \lor q) \lor r))$$
$$\Leftrightarrow (((p \lor q) \land \neg r) \lor \neg p \lor \neg q \lor r) \land ((p \land \neg r \land q) \lor (\neg p \land \neg q) \lor r)$$
$$\Leftrightarrow (p \lor q \lor \neg p \lor \neg q \lor r) \land (\neg r \lor \neg p \lor \neg q \lor r)$$
$$\land (((p \lor \neg p) \land (p \lor \neg q) \land (\neg r \lor \neg p) \land (\neg r \lor \neg q) \land (q \lor \neg p) \land (q \lor \neg q)) \lor r)$$
$$\Leftrightarrow 1 \land 1 \land (((p \lor \neg q) \land (\neg r \lor \neg p) \land (\neg r \lor \neg q) \land (q \lor \neg p)) \lor r)$$
$$\Leftrightarrow (p \lor \neg q \lor r) \land (\neg r \lor \neg p \lor r) \land (\neg r \lor \neg q \lor r) \land (q \lor \neg p \lor r)$$
$$\Leftrightarrow (p \lor \neg q \lor r) \land (\neg p \lor q \lor r)$$

因为公式$((p \lor q) \to r) \leftrightarrow ((p \to r) \lor (q \to r))$的主合取范式中只含有两个极大项，所以是非永真的可满足式。

【例 1.5】　可用几种方法判断两个公式是否等值？并判断下列两对公式是否等值。

(1) $\neg (p \overline{\lor} q)$与$p \leftrightarrow q$

(2) $\neg (p \land q)$与$\neg p \land \neg q$

解

(1) 可用四种方法判断$\neg (p \overline{\lor} q)$与$p \leftrightarrow q$是等值的。

解法 1：分别列出公式$\neg (p \overline{\lor} q)$与$p \leftrightarrow q$的真值表，见表 1.7。

表 1.7　公式 $\neg(p\overline{\vee}q)$ 与 $p\leftrightarrow q$ 的真值表

p　q	$p\overline{\vee}q$	$\neg(p\overline{\vee}q)$	$p\leftrightarrow q$
0　0	0	1	1
0　1	1	0	0
1　0	1	0	0
1　1	0	1	1

由真值表可知，公式 $\neg(p\overline{\vee}q)$ 与 $p\leftrightarrow q$ 等值。

解法 2：通过等值演算证明公式 $\neg(p\overline{\vee}q)$ 与 $p\leftrightarrow q$ 等值。

$\neg(p\overline{\vee}q)$

$\Leftrightarrow \neg((p\wedge\neg q)\vee(\neg p\wedge q))$

$\Leftrightarrow \neg(p\wedge\neg q)\wedge\neg(\neg p\wedge q)$

$\Leftrightarrow (\neg p\vee q)\wedge(p\vee\neg q)$

$\Leftrightarrow (p\to q)\wedge(q\to p)$

$\Leftrightarrow p\leftrightarrow q$

所以，公式 $\neg(p\overline{\vee}q)$ 与 $p\leftrightarrow q$ 等值。

解法 3：分别求公式 $\neg(p\overline{\vee}q)$ 与 $p\leftrightarrow q$ 的主合取范式，比较其是否相同。

$\neg(p\overline{\vee}q)$

$\Leftrightarrow \neg((p\wedge\neg q)\vee(\neg p\wedge q))$

$\Leftrightarrow \neg(p\wedge\neg q)\wedge\neg(\neg p\wedge q)$

$\Leftrightarrow (\neg p\vee q)\wedge(p\vee\neg q)$

$p\leftrightarrow q$

$\Leftrightarrow (p\to q)\wedge(q\to p)$

$\Leftrightarrow (\neg p\vee q)\wedge(p\vee\neg q)$

公式 $\neg(p\overline{\vee}q)$ 与 $p\leftrightarrow q$ 的主合取范式相同，故公式 $\neg(p\overline{\vee}q)$ 与 $p\leftrightarrow q$ 等值。

解法 4：证明 $\neg(p\overline{\vee}q)\Rightarrow p\leftrightarrow q$ 且 $p\leftrightarrow q\Rightarrow\neg(p\overline{\vee}q)$。

先证 $\neg(p\overline{\vee}q)\Rightarrow p\leftrightarrow q$：

① $\neg(p\overline{\vee}q)$　　　　　　　　前提引入

② $\neg((p\wedge\neg q)\vee(\neg p\wedge q))$　　　① 置换

③ $\neg(p\wedge\neg q)\wedge\neg(\neg p\wedge q)$　　② 置换

④ $\neg(p\wedge\neg q)$　　　　　　　　③ 化简

⑤ $p\to q$　　　　　　　　　　　④ 置换

⑥ $\neg(\neg p\wedge q)$　　　　　　　③ 化简

⑦ $q\to p$　　　　　　　　　　　⑥ 置换

⑧ $(p\to q)\wedge(q\to p)$　　　　　⑤⑦ 合取引入

⑨ $p\leftrightarrow q$　　　　　　　　　⑧ 置换

再证 $p\leftrightarrow q\Rightarrow\neg(p\overline{\vee}q)$：

① $p\leftrightarrow q$　　　　　　　　　前提引入

② $(p \to q) \wedge (q \to p)$　　　　　① 置换

③ $(\neg p \vee q) \wedge (\neg q \vee p)$　　　　② 置换

④ $\neg (p \wedge \neg q) \wedge \neg (\neg p \wedge q)$　　　③ 置换

⑤ $\neg ((p \wedge \neg q) \vee (\neg p \wedge q))$　　④ 置换

⑥ $\neg (p \overline{\vee} q)$　　　　　　　⑤ 置换

因此，$\neg (p \overline{\vee} q) \Leftrightarrow p \leftrightarrow q$。

(2) 可用三种方法判断公式 $\neg (p \wedge q)$ 与 $\neg p \wedge \neg q$ 是否等值。

解法 1：分别列出公式 $\neg (p \wedge q)$ 与 $\neg p \wedge \neg q$ 的真值表，见表 1.8。

表 1.8　公式 $\neg (p \wedge q)$ 与 $\neg p \wedge \neg q$ 的真值表

p　q	$\neg p$	$\neg q$	$p \wedge q$	$\neg (p \wedge q)$	$\neg p \wedge \neg q$
0　0	1	1	0	1	1
0　1	1	0	0	1	0
1　0	0	1	0	1	0
1　1	0	0	1	0	0

由真值表可知，公式 $\neg (p \wedge q)$ 与 $\neg p \wedge \neg q$ 不等值。

解法 2：通过等值演算看公式 $(\neg (p \wedge q)) \leftrightarrow (\neg p \wedge \neg q)$ 是否是永真式。

$(\neg (p \wedge q)) \leftrightarrow (\neg p \wedge \neg q)$

$\Leftrightarrow (\neg (p \wedge q) \to (\neg p \wedge \neg q)) \wedge ((\neg p \wedge \neg q) \to \neg (p \wedge q))$

$\Leftrightarrow ((p \wedge q) \vee (\neg p \wedge \neg q)) \wedge (\neg (\neg p \wedge \neg q) \vee (\neg p \vee \neg q))$

$\Leftrightarrow ((p \wedge q) \vee (\neg p \wedge \neg q)) \wedge (p \vee q \vee \neg p \vee \neg q)$

$\Leftrightarrow (p \wedge q) \vee (\neg p \wedge \neg q)$

因为 $(p \wedge q) \vee (\neg p \wedge \neg q)$ 是公式 $(\neg (p \wedge q)) \leftrightarrow (\neg p \wedge \neg q)$ 的主析取范式，只含两个极小项，所以 $(\neg (p \wedge q)) \leftrightarrow (\neg p \wedge \neg q)$ 不是永真式，即公式 $\neg (p \wedge q)$ 与 $\neg p \wedge \neg q$ 不等值。

解法 3：分别求公式 $\neg (p \wedge q)$ 与 $\neg p \wedge \neg q$ 的主合取范式，比较其是否相同。

$\neg (p \wedge q)$

$\Leftrightarrow \neg p \vee \neg q$　——主合取范式

$\neg p \wedge \neg q$

$\Leftrightarrow (\neg p \vee (\neg q \wedge q)) \wedge (\neg q \vee (\neg p \wedge p))$

$\Leftrightarrow (\neg p \vee \neg q) \wedge (\neg p \vee q) \wedge (\neg q \vee \neg p) \wedge (\neg q \vee p)$

$\Leftrightarrow (\neg p \vee \neg q) \wedge (\neg p \vee q) \wedge (p \vee \neg q)$　——主合取范式

两个公式的主合取范式不同，故公式 $\neg (p \wedge q)$ 与 $\neg p \wedge \neg q$ 不等值。

1.3　习题与解答

1. 指出下述语句哪些是命题，哪些不是命题，若是命题，指出其真值。

(1) 离散数学是计算机科学系的一门必修课。

（2）你上网了吗？

（3）不存在偶素数。

（4）明天我们去郊游。

（5）$x \leqslant 6$。

（6）我们要努力学习。

（7）如果太阳从西方升起，你就可以长生不老。

（8）如果太阳从东方升起，你就可以长生不老。

（9）这个理发师给一切不自己理发的人理发。

解　（1）是命题，真值为1。（2）不是命题。（3）是命题，真值为0。（4）是命题，真值应视具体情况而定。（5）不是命题。（6）不是命题。（7）是命题，真值为1。（8）是命题，真值为0。（9）不是命题。

2. 将下列命题符号化。

（1）逻辑不是枯燥无味的。

（2）小李边读书边听音乐。

（3）现在没下雨，可也没出太阳，是阴天。

（4）你不要边做作业边看电视。

（5）小王要么住在203室，要么住在205室。

（6）小刘总是在图书馆自习，除非他病了或图书馆不开门。

（7）他只要用功，成绩就会好。

（8）他只有用功，成绩才会好。

（9）如果你来了，那么他唱不唱歌将看你是否伴奏而定。

（10）如果我考试通过了，我就继续求学，否则，我去打工。

解

（1）设 p：逻辑是枯燥无味的。原命题符号化为 $\neg p$。

（2）设 p：小李读书，q：小李听音乐。原命题符号化为 $p \wedge q$。

（3）设 p：现在下雨了，q：现在出太阳了，r：现在是阴天。原命题符号化为 $\neg p \wedge \neg q \wedge r$。

（4）设 p：做作业，q：看电视。原命题符号化为 $\neg(p \wedge q)$。

（5）设 p：小王住在203室，q：小王住在205室。原命题符号化为 $p \overline{\vee} q$。

（6）设 p：小刘在图书馆自习，q：小刘病了，r：图书馆开门了。原命题符号化为 $\neg p \to (q \vee \neg r)$。

（7）设 p：他用功，q：他成绩好。原命题符号化为 $p \to q$。

（8）设 p：他用功，q：他成绩好。原命题符号化为 $q \to p$。

（9）设 p：你来了，q：他唱歌，r：你伴奏。原命题符号化为 $p \to (q \leftrightarrow r)$。

（10）设 p：考试通过，q：继续求学，r：去打工。原命题符号化为 $(p \to q) \wedge (\neg p \to r)$。

3. 求下列公式在赋值0011下的真值。

（1）$(p \vee (q \wedge r)) \to s$

（2）$(p \leftrightarrow r) \wedge (\neg s \vee q)$

（3）$(p \wedge (q \vee r)) \vee ((p \vee q) \wedge r \wedge s)$

（4）$(q \vee \neg p) \to (\neg r \vee s)$

解　(1)、(4)的真值均为1；(2)、(3)的真值均为0。

4. 用真值表判断下列公式的类型。

(1) $(p \rightarrow (q \rightarrow p))$

(2) $\neg (p \rightarrow q) \wedge \neg q$

(3) $((p \rightarrow q) \rightarrow (p \rightarrow r)) \rightarrow (p \rightarrow (q \rightarrow r))$

(4) $\neg (p \vee (q \wedge r)) \leftrightarrow ((p \vee q) \wedge (p \vee r))$

解　(1)是永真式。(2)是可满足式，真值表见表1.9。(3)是永真式，真值表见表1.10。(4)是永假式，真值表见表1.11。

表 1.9　题 4(2)的真值表

p q	$q \rightarrow p$	$p \rightarrow (q \rightarrow p)$	$\neg (p \rightarrow q)$	$\neg q$	$\neg (p \rightarrow q) \wedge \neg q$
0 0	1	1	0	1	0
0 1	0	1	0	0	0
1 0	1	1	1	1	1
1 1	1	1	0	0	0

表 1.10　题 4(3)的真值表

p q r	$p \rightarrow q$	$p \rightarrow r$	$(p \rightarrow q) \rightarrow (p \rightarrow r)$	$p \rightarrow (q \rightarrow r)$	$((p \rightarrow q) \rightarrow (p \rightarrow r)) \rightarrow (p \rightarrow (q \rightarrow r))$
0 0 0	1	1	1	1	1
0 0 1	1	1	1	1	1
0 1 0	1	1	1	1	1
0 1 1	1	1	1	1	1
1 0 0	0	0	1	1	1
1 0 1	0	1	1	1	1
1 1 0	1	0	0	0	1
1 1 1	1	1	1	1	1

表 1.11　题 4(4)的真值表

p q r	$q \wedge r$	$\neg (p \vee (q \wedge r))$	$(p \vee q) \wedge (p \vee r)$	$\neg (p \vee (q \wedge r)) \leftrightarrow ((p \vee q) \wedge (p \vee r))$
0 0 0	0	1	0	0
0 0 1	0	1	0	0
0 1 0	0	1	0	0
0 1 1	1	0	1	0
1 0 0	0	0	1	0
1 0 1	0	0	1	0
1 1 0	0	0	1	0
1 1 1	1	0	1	0

5. 证明下列等值式。

(1) $(p \rightarrow r) \wedge (q \rightarrow r) \Leftrightarrow (p \vee q) \rightarrow r$

(2) $p \rightarrow (q \rightarrow r) \Leftrightarrow q \rightarrow (p \rightarrow r)$

(3) $(p \wedge q) \vee (\neg p \wedge r) \vee (q \wedge r) \Leftrightarrow (p \wedge q) \vee (\neg p \wedge r)$

(4) $\neg (p \leftrightarrow q) \Leftrightarrow (p \vee q) \wedge \neg (p \wedge q)$

(5) $p \rightarrow (q \vee r) \Leftrightarrow \neg r \rightarrow (p \rightarrow q)$

证明

(1) $\quad (p \rightarrow r) \wedge (q \rightarrow r)$

$\Leftrightarrow (\neg p \vee r) \wedge (\neg q \vee r) \Leftrightarrow (\neg p \wedge \neg q) \vee r$

$\Leftrightarrow \neg (p \vee q) \vee r \Leftrightarrow (p \vee q) \rightarrow r$

(2) $\quad p \rightarrow (q \rightarrow r)$

$\Leftrightarrow \neg p \vee (\neg q \vee r) \Leftrightarrow \neg q \vee (\neg p \vee r) \Leftrightarrow q \rightarrow (p \rightarrow r)$

(3) $\quad (p \wedge q) \vee (\neg p \wedge r) \vee (q \wedge r)$

$\Leftrightarrow (p \wedge q) \vee (\neg p \wedge r) \vee ((\neg p \vee p) \wedge q \wedge r)$

$\Leftrightarrow (p \wedge q) \vee (\neg p \wedge r) \vee (\neg p \wedge q \wedge r) \vee (p \wedge q \wedge r)$

$\Leftrightarrow ((p \wedge q) \vee (p \wedge q \wedge r)) \vee ((\neg p \wedge r) \vee (\neg p \wedge r \wedge q)) \Leftrightarrow (p \wedge q) \vee (\neg p \wedge r)$

(4) $\quad \neg (p \leftrightarrow q)$

$\Leftrightarrow \neg ((p \rightarrow q) \wedge (q \rightarrow p))$

$\Leftrightarrow \neg ((\neg p \vee q) \wedge (\neg q \vee p))$

$\Leftrightarrow (p \wedge \neg q) \vee (q \wedge \neg p)$

$\Leftrightarrow (p \vee q) \wedge (p \vee \neg p) \wedge (\neg q \vee q) \wedge (\neg q \vee \neg p)$

$\Leftrightarrow (p \vee q) \wedge \neg (p \wedge q)$

(5) $\quad p \rightarrow (q \vee r)$

$\Leftrightarrow \neg p \vee q \vee r \Leftrightarrow \neg \neg r \vee (\neg p \vee q) \Leftrightarrow \neg r \rightarrow (p \rightarrow q)$

6. 设 A、B、C 是任意命题公式。

(1) 若 $A \vee B \Leftrightarrow A \vee C$，则 $B \Leftrightarrow C$ 成立吗？

(2) 若 $A \wedge B \Leftrightarrow A \wedge C$，则 $B \Leftrightarrow C$ 成立吗？

(3) 若 $\neg A \Leftrightarrow \neg B$，则 $A \Leftrightarrow B$ 成立吗？

解

(1) 不一定。若 $A \Leftrightarrow 1$，则恒有 $A \vee B \Leftrightarrow A \vee C$，此时不一定有 $B \Leftrightarrow C$ 成立。

(2) 不一定。若 $A \Leftrightarrow 0$，则恒有 $A \wedge B \Leftrightarrow A \wedge C$，此时不一定有 $B \Leftrightarrow C$ 成立。

(3) 一定。若 $\neg A \Leftrightarrow \neg B$，说明 $\neg A$ 与 $\neg B$ 同真同假，即 A 与 B 同真同假，故 $A \Leftrightarrow B$ 必成立。

7. 证明 $\{\neg, \rightarrow\}$ 是联结词极小全功能集。

证明 已知 $\{\neg, \vee\}$ 是联结词极小全功能集，由于 $A \vee B \Leftrightarrow \neg A \rightarrow B$，因而 $\{\neg, \rightarrow\}$ 是联结词全功能集。因为一元联结词 $\neg$ 不能定义二元联结词 $\rightarrow$，所以 $\rightarrow$ 不是冗余的。又假设 $\neg$ 能由二元联结词 $\rightarrow$ 定义，则对于任意命题 A, B, $\cdots$, $\neg A \Leftrightarrow A \rightarrow B \rightarrow \cdots$，令所有的命题均为真，则上式左端为假，右端为真，矛盾，故 $\neg$ 也不是冗余的。因此 $\{\neg, \rightarrow\}$ 是联结词极小全功能集。

8．将下列公式化为仅出现联结词 $\neg$，$\rightarrow$ 的公式。

（1）$p \vee (q \wedge \neg r)$

（2）$p \leftrightarrow (q \rightarrow (p \vee r))$

（3）$p \wedge q \wedge r$

解

（1）　$p \vee (q \wedge \neg r)$

$\Leftrightarrow \neg \neg p \vee \neg \neg (q \wedge \neg r) \Leftrightarrow \neg p \rightarrow \neg (\neg q \vee r) \Leftrightarrow \neg p \rightarrow \neg (q \rightarrow r)$

（2）　$p \leftrightarrow (q \rightarrow (p \vee r))$

$\Leftrightarrow (p \rightarrow (q \rightarrow (p \vee r))) \wedge ((q \rightarrow (p \vee r)) \rightarrow p)$

$\Leftrightarrow \neg (\neg (p \rightarrow (q \rightarrow (p \vee r))) \vee \neg ((q \rightarrow (p \vee r)) \rightarrow p))$

$\Leftrightarrow \neg ((p \rightarrow (q \rightarrow (\neg p \rightarrow r))) \rightarrow \neg ((q \rightarrow (\neg p \rightarrow r)) \rightarrow p))$

（3）　$p \wedge q \wedge r$

$\Leftrightarrow \neg (\neg p \vee \neg q \vee \neg r) \Leftrightarrow \neg (\neg p \vee (\neg q \vee \neg r)) \Leftrightarrow \neg (p \rightarrow (q \rightarrow \neg r))$

9．将下列公式化为仅出现联结词 $\neg$，$\wedge$ 的等价公式。

（1）$\neg r \vee q \vee (p \rightarrow q)$

（2）$p \rightarrow (q \rightarrow r)$

（3）$p \leftrightarrow q$

解

（1）　$\neg r \vee q \vee (p \rightarrow q)$

$\Leftrightarrow \neg r \vee q \vee (\neg p \vee q) \Leftrightarrow \neg r \vee q \vee \neg p \Leftrightarrow \neg (r \wedge \neg q \wedge p)$

（2）　$p \rightarrow (q \rightarrow r)$

$\Leftrightarrow \neg p \vee \neg q \vee r \Leftrightarrow \neg (p \wedge q \wedge \neg r)$

（3）　$p \leftrightarrow q \Leftrightarrow (p \rightarrow q) \wedge (q \rightarrow p)$

$\Leftrightarrow (\neg p \vee q) \wedge (\neg q \vee p) \Leftrightarrow \neg (p \wedge \neg q) \wedge \neg (q \wedge \neg p)$

10．将下列公式化为仅出现联结词 $\neg$，$\vee$ 的等价公式。

（1）$\neg p \wedge \neg q \wedge (\neg r \rightarrow p)$

（2）$\neg p \overline{\vee} q$

（3）$(p \rightarrow (q \vee \neg r)) \wedge \neg p \wedge q$

解

（1）　$\neg p \wedge \neg q \wedge (\neg r \rightarrow p)$

$\Leftrightarrow \neg p \wedge \neg q \wedge (r \vee p) \Leftrightarrow \neg p \wedge \neg q \wedge r \Leftrightarrow \neg (p \vee q \vee \neg r)$

（2）　$\neg p \overline{\vee} q$

$\Leftrightarrow (\neg p \vee q) \wedge \neg (\neg p \wedge q) \Leftrightarrow (\neg p \vee q) \wedge (p \vee \neg q)$

$\Leftrightarrow \neg (\neg (\neg p \vee q) \vee \neg (p \vee \neg q))$

（3）　$(p \rightarrow (q \vee \neg r)) \wedge \neg p \wedge q$

$\Leftrightarrow (\neg p \vee q \vee \neg r) \wedge \neg p \wedge q \Leftrightarrow \neg p \wedge q \Leftrightarrow \neg (p \vee \neg q)$

11．将下列公式化为仅出现联结词 $\uparrow$ 的等价公式，再将其化成仅出现联结词 $\downarrow$ 的等价公式。

（1）$p \rightarrow (\neg p \rightarrow q)$

(2) $(p \vee \neg q) \wedge r$

解

(1) $p \rightarrow (\neg p \rightarrow q)$

$\Leftrightarrow \neg p \vee (p \vee q) \Leftrightarrow 1 \Leftrightarrow \neg p \vee p \Leftrightarrow \neg (p \wedge \neg p) \Leftrightarrow p \uparrow \neg p \Leftrightarrow p \uparrow (p \uparrow p)$

$\Leftrightarrow \neg \neg (\neg p \vee p) \Leftrightarrow \neg (\neg p \downarrow p) \Leftrightarrow \neg ((p \downarrow p) \downarrow p)$

$\Leftrightarrow ((p \downarrow p) \downarrow p) \downarrow ((p \downarrow p) \downarrow p)$

(2) $(p \vee \neg q) \wedge r$

$\Leftrightarrow \neg (\neg p \wedge q) \wedge r \Leftrightarrow (\neg p \uparrow q) \wedge r \Leftrightarrow \neg \neg ((\neg p \uparrow q) \wedge r)$

$\Leftrightarrow \neg ((\neg p \uparrow q) \uparrow r) \Leftrightarrow ((\neg p \uparrow q) \uparrow r) \uparrow ((\neg p \uparrow q) \uparrow r)$

$\Leftrightarrow (((p \uparrow p) \uparrow q) \uparrow r) \uparrow (((p \uparrow p) \uparrow q) \uparrow r)$

$\Leftrightarrow \neg (\neg (p \vee \neg q) \vee \neg r) \Leftrightarrow \neg ((p \downarrow \neg q) \vee \neg r) \Leftrightarrow (p \downarrow \neg q) \downarrow \neg r$

$\Leftrightarrow (p \downarrow (q \downarrow q)) \downarrow (r \downarrow r)$

12. 公式 $A = (\neg (p \downarrow q) \wedge r) \uparrow q$，写出 A 的对偶式 A^*，并将 A 和 A^* 化成仅含联结词 $\neg$，$\wedge$，$\vee$ 的等价公式。

解 $A^* = (\neg (p \uparrow q) \vee r) \downarrow q$

$A = (\neg (p \downarrow q) \wedge r) \uparrow q \Leftrightarrow \neg ((\neg \neg (p \vee q) \wedge r) \wedge q) \Leftrightarrow \neg ((p \vee q) \wedge r \wedge q)$

$A^* = (\neg (p \uparrow q) \vee r) \downarrow q \Leftrightarrow \neg ((\neg \neg (p \wedge q) \vee r) \vee q) \Leftrightarrow \neg ((p \wedge q) \vee r \vee q)$

13. A、B、C、D 四人参加拳击比赛，三个观众猜测比赛结果。

甲说："C 第一，B 第二。"

乙说："C 第二，D 第三。"

丙说："A 第二，D 第四。"

比赛结果显示，他们每个人均猜对了一半，并且没有并列名次。问实际名次怎样排列？

解 设 p_2：A 第二，q_2：B 第二，r_1：C 第一，r_2：C 第二，s_3：D 第三，s_4：D 第四，则由题意得下面方程：

甲猜对一半：$1 = r_1 \overline{\vee} q_2$；乙猜对一半：$1 = r_2 \overline{\vee} s_3$；丙猜对一半：$1 = p_2 \overline{\vee} s_4$。

每个人只能得一个名次：$r_1 \wedge r_2 = 0$；$s_3 \wedge s_4 = 0$。

没有并列名次：$p_2 \wedge q_2 = 0$；$p_2 \wedge r_2 = 0$；$q_2 \wedge r_2 = 0$。

解上面八个方程组成的方程组：

$$r_2 \Leftrightarrow r_2 \wedge 1 \Leftrightarrow r_2 \wedge (r_1 \overline{\vee} q_2) \Leftrightarrow (r_2 \wedge r_1) \overline{\vee} (r_2 \wedge q_2) \Leftrightarrow 0 \overline{\vee} 0 \Leftrightarrow 0$$

将 $r_2 = 0$ 代入 $1 = r_2 \overline{\vee} s_3$，得 $s_3 = 1$；将 $s_3 = 1$ 代入 $s_3 \wedge s_4 = 0$，得 $s_4 = 0$；将 $s_4 = 0$ 代入 $1 = p_2 \overline{\vee} s_4$，得 $p_2 = 1$；将 $p_2 = 1$ 代入 $p_2 \wedge q_2 = 0$，得 $q_2 = 0$；将 $q_2 = 0$ 代入 $1 = r_1 \overline{\vee} q_2$，得 $r_1 = 1$。

因此，C 第一，A 第二，D 第三，B 第四。

14. 求下列公式的主析取范式和主合取范式，并指出它们的成真赋值。

(1) $(\neg p \vee \neg q) \rightarrow (p \leftrightarrow \neg q)$

(2) $q \wedge (p \vee \neg q)$

(3) $p \vee (\neg p \rightarrow (q \vee (\neg q \rightarrow r)))$

(4) $(p \rightarrow (q \wedge r)) \wedge (\neg p \rightarrow (\neg q \wedge \neg r))$

(5) $p \rightarrow (p \wedge (q \rightarrow r))$

(6) $\neg(p\to q)\lor p\lor r$

(7) $(q\to p)\to\neg r$

(8) $(p\lor q)\land(p\to r)\land(q\to r)$

解

(1) $\quad(\neg p\lor\neg q)\to(p\leftrightarrow\neg q)$

$\Leftrightarrow(\neg p\lor\neg q)\to((p\to\neg q)\land(\neg q\to p))$

$\Leftrightarrow\neg(\neg p\lor\neg q)\lor((\neg p\lor\neg q)\land(q\lor p)))$

$\Leftrightarrow(p\land q)\lor(\neg p\land q)\lor(p\land\neg q)$　　——主析取范式

$\Leftrightarrow m_1\land m_2\land m_3\Leftrightarrow M_0\Leftrightarrow p\lor q$　　——主合取范式

成真赋值：01,10,11

(2) $\quad q\land(p\lor\neg q)$

$\Leftrightarrow(q\land p)\lor(q\land\neg q)\Leftrightarrow p\land q$　　——主析取范式

$\Leftrightarrow m_3\Leftrightarrow M_0\land M_1\land M_2\Leftrightarrow(p\lor q)\land(p\lor\neg q)\land(\neg p\lor q)$　　——主合取范式

成真赋值：11

(3) $\quad p\lor(\neg p\to(q\lor(\neg q\to r)))\Leftrightarrow p\lor(p\lor(q\lor(q\lor r)))$

$\Leftrightarrow p\lor q\lor r$　　——主合取范式

$\Leftrightarrow M_0\Leftrightarrow m_1\lor m_2\lor m_3\lor m_4\lor m_5\lor m_6\lor m_7$

$\Leftrightarrow(\neg p\land\neg q\land r)\lor(\neg p\land q\land\neg r)\lor(\neg p\land q\land r)\lor(p\land\neg q\land\neg r)\lor$

$(p\land\neg q\land r)\lor(p\land q\land\neg r)\lor(p\land q\land r)$　　——主析取范式

成真赋值：001,010,011,100,101,110,111

(4) $\quad(p\to(q\land r))\land(\neg p\to(\neg q\land\neg r))$

$\Leftrightarrow(\neg p\lor(q\land r))\land(p\lor(\neg q\land\neg r))$

$\Leftrightarrow(\neg p\land p)\lor(\neg p\land\neg q\land\neg r)\lor(p\land q\land r)\lor(q\land r\land\neg q\land\neg r)$

$\Leftrightarrow(\neg p\land\neg q\land\neg r)\lor(p\land q\land r)$　　——主析取范式

$\Leftrightarrow m_0\lor m_7\Leftrightarrow M_1\land M_2\land M_3\land M_4\land M_5\land M_6$

$\Leftrightarrow(p\lor q\lor\neg r)(p\lor\neg q\lor r)\land(p\lor\neg q\lor\neg r)\land(\neg p\lor q\lor r)\land$

$(\neg p\lor q\lor\neg r)\land(\neg p\lor\neg q\lor r)$　　——主合取范式

成真赋值：000,111

(5) $\quad p\to(p\land(q\to r))$

$\Leftrightarrow\neg p\lor(p\land(\neg q\lor r))\Leftrightarrow(\neg p\lor p)\land(\neg p\lor\neg q\lor r)$

$\Leftrightarrow\neg p\lor\neg q\lor r$　　——主合取范式

$\Leftrightarrow M_6\Leftrightarrow m_0\lor m_1\lor m_2\lor m_3\lor m_4\lor m_5\lor m_7$

$\Leftrightarrow(\neg p\land\neg q\land\neg r)\lor(\neg p\land\neg q\land r)\lor(\neg p\land q\land\neg r)\lor(\neg p\land q\land r)\lor$

$(p\land\neg q\land\neg r)\lor(p\land\neg q\land r)\lor(p\land q\land r)$　　——主析取范式

成真赋值：000,001,010,011,100,101,111

(6) $\quad\neg(p\to q)\lor p\lor r$

$\Leftrightarrow\neg(\neg p\lor q)\lor p\lor r\Leftrightarrow(p\land\neg q)\lor p\lor r\Leftrightarrow(p\lor r)\land(p\lor\neg q\lor r)$

$\Leftrightarrow(p\lor(q\land\neg q)\lor r)\land(p\lor\neg q\lor r)$

$\Leftrightarrow(p\lor q\lor r)\land(p\lor\neg q\lor r)$　　——主合取范式

$\Leftrightarrow M_0 \wedge M_2 \Leftrightarrow m_1 \vee m_3 \vee m_4 \vee m_5 \vee m_6 \vee m_7$

$\Leftrightarrow (\neg p \wedge \neg q \wedge r) \vee (\neg p \wedge q \wedge r) \vee (p \wedge \neg q \wedge \neg r) \vee (p \wedge \neg q \wedge r)$

$\vee (p \wedge q \wedge \neg r) \vee (p \wedge q \wedge r)$ ——主析取范式

成真赋值：001,011,100,101,110,111

(7) $(q \rightarrow p) \rightarrow \neg r$

$\Leftrightarrow \neg(\neg q \vee p) \vee \neg r \Leftrightarrow (q \wedge \neg p) \vee \neg r$

$\Leftrightarrow (\neg p \wedge q \wedge (\neg r \vee r)) \vee ((\neg p \vee p) \wedge (\neg q \vee q) \wedge \neg r)$

$\Leftrightarrow (\neg p \wedge q \wedge \neg r) \vee (\neg p \wedge q \wedge r) \vee (\neg p \wedge \neg q \wedge \neg r) \vee (\neg p \wedge q \wedge \neg r) \vee$

$(p \wedge \neg q \wedge \neg r) \vee (p \wedge q \wedge \neg r)$

$\Leftrightarrow (\neg p \wedge \neg q \wedge \neg r) \vee (\neg p \wedge q \wedge \neg r) \vee (p \wedge \neg q \wedge \neg r) \vee$

$(p \wedge q \wedge \neg r)$ ——主析取范式

$\Leftrightarrow m_0 \vee m_2 \vee m_3 \vee m_4 \vee m_6 \Leftrightarrow M_1 \wedge M_5 \wedge M_7$

$\Leftrightarrow (p \vee q \vee \neg r) \wedge (\neg p \vee q \vee \neg r) \wedge (\neg p \vee \neg q \vee \neg r)$ ——主合取范式

成真赋值：000,010,011,100,110

(8) $(p \vee q) \wedge (p \rightarrow r) \wedge (q \rightarrow r)$

$\Leftrightarrow (p \vee q) \wedge (\neg p \vee r) \wedge (\neg q \vee r)$

$\Leftrightarrow (p \vee q \vee (r \wedge \neg r)) \wedge (\neg p \vee (q \wedge \neg q) \vee r) \wedge ((p \wedge \neg p) \vee \neg q \vee r)$

$\Leftrightarrow (p \vee q \vee r) \wedge (p \vee q \vee \neg r) \wedge (\neg p \vee q \vee r) \wedge (\neg p \vee \neg q \vee r) \wedge$

$(p \vee \neg q \vee r) \wedge (\neg p \vee \neg q \vee r)$

$\Leftrightarrow (p \vee q \vee r) \wedge (p \vee q \vee \neg r) \wedge (p \vee \neg q \vee r) \wedge (\neg p \vee q \vee r) \wedge$

$(\neg p \vee \neg q \vee r)$ ——主合取范式

$\Leftrightarrow M_0 \wedge M_1 \wedge M_2 \wedge M_4 \wedge M_6 \Leftrightarrow m_3 \vee m_5 \vee m_7$

$\Leftrightarrow (\neg p \wedge q \wedge r) \vee (p \wedge \neg q \wedge r) \vee (p \wedge q \wedge r)$ ——主析取范式

成真赋值：011,101,111

15. P、Q、R、S四个字母，从中取两个字母，但要同时满足三个条件：

  a：如果取P，则R和S要取一个；

  b：Q，R不能同时取；

  c：取R则不能取S。

问有几种取法？如何取？

解 设 p：取P，q：取Q，r：取R，s：取S，则三个条件符号化为：

  a：$p \rightarrow ((\neg r \wedge s) \vee (r \wedge \neg s))$

  b：$\neg(q \wedge r)$

  c：$r \rightarrow \neg s$

因为 $p \rightarrow ((\neg r \wedge s) \vee (r \wedge \neg s))$ 的仅含两个1的成真赋值为：

  0011,0101,0110,1001,1010

$\neg(q \wedge r)$ 的仅含两个1的成真赋值为：

  0011,0101,1001,1010,1100

$r \rightarrow \neg s$ 的仅含两个1的成真赋值为：

  0101,0110,1001,1010,1100

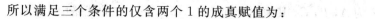

所以满足三个条件的仅含两个 1 的成真赋值为：

　　　　0101，1001，1010

即共有三种取法：① 取 Q、S；② 取 P、S；③ 取 P、R。

16. 甲、乙、丙、丁四个人有且仅有两个人参加比赛，下列四个条件均要满足：

(1) 甲和乙只有一人参加；

(2) 丙参加，则丁必参加；

(3) 乙和丁至多有一人参加；

(4) 丁不参加，甲也不会参加。

问哪两个人参加了比赛？

解　设 p：甲参加，q：乙参加，r：丙参加，s：丁参加，则四个条件符号化为：

(1) $(p \wedge \neg q) \vee (\neg p \wedge q)$

(2) $r \rightarrow s$

(3) $\neg(q \wedge s)$

(4) $\neg s \rightarrow \neg p$

解法 1：因为四个条件均要满足，所以选派方案 F＝1。

$F \Leftrightarrow ((p \wedge \neg q) \vee (\neg p \wedge q)) \wedge (r \rightarrow s) \wedge \neg(q \wedge s) \wedge (\neg s \rightarrow \neg p)$

$\Leftrightarrow ((p \wedge \neg q) \vee (\neg p \wedge q)) \wedge (\neg r \vee s) \wedge (\neg q \vee \neg s) \wedge (\neg p \vee s)$

$\Leftrightarrow ((p \wedge \neg q \wedge \neg r) \vee (p \wedge \neg q \wedge s) \vee (\neg p \wedge q \wedge \neg r) \vee (\neg p \wedge q \wedge s)) \wedge$

　　$((\neg p \wedge \neg q) \vee (\neg q \wedge s) \vee (\neg p \wedge \neg s))$

$\Leftrightarrow (p \wedge \neg q \wedge \neg r \wedge s) \vee (p \wedge \neg q \wedge s) \vee (\neg p \wedge q \wedge \neg r \wedge \neg s)$

$\Leftrightarrow (p \wedge \neg q \wedge \neg r \wedge s) \vee (p \wedge \neg q \wedge \neg r \wedge s) \vee (p \wedge \neg q \wedge r \wedge s) \vee (\neg p \wedge q \wedge \neg r \wedge \neg s)$

$\Leftrightarrow (p \wedge \neg q \wedge \neg r \wedge s) \vee (p \wedge \neg q \wedge r \wedge s) \vee (\neg p \wedge q \wedge \neg r \wedge \neg s)$

成真赋值：1001，1011，0100

因为有且仅有两个人参加，所以只能取 1001，即甲、丁二人参加比赛。

解法 2：列有且仅有两个变元赋值为 1 的真值表（见表 1.12），对应每个条件均为 1 的赋值即选派方案。

表 1.12　题 16 的真值表

p	q	r	s	$(p \wedge \neg q) \vee (\neg p \wedge q)$	$r \rightarrow s$	$\neg(q \wedge s)$	$\neg s \rightarrow \neg p$
0	0	1	1	0	1	1	1
0	1	0	1	1	1	0	1
0	1	1	0	1	0	1	1
1	0	0	1	1	1	1	1
1	0	1	0	1	0	1	0
1	1	0	0	0	1	1	0

因此，甲、丁二人参加比赛。

17. 一个排队线路，输入为 A,B,C，其输出分别为 F_A,F_B,F_C，在此线路中，在同一时间只能有一个信号通过，若同时有两个或两个以上信号申请输出时，则按 A,B,C 的顺序输出，写出 F_A,F_B,F_C 的表达式。

解 $F_A=(A\wedge\neg B\wedge\neg C)\vee(A\wedge\neg B\wedge C)\vee(A\wedge B\wedge\neg C)\vee(A\wedge B\wedge C)\Leftrightarrow A$

$F_B=(\neg A\wedge B\wedge\neg C)\vee(\neg A\wedge B\wedge C)\Leftrightarrow\neg A\wedge B$

$F_C=(\neg A\wedge\neg B\wedge C)$

18. 用两种方法(真值表法和主析取范式法)证明下面推理不正确。

如果 a,b 两数之积是负数，则 a,b 之中恰有一个是负数。a,b 两数之积不是负数。所以 a,b 中无负数。

解 设 p：a 是负数，q：b 是负数，r：a,b 两数之积是负数，则原推理符号化为：

前提　$r\to(p\overline{\vee}q)$，$\neg r$

结论　$\neg p\wedge\neg q$

解法 1：列真值表(见表 1.13)。

表 1.13　题 18 的真值表

$p\ \ q\ \ r$	$p\overline{\vee}q$	$r\to(p\overline{\vee}q)$	$\neg r$	$\neg p\wedge\neg q$
0　0　0	0	1	1	1
0　0　1	0	0	0	1
0　1　0	1	1	1	0
0　1　1	1	1	0	0
1　0　0	1	1	1	0
1　0　1	1	1	0	0
1　1　0	0	1	1	0
1　1　1	0	0	0	0

因为在真值表的第三行，前提均为真但结论为假，所以推理不正确。

解法 2：求推理的形式结构的主析取范式。

推理的形式结构：

$$((r\to(p\overline{\vee}q))\wedge\neg r)\to(\neg p\wedge\neg q)$$
$$\Leftrightarrow((\neg r\vee(p\overline{\vee}q))\wedge\neg r)\to(\neg p\wedge\neg q)$$
$$\Leftrightarrow\neg r\to(\neg p\wedge\neg q)\Leftrightarrow r\vee(\neg p\wedge\neg q)$$
$$\Leftrightarrow(\neg p\wedge\neg q\wedge r)\vee(\neg p\wedge q\wedge r)\vee(p\wedge\neg q\wedge r)\vee(p\wedge q\wedge r)\vee$$
$$(\neg p\wedge\neg q\wedge\neg r)\qquad\text{——主析取范式}$$

因为推理的形式结构不是永真式，所以推理不正确。

19. 用构造证明法证明下列推理的正确性。

(1) 前提　$\neg(p\wedge\neg q)$，$\neg q\vee r$，$\neg r$

结论　$\neg p$

(2) 前提　$p\wedge q$，$(p\leftrightarrow q)\to(r\vee s)$

结论　$r\vee s$

(3) 前提　$q \rightarrow p$, $q \leftrightarrow s$, $s \leftrightarrow r$, $r \wedge t$
结论　$p \wedge q$

(4) 前提　$p \rightarrow (q \rightarrow r)$, $(r \wedge s) \rightarrow t$, $\neg u \rightarrow (s \wedge \neg t)$
结论　$p \rightarrow (q \rightarrow u)$

(5) 前提　$(p \vee q) \rightarrow (u \wedge s)$, $(s \vee t) \rightarrow r$
结论　$p \rightarrow r$

(6) 前提　$p \rightarrow (q \rightarrow r)$, $s \rightarrow p$, q
结论　$s \rightarrow r$

(7) 前提　$p \rightarrow q$
结论　$p \rightarrow (p \wedge q)$

(8) 前提　$s \rightarrow \neg q$, $s \vee r$, $\neg r$, $\neg p \leftrightarrow q$
结论　p

解

(1) 前提　$\neg (p \wedge \neg q)$, $\neg q \vee r$, $\neg r$
结论　$\neg p$

证明：

① $\neg r$	前提引入
② $\neg q \vee r$	前提引入
③ $\neg q$	①②析取三段论
④ $\neg (p \wedge \neg q)$	前提引入
⑤ $\neg p \vee q$	④置换
⑥ $\neg p$	③⑤析取三段论

(2) 前提　$p \wedge q$, $(p \leftrightarrow q) \rightarrow (r \vee s)$
结论　$r \vee s$

证明：

① $p \wedge q$	前提引入
② p	①化简
③ q	①化简
④ $p \vee \neg q$	②附加
⑤ $q \vee \neg p$	③附加
⑥ $(p \vee \neg q) \wedge (q \vee \neg p)$	④⑤合取引入
⑦ $p \leftrightarrow q$	⑥置换
⑧ $(p \leftrightarrow q) \rightarrow (r \vee s)$	前提引入
⑨ $r \vee s$	⑦⑧假言推理

(3) 前提　$q \rightarrow p$, $q \leftrightarrow s$, $s \leftrightarrow r$, $r \wedge t$
结论　$p \wedge q$

证明：

| ① $q \leftrightarrow s$ | 前提引入 |
| ② $(s \rightarrow q) \wedge (q \rightarrow s)$ | ①置换 |

③ $s \leftrightarrow r$ 　　　　　　　　　　　　　前提引入

④ $(r \rightarrow s) \wedge (s \rightarrow r)$ 　　　　　　　③置换

⑤ $r \wedge t$ 　　　　　　　　　　　　　　前提引入

⑥ r 　　　　　　　　　　　　　　　　⑤化简

⑦ $r \rightarrow s$ 　　　　　　　　　　　　　④化简

⑧ s 　　　　　　　　　　　　　　　　⑥⑦假言推理

⑨ $s \rightarrow q$ 　　　　　　　　　　　　　②化简

⑩ q 　　　　　　　　　　　　　　　　⑧⑨假言推理

⑪ $q \rightarrow p$ 　　　　　　　　　　　　　前提引入

⑫ p 　　　　　　　　　　　　　　　　⑩⑪假言推理

⑬ $p \wedge q$ 　　　　　　　　　　　　　⑩⑫合取引入

(4) 前提　$p \rightarrow (q \rightarrow r), (r \wedge s) \rightarrow t, \neg u \rightarrow (s \wedge \neg t)$

　　结论　$p \rightarrow (q \rightarrow u)$

证明：

① $(r \wedge s) \rightarrow t$ 　　　　　　　　　前提引入

② $\neg r \vee \neg s \vee t$ 　　　　　　　　　①置换

③ $(s \wedge \neg t) \rightarrow \neg r$ 　　　　　　　②置换

④ $\neg u \rightarrow (s \wedge \neg t)$ 　　　　　　　前提引入

⑤ $\neg u \rightarrow \neg r$ 　　　　　　　　　③④假言三段论

⑥ $r \rightarrow u$ 　　　　　　　　　　　　⑤置换

⑦ $p \rightarrow (q \rightarrow r)$ 　　　　　　　　前提引入

⑧ $(p \wedge q) \rightarrow r$ 　　　　　　　　⑦置换

⑨ $(p \wedge q) \rightarrow u$ 　　　　　　　　⑥⑧假言三段论

⑩ $p \rightarrow (q \rightarrow u)$ 　　　　　　　　⑨置换

(5) 前提　$(p \vee q) \rightarrow (u \wedge s), (s \vee t) \rightarrow r$

　　结论　$p \rightarrow r$

证明：

① $(s \vee t) \rightarrow r$ 　　　　　　　　　前提引入

② $(\neg s \wedge \neg t) \vee r$ 　　　　　　　①置换

③ $(\neg s \vee r) \wedge (\neg t \vee r)$ 　　　　②置换

④ $\neg s \vee r$ 　　　　　　　　　　　③化简

⑤ $(p \vee q) \rightarrow (u \wedge s)$ 　　　　　前提引入

⑥ $(\neg p \wedge \neg q) \vee (u \wedge s)$ 　　　⑤置换

⑦ $(\neg p \vee s) \wedge (\neg p \vee u) \wedge (\neg q \vee s) \wedge (\neg q \vee u)$　⑥置换

⑧ $\neg p \vee s$ 　　　　　　　　　　　⑦化简

⑨ $p \rightarrow s$ 　　　　　　　　　　　⑧置换

⑩ $s \rightarrow r$ 　　　　　　　　　　　④置换

⑪ $p \rightarrow r$ 　　　　　　　　　　　⑨⑩假言三段论

(6) 前提　$p \rightarrow (q \rightarrow r), s \rightarrow p, q$

结论　$s \rightarrow r$

证明：

① $p \rightarrow (q \rightarrow r)$　　　　　　　　前提引入

② $q \rightarrow (p \rightarrow r)$　　　　　　　　①置换

③ q　　　　　　　　　　　　前提引入

④ $p \rightarrow r$　　　　　　　　　　②③假言推理

⑤ $s \rightarrow p$　　　　　　　　　　前提引入

⑥ $s \rightarrow r$　　　　　　　　　　④⑤假言三段论

(7) 前提　$p \rightarrow q$

　　　结论　$p \rightarrow (p \wedge q)$

证明：

① $p \rightarrow q$　　　　　　　　　　前提引入

② $\neg p \vee q$　　　　　　　　　　①置换

③ $(\neg p \vee q) \wedge (\neg p \vee p)$　　　　②置换

④ $\neg p \vee (p \wedge q)$　　　　　　　③置换

⑤ $p \rightarrow (p \wedge q)$　　　　　　　④置换

(8) 前提　$s \rightarrow \neg q, s \vee r, \neg r, \neg p \leftrightarrow q$

　　　结论　p

证明：

① $s \vee r$　　　　　　　　　　前提引入

② $\neg r \rightarrow s$　　　　　　　　　　①置换

③ $\neg r$　　　　　　　　　　　前提引入

④ s　　　　　　　　　　　　②③假言推理

⑤ $s \rightarrow \neg q$　　　　　　　　　前提引入

⑥ $\neg q$　　　　　　　　　　　④⑤假言推理

⑦ $\neg p \leftrightarrow q$　　　　　　　　　前提引入

⑧ $(\neg p \rightarrow q) \wedge (q \rightarrow \neg p)$　　　⑦置换

⑨ $\neg p \rightarrow q$　　　　　　　　　⑧化简

⑩ $\neg q \rightarrow p$　　　　　　　　　⑨置换

⑪ p　　　　　　　　　　　　⑥⑩假言推理

20. 用附加前提法推证 19 题中的(4)，(5)，(6)，(7)。

解

(4) 前提　$p \rightarrow (q \rightarrow r), (r \wedge s) \rightarrow t, \neg u \rightarrow (s \wedge \neg t)$

　　　结论　$p \rightarrow (q \rightarrow u)$

证明：

① p　　　　　　　　　　　　附加前提引入

② $p \rightarrow (q \rightarrow r)$　　　　　　　前提引入

③ $q \rightarrow r$　　　　　　　　　　①②假言推理

④ $(r \wedge s) \rightarrow t$　　　　　　　　前提引入

⑤ $\neg r \vee \neg s \vee t$ ①置换

⑥ $(s \wedge \neg t) \rightarrow \neg r$ ②置换

⑦ $\neg u \rightarrow (s \wedge \neg t)$ 前提引入

⑧ $\neg u \rightarrow \neg r$ ③④假言三段论

⑨ $r \rightarrow u$ ⑤置换

⑩ $q \rightarrow u$ ③⑨假言三段论

⑪ $p \rightarrow (q \rightarrow u)$ CP

(5) 前提 $(p \vee q) \rightarrow (u \wedge s)$, $(s \vee t) \rightarrow r$

      结论 $p \rightarrow r$

证明：

① p 附加前提引入

② $p \vee q$ ①附加

③ $(p \vee q) \rightarrow (u \wedge s)$ 前提引入

④ $u \wedge s$ ②③假言推理

⑤ s ④化简

⑥ $s \vee t$ ⑤附加

⑦ $(s \vee t) \rightarrow r$ 前提引入

⑧ r ⑥⑦假言推理

⑨ $p \rightarrow r$ CP

(6) 前提 $p \rightarrow (q \rightarrow r)$, $s \rightarrow p$, q

      结论 $s \rightarrow r$

证明：

① s 前提引入

② $s \rightarrow p$ 前提引入

③ p ①②假言推理

④ $p \rightarrow (q \rightarrow r)$ 前提引入

⑤ $q \rightarrow r$ ③④假言推理

⑥ q 前提引入

⑦ r ⑤⑥假言推理

⑧ $s \rightarrow r$ CP

(7) 前提 $p \rightarrow q$

      结论 $p \rightarrow (p \wedge q)$

证明：

① p 前提引入

② $p \rightarrow q$ 前提引入

③ q ①②假言推理

④ $p \wedge q$ ①③合取引入

⑤ $p \rightarrow (p \wedge q)$ CP

21. 用归缪法推证 19 题中的(1),(3),(7),(8)。

解

(1) 前提 $\neg(p \wedge \neg q)$, $\neg q \vee r$, $\neg r$

  结论 $\neg p$

证明:

① p 否定结论引入

② $\neg(p \wedge \neg q)$ 前提引入

③ $\neg p \vee q$ ②置换

④ q ①③析取三段论

⑤ $\neg q \vee r$ 前提引入

⑥ r ④⑤析取三段论

⑦ $\neg r$ 前提引入

⑧ $r \wedge \neg r$ ⑥⑦合取引入(矛盾)

(3) 前提 $q \to p$, $q \leftrightarrow s$, $s \leftrightarrow r$, $r \wedge t$

  结论 $p \wedge q$

证明:

① $\neg(p \wedge q)$ 否定结论引入

② $q \leftrightarrow s$ 前提引入

③ $(s \to q) \wedge (q \to s)$ ②置换

④ $s \leftrightarrow r$ 前提引入

⑤ $(r \to s) \wedge (s \to r)$ ④置换

⑥ $r \wedge t$ 前提引入

⑦ r ⑥化简

⑧ $r \to s$ ⑤化简

⑨ s ⑧⑦假言推理

⑩ $s \to q$ ③化简

⑪ q ⑩⑨假言推理

⑫ $q \to \neg p$ ①置换

⑬ $\neg p$ ⑪⑫假言推理

⑭ $q \to p$ 前提引入

⑮ $\neg q$ ⑬⑭拒取式

⑯ $\neg q \wedge q$ ⑪⑮合取引入(矛盾)

(7) 前提 $p \to q$

  结论 $p \to (p \wedge q)$

证明:

① $\neg(p \to (p \wedge q))$ 否定结论引入

② $\neg(p \to q)$ ①置换

③ $p \to q$ 前提引入

④ $\neg(p \to q) \wedge (p \to q)$ ②③合取引入(矛盾)

(8) 前提 $s \to \neg q$, $s \vee r$, $\neg r$, $\neg p \leftrightarrow q$

结论　p

证明：

① $\neg p$	否定前提引入
② $\neg p \leftrightarrow q$	前提引入
③ $(\neg p \to q) \wedge (q \to \neg p)$	②置换
④ $\neg p \to q$	③化简
⑤ q	①④假言推理
⑥ $s \to \neg q$	前提引入
⑦ $\neg s$	⑤⑥拒取式
⑧ $s \vee r$	前提引入
⑨ r	⑦⑧析取三段论
⑩ $\neg r$	前提引入
⑪ $r \wedge \neg r$	⑨⑩合取引入（矛盾）

22. 将下列论证用命题逻辑符号表示，然后求证逻辑推证是否成立。

（1）如果天热则蝉叫，如果蝉叫则小王不睡觉，小王游泳或睡觉，所以如果天热则小王游泳。

（2）或者逻辑难学，或者有少数学生不喜欢它，如果数学容易学，那逻辑并不难学。因此，如有许多学生喜欢逻辑，那么数学并不难学。

（3）如果小张来，则小王和小李中恰有一人来。如果小王来，则小赵就不来。所以，如果小赵来了但小李没来，则小张也没来。

（4）有甲、乙、丙、丁参加乒乓球比赛。如果甲第三，则当乙第二时，丙第四。或者丁不是第一，或者甲第三。事实上，乙第二。因此，如果丁第一，那么丙第四。

解

（1）设 p：天热，q：蝉在叫，r：小王睡觉，s：小王游泳。

前提　$p \to q, \ q \to \neg r, \ (s \vee r) \wedge \neg (s \wedge r)$

结论　$p \to s$

证明：

① p	附加前提引入
② $p \to q$	前提引入
③ q	①②假言推理
④ $q \to \neg r$	前提引入
⑤ $\neg r$	③④假言推理
⑥ $(s \vee r) \wedge \neg (s \wedge r)$	前提引入
⑦ $s \vee r$	⑥化简
⑧ s	⑤⑥析取三段论
⑨ $p \to s$	CP

因此推理正确。

（2）设 p：逻辑难学，q：少数学生不喜欢逻辑，r：数学容易学。

前提　$p \vee q, \ r \to \neg p$

结论 $\neg q \to r$

证明：

① $p \lor q$	前提引入
② $\neg p \to q$	①置换
③ $r \to \neg p$	前提引入
④ $r \to q$	②③假言三段论
⑤ $\neg q \to \neg r$	④置换

因此，推理不正确。

（3）设 p：小张来，q：小王来，r：小李来，s：小赵来。

前提 $p \to ((q \lor r) \land \neg (q \land r))$，$q \to \neg s$

结论 $(s \land \neg r) \to \neg p$

证明：

① $s \land \neg r$	附加前提引入
② s	①化简
③ $q \to \neg s$	前提引入
④ $\neg q$	②③拒取式
⑤ $p \to ((q \lor r) \land \neg (q \land r))$	前提引入
⑥ $\neg p \lor ((q \lor r) \land \neg (q \land r))$	⑤置换
⑦ $(\neg p \lor r \lor q) \land (\neg p \lor \neg q \lor \neg r)$	⑥置换
⑧ $\neg p \lor r \lor q$	⑦化简
⑨ $\neg p \lor r$	④⑧析取三段论
⑩ $\neg r$	①化简
⑪ $\neg p$	⑨⑩析取三段论
⑫ $(s \land \neg r) \to \neg p$	CP

因此，推理正确。

（4）设 p：甲第三，q：乙第二，r：丙第四，s：丁第一。

前提 $p \to (q \to r)$，$\neg s \lor p$，q

结论 $s \to r$

证明：

① s	附加前提引入
② $\neg s \lor p$	前提引入
③ $s \to p$	②置换
④ p	①③假言推理
⑤ $p \to (q \to r)$	前提引入
⑥ $q \to r$	④⑤假言推理
⑦ q	前提引入
⑧ r	⑥⑦假言推理
⑨ $s \to r$	CP

23. 判断下面推理的结论，并证明之。

　　若公司拒绝增加工资，则罢工不会停止，除非罢工超过 3 个月且公司经理辞职。公司拒绝增加工资。罢工又刚刚开始。罢工是否停止？

　　解　设 p：公司拒绝增加工资，q：罢工不会停止，r：罢工超过 3 个月，s：公司经理辞职。

前提　$p\rightarrow(\neg(r\wedge s)\rightarrow q),p,\neg r$
猜测结论　q
证明：

① p 　　　　　　　　　　　　　　　前提引入
② $p\rightarrow(\neg(r\wedge s)\rightarrow q)$ 　　　　　前提引入
③ $\neg(r\wedge s)\rightarrow q$ 　　　　　　　①②假言推理
④ $\neg r$ 　　　　　　　　　　　　　前提引入
⑤ $\neg r\vee\neg s$ 　　　　　　　　　　④附加
⑥ $\neg(r\wedge s)$ 　　　　　　　　　⑤置换
⑦ q 　　　　　　　　　　　　　　③⑥假言推理

因此，所猜测结论正确。

24*. 在自然推理系统 N 中证明：

(1) $A\rightarrow B,\neg A\rightarrow B\vdash B$
(2) $A\leftrightarrow\neg A\vdash B$
(3) $\neg(A\wedge B)\dashv\vdash A\rightarrow\neg B$

证明

(1) $A\rightarrow B,\neg A\rightarrow B\vdash B$
① $A\rightarrow B,\neg A\rightarrow B,\neg B,\neg A\vdash\neg A\rightarrow B$ 　　　　($\in$)
② $A\rightarrow B,\neg A\rightarrow B,\neg B,\neg A\vdash\neg A$ 　　　　($\in$)
③ $A\rightarrow B,\neg A\rightarrow B,\neg B,\neg A\vdash B$ 　　　　($\rightarrow-$)①②
④ $A\rightarrow B,\neg A\rightarrow B,\neg B,\neg A\vdash\neg B$ 　　　　($\in$)
⑤ $A\rightarrow B,\neg A\rightarrow B,\neg B\vdash A$ 　　　　($\neg-$)③④
⑥ $A\rightarrow B,\neg A\rightarrow B,\neg B\vdash A\rightarrow B$ 　　　　($\in$)
⑦ $A\rightarrow B,\neg A\rightarrow B,\neg B\vdash B$ 　　　　($\rightarrow-$)⑤⑥
⑧ $A\rightarrow B,\neg A\rightarrow B,\neg B\vdash\neg B$ 　　　　($\in$)
⑨ $A\rightarrow B,\neg A\rightarrow B\vdash B$ 　　　　($\neg-$)⑦⑧

(2) $A\leftrightarrow\neg A\vdash B$
① $A\leftrightarrow\neg A,\neg A,\neg B\vdash A\leftrightarrow\neg A$ 　　　　($\in$)
② $A\leftrightarrow\neg A,\neg A,\neg B\vdash\neg A\rightarrow A$ 　　　　($\leftrightarrow-$)①
③ $A\leftrightarrow\neg A,\neg A,\neg B\vdash\neg A$ 　　　　($\in$)
④ $A\leftrightarrow\neg A,\neg A,\neg B\vdash A$ 　　　　($\rightarrow-$)②③
⑤ $A\leftrightarrow\neg A,\neg B\vdash A$ 　　　　($\neg-$)③④
⑥ $A\leftrightarrow\neg A,\neg B\vdash A\leftrightarrow\neg A$ 　　　　($\in$)
⑦ $A\leftrightarrow\neg A,\neg B\vdash A\rightarrow\neg A$ 　　　　($\leftrightarrow-$)⑥
⑧ $A\leftrightarrow\neg A,\neg B\vdash\neg A$ 　　　　($\rightarrow-$)⑤⑦

⑨ $A \leftrightarrow \neg A, \vdash B$ $\qquad$ $(\neg -)$⑤⑧

(3) $\neg(A \land B) \vdash\dashv A \to \neg B$

先证　$\neg(A \land B) \vdash A \to \neg B$：

① $\neg(A \land B), A, B \vdash A$ $\qquad$ $(\in)$

② $\neg(A \land B), A, B \vdash B$ $\qquad$ $(\in)$

③ $\neg(A \land B), A, B \vdash A \land B$ $\qquad$ $(\land +)$①②

④ $\neg(A \land B), A, B \vdash \neg(A \land B)$ $\qquad$ $(\in)$

⑤ $\neg(A \land B), A \vdash \neg B$ $\qquad$ $(\neg +)$③④

⑥ $\neg(A \land B) \vdash A \to \neg B$ $\qquad$ $(\to +)$⑤

再证　$A \to \neg B \vdash \neg(A \land B)$：

① $A \to \neg B, A \land B \vdash A \land B$ $\qquad$ $(\in)$

② $A \to \neg B, A \land B \vdash A$ $\qquad$ $(\land -)$①

③ $A \to \neg B, A \land B \vdash B$ $\qquad$ $(\land -)$①

④ $A \to \neg B, A \land B \vdash A \to \neg B$ $\qquad$ $(\in)$

⑤ $A \to \neg B, A \land B \vdash \neg B$ $\qquad$ $(\to -)$②④

⑥ $A \to \neg B \vdash \neg(A \land B)$ $\qquad$ $(\neg +)$③⑤

因此，$\neg(A \land B) \vdash\dashv A \to \neg B$ 成立。

25. 将下面表格填写完全.

表 1.14　有 3 个命题变元的对应每个赋值的极小项与极大项

p	q	r	对应赋值的极小项 m_i	对应赋值的极大项 M_i
0	0	0	$\neg p \land \neg q \land \neg r$	$p \lor q \lor r$
0	0	1	$\neg p \land \neg q \land r$	$p \lor q \lor \neg r$
0	1	0	$\neg p \land q \land \neg r$	$p \lor \neg q \lor r$
0	1	1	$\neg p \land q \land r$	$p \lor \neg q \lor \neg r$
1	0	0	$p \land \neg q \land \neg r$	$\neg p \lor q \lor r$
1	0	1	$p \land \neg q \land r$	$\neg p \lor q \lor \neg r$
1	1	0	$p \land q \land \neg r$	$\neg p \lor \neg q \lor r$
1	1	1	$p \land q \land r$	$\neg p \lor \neg q \lor \neg r$

第二章　一　阶　逻　辑

2.1　概　　述

【知识点】

■ 一阶逻辑的基本概念
■ 一阶逻辑公式及解释
■ 等值演算和前束范式
■ 一阶逻辑推理理论

【学习基本要求】

1. 理解个体域、谓词、量词及命题函数的基本概念，能将自然语言在谓词逻辑中形式化。

2. 了解项、原子公式、一阶公式、辖域、自由变元和约束变元及闭式的概念。

3. 了解解释、赋值、项和公式在解释和赋值下的意义。

4. 会判断一阶公式的永真式、永假式和可满足式。

5. 了解谓词演算的等价式、蕴含式，知道前束范式，能通过等值演算将公式化为前束范式。

6. 掌握谓词演算的推理规则及使用它们的限制条件，能构造一些推理的证明。

【内容提要】

个体(客体)　我们讨论的对象。可以是具体的，也可以是抽象的。

个体域(论域)　个体所构成的非空集合。

全总个体域(无限域)　包含宇宙中一切事物的个体域。

个体常项(常元)　表示个体域中一个特定个体的符号，一般以 a，b，c，d 等记之。

个体变项(变元)　泛指个体域中个体的符号，不表示特定个体，一般以 x，y，z 等表示。

谓词　简单命题中，表示一个个体的性质或多个个体间关系的词。

命题函数　由谓词符和变元符组成的符号串。

全称量词"∀"　用来表示个体域中的全体。表自然语言中的"所有的""任意的""每一个"等等。$\forall xF(x)$ 表示的是"在个体域中，任意的 x 均有 $F(x)$ 这个性质"。

当个体域 $D=\{a_1,a_2,\cdots,a_n\}$ 为有穷集时

$$\forall xF(x)\Leftrightarrow F(a_1)\wedge F(a_2)\wedge\cdots\wedge F(a_n)$$

$\forall xF(x)$ 真值为 1，iff 对于每一个 $x\in D$，均有 $F(x)$ 真值为 1。

$\forall xF(x)$ 真值为 0，iff 至少有一个 $x_0\in D$，使得 $F(x_0)$ 真值为 0。

存在量词"∃"　用来表示论域中的部分个体。表自然语言中的"存在着一些""至少有一个""有"等等。$\exists xG(x)$ 表示的是"在个体域中，至少有一个 x 具有 $G(x)$ 这个性质"。

当个体域 $D=\{a_1,a_2,\cdots,a_n\}$ 为有穷集时

$$\exists xG(x)\Leftrightarrow G(a_1)\vee G(a_2)\vee\cdots\vee G(a_n)$$

$\exists xG(x)$ 的真值为 0，iff 对于每一个 $x\in D$，均有 $G(x)$ 真值为 0。

$\exists xG(x)$ 的真值为 1，iff 至少有一个 $x_0\in D$，使得 $G(x_0)$ 真值为 1。

特性谓词　用来限制变元的变化范围，表示变元所在的全总个体域的一个真子集的一元谓词。

一阶逻辑公式符号　由以下各部分组成：

(1) 个体变元符号：用小写的英文字母 x,y,z（或加下标）…表示。

(2) 个体常元符号：用小写的英文字母 a,b,c（或加下标）…表示。

(3) 运算符号：用小写的英文字母 f,g,h（或加下标）…表示。

(4) 谓词符号：用大写的英文字母 F,G,H（或加下标）…表示。

(5) 量词符号：$\forall$，$\exists$。

(6) 联结词符号：$\neg$，$\wedge$，$\vee$，$\rightarrow$，$\leftrightarrow$。

(7) 逗号和圆括号。

项　定义如下：

(1) 任何一个个体变元或个体常元是项。

(2) 如果 f 是 n 元运算符，$t_1,t_2,\cdots,t_n$ 是项，则 $f(t_1,t_2,\cdots,t_n)$ 是项。

(3) 所有的项由且仅由有限次使用(1)、(2)所生成。

原子公式　若 F 是 n 元谓词，$t_1,t_2,\cdots,t_n$ 是项，则 $F(t_1,t_2,\cdots,t_n)$ 是原子公式。

一阶公式　递归定义如下：

(1) 原子公式是合式公式。

(2) 若 F 是合式公式，则 $\neg F$ 也是合式公式。

(3) 若 F,G 均是合式公式，则 $F\wedge G$、$F\vee G$、$F\rightarrow G$ 和 $F\leftrightarrow G$ 也均是合式公式。

(4) 若 F 是合式公式，x 是变元，则 $\forall xF$、$\exists xF$ 也是合式公式。

(5) 只有有限次按规则(1)～(4)构成的谓词公式才是合式公式。

辖域　邻接于量词 $\forall x$ 或 $\exists x$ 后的公式。

指导变元　$\forall x$ 或 $\exists x$ 中的 x。

约束变元　在量词辖域中出现的与指导变元相同的变元(符)。

自由变元　在公式中出现的除约束变元以外的变元(符)。

在一个一阶逻辑公式中，某个变元(符)的出现可以既是约束的，又是自由的。另外，同一个变元(符)即使都是约束的，也可能是在不同的量词辖域中出现的。为了避免混淆，可对约束变元进行换名，使得一个变元(符)在一个公式中只以一种形式出现。这样做时需遵守以下规则：

换名规则

(1) 将量词的作用元及其辖域中所有受其约束的同符号的变元用一个新的变元符代替。

(2) 新的变元符是原公式中所没有出现的。

(3) 用(1)、(2)得到的新公式与原公式等值。

对公式中自由出现的变元也可换符号，称为代替，同样需要遵守以下规则：

代替规则

(1) 将公式中所有同符号的自由变元符用新的变元符替换。

(2) 新的变元符是原公式中所没有出现的。

闭式　不含有自由变元的公式。

解释　一个解释 I 由以下四部分组成：

(1) 为个体域指定一个非空集合 D_I。

(2) 为每个个体常元指定一个个体。

(3) 为每个 n 元运算符指定 D_I 上的一个 n 元运算。

(4) 为每个 n 元谓词符指定 D_I 上的一个 n 元谓词。

赋值　解释 I 中的一个赋值 v 是定义在 D_I 上的一个函数。

(1) $v(x_i) = \bar{a}_i$，即对自由变元 x_i 指派一个 D_I 中的个体 $\bar{a}_i$。

(2) $v(f(t_1, t_2, \cdots, t_n)) = \bar{f}_i(v(t_1), v(t_2), \cdots, v(t_n))$，其中 $\bar{f}_i$ 是 I 对 f 的解释，$t_i(i=1, 2, \cdots, n)$ 是项。

永真式(逻辑有效式)　在任何解释 I 及 I 的任何赋值下均为真的一阶公式。

永假式(矛盾式)　在任何解释 I 及 I 的任何赋值下均为假的一阶公式。

可满足式　至少有一种解释和一种赋值使其为真的一阶公式。

代换实例　B 是 A 的一个代换实例。若 $A(p_1, p_2, \cdots, p_n)$ 是含命题变元 $p_1, p_2, \cdots, p_n$ 的命题公式，$B(B_1, B_2, \cdots, B_n)$ 是以一阶公式 $B_1, B_2, \cdots, B_n$ 分别代替 $p_1, p_2, \cdots, p_n$ 在 A 中的所有出现后得到的一阶公式。

等值　设 A 与 B 是公式，若 $A \leftrightarrow B$ 是永真式，则称 A 与 B 等值，或称 A 与 B 逻辑等价，记作 $A \Leftrightarrow B$。

一阶逻辑中关于量词的等值式

量词转换律　($A(x)$ 是任一一阶公式)

$$\neg \forall x A(x) \Leftrightarrow \exists x \neg A(x) \tag{1}$$

$$\neg \exists x A(x) \Leftrightarrow \forall x \neg A(x) \tag{2}$$

量词辖域扩缩律　($A(x)$ 是任一一阶公式，B 是任一不含自由出现的 x 的一阶公式)

$$\forall x A(x) \wedge B \Leftrightarrow \forall x(A(x) \wedge B) \tag{1}$$

$$\forall x A(x) \vee B \Leftrightarrow \forall x(A(x) \vee B) \tag{2}$$

$$\exists x A(x) \wedge B \Leftrightarrow \exists x(A(x) \wedge B) \tag{3}$$

$$\exists x A(x) \vee B \Leftrightarrow \exists x(A(x) \vee B) \tag{4}$$

$$\forall x A(x) \rightarrow B \Leftrightarrow \exists x(A(x) \rightarrow B) \tag{5}$$

$$B \rightarrow \forall x A(x) \Leftrightarrow \forall x(B \rightarrow A(x)) \tag{6}$$

$$\exists x A(x) \rightarrow B \Leftrightarrow \forall x(A(x) \rightarrow B) \tag{7}$$

$$B \rightarrow \exists x A(x) \Leftrightarrow \exists x(B \rightarrow A(x)) \tag{8}$$

量词分配律 （$A(x)$、$B(x)$ 是任一一阶公式）

$$\forall x(A(x) \land B(x)) \Leftrightarrow \forall xA(x) \land \forall xB(x) \tag{1}$$

$$\exists x(A(x) \lor B(x)) \Leftrightarrow \exists xA(x) \lor \exists xB(x) \tag{2}$$

前束范式 形如 $Q_1 x_1 Q_2 x_2 \cdots Q_k x_k B$ 的一阶公式 A，其中 $Q_i (1 \leqslant i \leqslant k)$ 是量词符 $\forall$ 或 $\exists$，$x_i (1 \leqslant i \leqslant k)$ 是变元符，B 是不含量词的公式。

任何一个一阶公式均可等值演算成前束范式，化归过程如下：

(1) 消去除 $\neg$、$\land$、$\lor$、$\rightarrow$ 之外的联结词。

(2) 将否定符 $\neg$ 移到量词符后。

(3) 换名使各变元不同名。

(4) 扩大辖域使所有量词处在最前面。

一阶逻辑推理 由前提 A_1，A_2，$\cdots$，A_n 推出结论 B 的过程。$A_1 \land A_2 \land \cdots \land A_n \rightarrow B$ 是永真式，则称由前提 A_1，A_2，$\cdots$，A_n 推出结论 B 的推理正确，记作 $A_1 \land A_2 \land \cdots \land A_n \Rightarrow B$ 或者 A_1，A_2，$\cdots$，$A_n \Rightarrow B$，否则称推理不正确。（其中 A_1，A_2，$\cdots$，A_n，B 均是一阶公式。）

命题逻辑中的各项推理规则在一阶逻辑推理中仍然适用，另外还有如下一些只适用于谓词演算的概念与规则。

全称量词消去规则（简称 UI 规则）

$$\frac{\forall xA(x)}{A(t)} \quad \text{或} \quad \frac{\forall xA(x)}{A(c)}$$

规则成立的条件：

(1) t 是任意个体变项，c 是某个个体常项，具体用哪一个，需视具体情况而定。

(2) $A(t)$（或 $A(c)$）中约束变元个数与 $A(x)$ 中约束变元个数相同。

全称量词引入规则（简称 UG 规则）

$$\frac{A(t)}{\forall xA(x)}$$

规则成立的条件：x 不在 $A(t)$ 中自由出现。

存在量词引入规则（简称 EG 规则）

$$\frac{A(c)}{\exists xA(x)}$$

规则成立的条件：

(1) c 是个体常元。

(2) x 不在 $A(c)$ 中自由出现。

存在量词消去规则（简称 EI 规则）

$$\frac{\exists xA(x)}{A(c)}$$

规则成立的条件：

(1) c 是特定的个体常元。

(2) $\exists xA(x)$ 是闭式，且 c 不在 $A(x)$ 中出现（事实上，c 不能在前提和前面整个推理过程中出现）。

定理 命题逻辑永真式的任何代换实例必是一阶逻辑的永真式。命题逻辑永假式的任何代换实例必是一阶逻辑的永假式。

2.2 例 题 选 解

【例 2.1】 将下列语句在一阶逻辑中符号化。

(1) 是学生就得考试。

(2) 不劳动者不得食。

(3) 每个人的祖父都是他父亲的父亲。

(4) 刘元是我们班成绩最好的。

(5) 有些花很香,但并非所有的花都香。

(6) 有些球迷崇拜所有的球星,而有些球迷只崇拜某些球星。

分析 在一阶逻辑中符号化语句,一般均要求在全总个体域中,这就需要分析清楚语句所讨论的对象,并用特性谓词表示之。如果是讨论所有对象所具有的性质,则必使用全称量词,特性谓词作蕴含式的前件;如果是讨论某些对象所具有的性质,则必使用存在量词,特性谓词作合取项。而一般谓词表示的是所讨论对象的性质或它们之间的关系,在全称量词的辖域中作蕴含式的后件。

解

(1) 设 $F(x)$:x 是学生,$G(x)$:x 得考试。"是学生就得考试"符号化为
$$\forall x(F(x) \rightarrow G(x))$$

(2) 设 $F(x)$:x 是劳动者,$G(x)$:x 得到食物。"不劳动者不得食"符号化为
$$\forall x(\neg F(x) \rightarrow \neg G(x))$$

(3) 设 $F(x)$:x 是人,$G(x,y)$:x 是 y 的祖父,$H(x,y)$:x 是 y 的父亲。"每个人的祖父都是他父亲的父亲"符号化为
$$\forall x \forall y(F(x) \wedge F(y) \wedge G(x,y) \rightarrow \exists z(F(z) \wedge H(x,z) \wedge H(z,y)))$$

(4) 设 $F(x)$:x 是我们班的学生,$G(x,y)$:x 比 y 成绩好,$E(x,y)$:$x=y$,a:刘元。"刘元是我们班成绩最好的"符号化为
$$F(a) \wedge \forall x(F(x) \wedge \neg E(x,a) \rightarrow G(a,x))$$

(5) 设 $F(x)$:x 是花,$G(x)$:x 很香。"有些花很香,但并非所有的花都香"符号化为
$$\exists x(F(x) \wedge G(x)) \wedge \neg \forall x(F(x) \rightarrow G(x))$$

(6) 设 $F(x)$:x 是球迷,$G(x)$:x 是球星,$H(x,y)$:x 崇拜 y。"有些球迷崇拜所有的球星,而有些球迷只崇拜某些球星"符号化为
$$\exists x(F(x) \wedge \forall y(G(y) \rightarrow H(x,y))) \wedge \exists x(F(x) \wedge \exists y(G(y) \wedge H(x,y)))$$

【例 2.2】 判断下列公式的类型。

(1) $\forall x(F(x) \wedge G(x,z)) \vee \neg \forall y(F(y) \wedge G(y,z))$

(2) $\neg(F(x,y) \rightarrow G(x,y)) \wedge G(x,y)$

(3) $\forall xF(x) \rightarrow \exists xF(x)$

(4) $\forall x \exists yF(x,y) \rightarrow \exists x \forall yF(x,y)$

(5) $\exists x(x > 5)$

分析 公式的类型有三种:永真式、永假式和非永真的可满足式。其中永真式中包含

来自命题永真式的代换实例，永假式中包含来自命题永假式的代换实例。因此，可以先通过观察来判断公式的类型。对于不是命题永真式或命题永假式的代换实例的一阶公式，判断其类型并非易事，但一些较特殊、较简单的，可通过读公式的含义来判断。

解

(1) 永真式。因为通过换名，(1)式等值于 $\forall x(F(x) \land G(x, z)) \lor \lnot \forall x(F(x) \land G(x, z))$，此式是命题永真式 $p \lor \lnot p$ 的代换实例。

(2) 永假式。因为(2)式是命题公式 $\lnot(p \to q) \land q$ 的代换实例，而 $\lnot(p \to q) \land q \Leftrightarrow (p \land \lnot q) \land q$ 是永假式。

(3) 永真式。对于任意解释 I，设个体域为 D，(3)式的含义是：如果对任意的 $x \in D$，x 均有性质 F，则 D 中某些 x 具有性质 F，从而公式是永真式。

(4) 可满足式。取解释 I_1：个体域为自然数集 **N**，$F(x, y)$：$x \leqslant y$。在解释 I_1 下，(4)式的前件为真，后件也为真，故(4)式为真，说明(4)式不是永假式。

再取解释 I_2：个体域仍为自然数集 **N**，$F(x, y)$：$x = y$。在解释 I_2 下，(4)式的前件为真，后件为假，故(4)式为假，说明(4)式不是永真式。

综上所述，(4)式是非永真的可满足式。

(5) 可满足式。成真解释：$D = \{3, 4, 5, 6\}$；成假解释：$D = \{2, 3, 4, 5\}$。

【例 2.3】 证明 $(\forall xF(x) \to \forall xG(x)) \land (\forall xG(x) \to \exists x \lnot F(x)) \Leftrightarrow \exists x \lnot F(x)$。

分析 这类问题的关键是熟练掌握并应用逻辑等值定律及置换规则。

证明 $(\forall xF(x) \to \forall xG(x)) \land (\forall xG(x) \to \exists x \lnot F(x))$

$\Leftrightarrow (\lnot \forall xF(x) \lor \forall xG(x)) \land (\lnot \forall xG(x) \lor \exists x \lnot F(x))$ （蕴含等值式）

$\Leftrightarrow (\lnot \forall xF(x) \lor \forall xG(x)) \land (\lnot \forall xG(x) \lor \lnot \forall xF(x))$ （量词转换律）

$\Leftrightarrow (\lnot \forall xF(x) \lor \forall xG(x)) \land (\lnot \forall xF(x) \lor \lnot \forall xG(x))$ （交换律）

$\Leftrightarrow \lnot \forall xF(x) \lor (\forall xG(x) \land \lnot \forall xG(x))$ （分配律）

$\Leftrightarrow \lnot \forall xF(x) \lor 0$ （矛盾律）

$\Leftrightarrow \lnot \forall xF(x)$ （同一律）

$\Leftrightarrow \exists x \lnot F(x)$ （量词转换律）

【例 2.4】 将下列公式变换为前束范式。

(1) $\forall xF(x, y) \lor \lnot \exists xG(x)$

(2) $\exists x(F(x) \land \forall y(F(y) \to (G(y) \to G(x)))) \lor \forall xF(x)$

(3) $\exists xF(x, y) \leftrightarrow \forall xG(x)$

分析 公式的前束范式并不唯一，这是因为在转换的过程中，使用的等值式以及使用的顺序不同所造成的。一般来讲，为了避免出错，不去使用量词辖域扩缩律中的(5)~(8)式，利用蕴含等值式消去"$\to$"，转而使用量词辖域扩缩律中的(1)~(4)式。另外，还应注意必要时使用量词分配律，以减少前束范式中的量词符的数量。

解

(1) $\quad \forall xF(x, y) \lor \lnot \exists xG(x)$

$\Leftrightarrow \forall xF(x, y) \lor \forall x \lnot G(x)$

$\Leftrightarrow \forall xF(x, y) \lor \forall z \lnot G(z)$

$\Leftrightarrow \forall x \forall z(F(x, y) \lor \lnot G(z))$

(2) $\exists x(F(x) \wedge (\forall yF(y) \to (G(y) \to G(x)))) \vee \forall xF(x)$

$\Leftrightarrow \exists x(F(x) \wedge (\neg \forall yF(y) \vee (G(y) \to G(x)))) \vee \forall xF(x)$

$\Leftrightarrow \exists x(F(x) \wedge (\exists y \neg F(y) \vee (G(y) \to G(x)))) \vee \forall xF(x)$

$\Leftrightarrow \exists x(F(x) \wedge (\exists z \neg F(z) \vee (G(y) \to G(x)))) \vee \forall tF(t)$

$\Leftrightarrow \exists x \exists z \forall t((F(x) \wedge (\neg F(z) \vee (G(y) \to G(x)))) \vee F(t))$

(3) $\exists xF(x, y) \leftrightarrow \forall xG(x)$

$\Leftrightarrow (\exists xF(x, y) \to \forall xG(x)) \wedge (\forall xG(x) \to \exists xF(x, y))$

$\Leftrightarrow (\neg \exists xF(x, y) \vee \forall xG(x)) \wedge (\neg \forall xG(x) \vee \exists xF(x, y))$

$\Leftrightarrow (\forall x \neg F(x, y) \vee \forall xG(x)) \wedge (\exists x \neg G(x) \vee \exists xF(x, y))$

$\Leftrightarrow (\forall x \neg F(x, y) \vee \forall xG(x)) \wedge \exists x(\neg G(x) \vee F(x, y))$

$\Leftrightarrow (\forall x \neg F(x, y) \vee \forall zG(z)) \wedge \exists t(\neg G(t) \vee F(t, y))$

$\Leftrightarrow \forall x \forall z \exists t((\neg F(x, y) \vee G(z)) \wedge (\neg G(t) \vee F(t, y)))$

【例 2.5】 设个体域 $D=\{a, b\}$，消去下面公式的量词，给出使公式(1)为真命题的解释和赋值，给出使公式(2)为假命题的解释和赋值。

(1) $\exists xF(x) \to \forall xG(x, y)$

(2) $\exists x(G(x, y) \to \exists xF(x))$

分析 在给定有限个体域后消量词，必须充分注意量词的辖域。而根据所给的个体域，给出要求的成真(假)解释和赋值并非难事。

解

(1) $\exists xF(x) \to \forall xG(x, y)$

$\Leftrightarrow (F(a) \vee F(b)) \to (G(a, y) \wedge G(b, y))$

成真解释和赋值：$D=\{a, b\}$，$F(a)=F(b)=1$，$G(a, a)=G(b, a)=1$，$v(y)=a$。

(2) $\exists x(G(x, y) \to \exists xF(x))$

$\Leftrightarrow (G(a, y) \to \exists xF(x)) \vee (G(b, y) \to \exists xF(x))$

$\Leftrightarrow (G(a, y) \to (F(a) \vee F(b))) \vee (G(b, y) \to (F(a) \vee F(b)))$

成假解释和赋值：$G(a, a)=G(b, a)=1$，$F(a)=F(b)=0$，$v(y)=a$。

【例 2.6】 指出下面推理中的错误，并加以改正。

(1) ① $\forall xF(x) \to G(x)$ 前提引入

     ② $F(t) \to G(t)$ ①UI

(2) ① $\forall x(F(x) \to G(x))$ 前提引入

     ② $F(a) \to G(b)$ ①UI

(3) ① $\exists xF(x)$ 前提引入

     ② $F(c)$ ①EI

     ③ $\exists xG(x)$ 前提引入

     ④ $G(c)$ ③EI

(4) ① $F(a) \to \exists xG(x)$ 前提引入

     ② $F(a) \to G(a)$ ①EI

分析 在一阶逻辑推理中，量词消去规则的使用是有条件的，在推理的过程中必须加

以注意。

解

(1) 在第①步中，量词 $\forall x$ 的辖域为 $F(x)$，而非 $F(x) \rightarrow G(x)$，所以不能直接使用 UI 规则。正确的推导为：

① $\forall x F(x) \rightarrow G(x)$	前提引入
② $\forall y F(y) \rightarrow G(x)$	①置换
③ $\exists y (F(y) \rightarrow G(x))$	②置换
④ $F(c) \rightarrow G(x)$	③EI

(2) 在第①步中，$F(x)$ 和 $G(x)$ 均受同一个量词 $\forall x$ 的限制，所以在使用 UI 规则消量词时，所选用的替代 x 的变元符号必须一致。正确的推导为：

① $\forall x (F(x) \rightarrow G(x))$	前提引入
② $F(t) \rightarrow G(t)$	①UI

(3) 在第③步中，由于量词是 $\exists x$，因此在消去量词时，所选用的替代 x 的常量符必须是在前面推导中没有出现过的常量符。正确的推导为：

① $\exists x F(x)$	前提引入
② $F(c)$	①EI
③ $\exists x G(x)$	前提引入
④ $G(a)$	③EI

(4) 在第①步中，所给公式并非是关于量词 $\exists x$ 的前束范式，故不能直接使用 EI 规则，另外，a 是在前提中出现过的常量符，消存在量词时，替代 x 的常量符不能用 a。正确的推导为：

① $F(a) \rightarrow \exists x G(x)$	前提引入
② $\exists x (F(a) \rightarrow G(x))$	①置换
③ $F(a) \rightarrow G(c)$	②EI

【例 2.7】 在一阶逻辑中，构造下面推理的证明。

每个大学毕业生不是继续读硕士就是找工作就业。每个大学毕业生只有成绩优秀才继续读硕士。有些毕业生成绩优秀，但并非每个毕业生成绩均优秀。因此，有些毕业生找工作就业。

解 设 $F(x)$：x 是大学毕业生，$G(x)$：x 继续读硕士，$H(x)$：x 找工作就业，$P(x)$：x 成绩优秀，则

前提　$\forall x (F(x) \rightarrow (G(x) \vee H(x)))$，$\forall x (F(x) \rightarrow (G(x) \rightarrow P(x)))$，$\exists x (F(x) \wedge P(x)) \wedge \neg \forall x (F(x) \rightarrow P(x))$

结论　$\exists x (F(x) \wedge H(x))$

证明：

① $\exists x (F(x) \wedge P(x)) \wedge \neg \forall x (F(x) \rightarrow P(x))$	前提引入
② $\neg \forall x (F(x) \rightarrow P(x))$	①化简
③ $\exists x (F(x) \wedge \neg P(x))$	②置换
④ $F(a) \wedge \neg P(a)$	③EI
⑤ $F(a)$	④化简

⑥ $\forall x(F(x) \rightarrow (G(x) \vee H(x)))$　　　　　　　　前提引入

⑦ $F(a) \rightarrow (G(a) \vee H(a))$　　　　　　　　　　　　⑥UI

⑧ $G(a) \vee H(a)$　　　　　　　　　　　　　　　　⑤⑦假言推理

⑨ $\forall x(F(x) \rightarrow G(x) \rightarrow P(x)))$　　　　　　　　前提引入

⑩ $F(a) \rightarrow G(a) \rightarrow P(a)$　　　　　　　　　　　⑨UI

⑪ $G(a) \rightarrow P(a)$　　　　　　　　　　　　　　　⑤⑩假言推理

⑫ $\neg P(a)$　　　　　　　　　　　　　　　　　　④化简

⑬ $\neg G(a)$　　　　　　　　　　　　　　　　　　⑪⑫拒取式

⑭ $H(a)$　　　　　　　　　　　　　　　　　　　⑧⑬析取三段论

⑮ $F(a) \wedge H(a)$　　　　　　　　　　　　　　　⑤⑭合取引入

⑯ $\exists x(F(x) \wedge H(x))$　　　　　　　　　　　　　　⑮EG

2.3　习题与解答

1. 在一阶逻辑中将下列命题符号化。

(1) 天下乌鸦一般黑。

(2) 没有不散的筵席。

(3) 闪光的未必是金子。

(4) 有不是奇数的素数。

(5) 有且仅有一个偶素数。

(6) 猫是动物，但并非所有的动物都是猫。

(7) 骆驼都比马大。

(8) 有的骆驼比所有的马都大。

(9) 所有的骆驼都比某些马大。

(10) 有的骆驼比某些马大。

解

(1) 设 $F(x)$：x 是乌鸦；$G(x)$：x 是黑的。原命题符号化为

$$\forall x(F(x) \rightarrow G(x))$$

(2) 设 $F(x)$：x 是筵席；$G(x)$：x 是不散的。原命题符号化为

$$\neg \exists x(F(x) \wedge G(x)) \quad 或 \quad \forall x(F(x) \rightarrow \neg G(x))$$

(3) 设 $F(x)$：x 是闪光的；$G(x)$：x 是金子。原命题符号化为

$$\neg \forall x(F(x) \rightarrow G(x)) \quad 或 \quad \exists x(F(x) \wedge \neg G(x))$$

(4) 设 $F(x)$：x 是奇数；$G(x)$：x 是素数。原命题符号化为

$$\exists x(\neg F(x) \wedge G(x)) \quad 或 \quad \neg \forall x(G(x) \rightarrow F(x))$$

(5) 设 $F(x)$：x 是偶数；$G(x)$：x 是素数；$E(x, y)$：$x = y$。原命题符号化为

$$\exists x(F(x) \wedge G(x) \wedge \forall y((F(y) \wedge G(y)) \rightarrow E(x, y)))$$

或

$$\exists! x(F(x) \wedge G(x))$$

或 $\qquad \exists xF(x) \wedge G(x) \wedge \neg Ey(F(y) \wedge G(y) \wedge \neg E(x, y)))$

(6) 设 $F(x)$：x 是猫；$G(x)$：x 是动物。原命题符号化为

$$\forall x(F(x) \rightarrow G(x)) \wedge \neg \forall x(G(x) \rightarrow F(x))$$

或 $\qquad \forall x(F(x) \rightarrow G(x)) \wedge \exists x(\neg F(x) \wedge G(x))$

(7) 设 $F(x)$：x 是骆驼；$G(x)$：x 是马；$H(x, y)$：x 比 y 大。原命题符号化为

$$\forall x(F(x) \rightarrow \forall y(G(y) \rightarrow H(x, y)))$$

或 $\qquad \forall x \forall y((F(x) \wedge G(y)) \rightarrow H(x, y))$

(8) 假设谓词如(7)，原命题符号化为

$$\exists x(F(x) \wedge \forall y(G(y) \rightarrow H(x, y)))$$

(9) 假设谓词如(7)，原命题符号化为

$$\forall x(F(x) \rightarrow \exists y(G(y) \wedge H(x, y)))$$

(10) 假设谓词如(7)，原命题符号化为

$$\exists x(F(x) \wedge \exists y(G(y) \wedge H(x, y)))$$

2. 取个体域为实数集 $\mathbf{R}$，函数 f 在点 a 处连续的定义是：f 在 a 点连续，当且仅当对每一个小正数 ε，都存在正数 δ，使得对所有的 x，若 $|x-a|<\delta$，则 $|f(x)-f(a)|<\varepsilon$。把上述定义用符号的形式表示。

解 设 p：f 在 a 点连续；$L(x, y)$：$x<y$；$g(x, y)=|x-y|$。定义符号化为

$p \leftrightarrow \forall \varepsilon(L(0, \varepsilon) \rightarrow \exists \delta(L(0, \delta) \wedge \forall x(L(g(x, a), \delta) \rightarrow L(g(f(x), f(a)), \varepsilon))))$

3. 在整数集中，确定下列命题的真值，运算"·"是普通乘法。

(1) $\forall x \exists y(x \cdot y = 0)$

(2) $\forall x \exists y(x \cdot y = 1)$

(3) $\exists y \forall x(x \cdot y = 1)$

(4) $\exists y \forall x(x \cdot y = x)$

(5) $\forall x \forall y(x \cdot y = y \cdot x)$

(6) $\exists x \exists y(x \cdot y = 1)$

解

(1) 含义为：对于任何一个整数 x，均存在着一个整数 y，使得 $x \cdot y = 0$。真值为 1。

(2) 含义为：对于任何一个整数 x，均存在着一个整数 y，使得 $x \cdot y = 1$。真值为 0。

(3) 含义为：存在着整数 y，对于任何整数 x，均有 $x \cdot y = 1$。真值为 0。

(4) 含义为：存在着整数 y，对于任何整数 x，均有 $x \cdot y = x$。真值为 1。

(5) 含义为：对于任何一个整数 x 和任何一个函数 y，均有 $x \cdot y = y \cdot x$。真值为 1。

(6) 含义有：存在整数 x 和整数 y，使得 $x \cdot y = 1$。真值为 1。

4. 给定谓词如下，试将下列命题译成自然语言。

$P(x)$：x 是素数。$E(x)$：x 是偶数。$O(x)$：x 是奇数。$D(x, y)$：x 整除 y。

(1) $E(2) \wedge P(2)$

(2) $\forall x(D(2, x) \rightarrow E(x))$

(3) $\exists x(\neg E(x) \wedge D(x, 6))$

(4) $\forall x(\neg E(x) \rightarrow \neg D(2, x))$

(5) $\forall x(E(x) \rightarrow \forall y(D(x, y) \rightarrow E(y)))$

(6) $\forall x(O(x) \rightarrow \forall y(P(y) \rightarrow \neg D(x, y)))$

(7) $\forall x(P(x) \rightarrow \exists y(E(y) \wedge D(x, y)))$

(8) $\exists x(E(x) \wedge P(x) \wedge \neg \exists y(E(y) \wedge P(y) \wedge x \neq y))$

解

(1) 2 是偶素数。

(2) 所有能被 2 整除的数是偶数。

(3) 存在着能整除 6 的非偶数。

(4) 所有非偶数均不能被 2 整除。

(5) 任何能被偶数整除的数是偶数。

(6) 任何奇数不能整除素数。

(7) 对于每一个素数,都存在着能被其整除的偶数。

(8) 有且仅有一个偶素数。

5. 指出下面公式中的变量是约束的,还是自由的,并指出量词的辖域。

(1) $\forall x(F(x) \wedge G(x)) \rightarrow \forall x(F(x) \wedge H(x))$

(2) $\forall x F(x) \wedge (\exists x G(x) \vee (\forall x F(x) \rightarrow G(x)))$

(3) $\forall x((F(x) \wedge G(x, y)) \rightarrow (\forall x F(x) \wedge R(x, y, z)))$

(4) $\exists x \forall y F(x, y, z) \leftrightarrow \forall y \exists x F(x, y, z)$

解

(1) 式中所有的 x 均是约束的,是约束变元,第一个量词 $\forall x$ 的辖域是 $(F(x) \wedge G(x))$,第二个量词 $\forall x$ 的辖域是 $(F(x) \wedge H(x))$。

(2) 式中最后一个出现的 x 是自由的,是自由变元;其余的 x 均是约束变元,第一个量词 $\forall x$ 的辖域是 $F(x)$,第二个量词 $\exists x$ 的辖域是 $G(x)$,第三个量词 $\forall x$ 的辖域是 $F(x)$。

(3) 式中所有的 y, z 的出现均是自由的,是自由变元;x 的所有出现均是约束的,是约束变元,第一个量词 $\forall x$ 的辖域是 $(F(x) \wedge G(x, y)) \rightarrow (\forall x F(x) \wedge R(x, y, z))$,第二个量词 $\forall x$ 的辖域是 $F(x)$。

(4) 式中 x, y 的所有出现均是约束的,是约束变元;z 的出现是自由的,是自由变元,第一个量词 $\exists x$ 的辖域是 $\forall y F(x, y, z)$,第二个量词 $\forall y$ 的辖域是 $F(x, y, z)$,第三个量词 $\forall y$ 的辖域是 $\exists x F(x, y, z)$,第四个量词 $\exists r$ 的辖域是 $F(x, y, z)$。

6. 设个体域 $D = \{a, b, c\}$,消去下列各式中的量词。

(1) $\exists x F(x) \rightarrow \forall y F(y)$

(2) $\exists x(\neg F(x) \vee \forall y G(y))$

(3) $\forall x \forall y(F(x) \rightarrow G(y))$

(4) $\exists x \forall y F(x, y, z)$

解

(1) $\exists x F(x) \rightarrow \forall y F(y) \Leftrightarrow (F(a) \vee F(b) \vee F(c)) \rightarrow (F(a) \wedge F(b) \wedge F(c))$

(2) $\quad \exists x(\neg F(x) \vee \forall y G(y))$

$\Leftrightarrow (\neg F(a) \vee \forall y G(y)) \vee (\neg F(b) \vee \forall y G(y)) \vee (\neg F(c) \vee \forall y G(y))$

$\Leftrightarrow (\neg F(a) \vee (G(a) \wedge G(b) \wedge G(c))) \vee (\neg F(b) \vee (G(a) \wedge G(b) \wedge G(c))) \vee$

$\quad (\neg F(c) \vee (G(a) \wedge G(b) \wedge G(c)))$

(3) $\forall x \forall y(F(x) \rightarrow G(y))$

$$\Leftrightarrow(\forall y(F(a)\rightarrow G(y)))\wedge(\forall y(F(b)\rightarrow G(y)))\wedge(\forall y(F(c)\rightarrow G(y)))$$
$$\Leftrightarrow(F(a)\rightarrow G(a))\wedge(F(a)\rightarrow G(b))\wedge(F(a)\rightarrow G(c))\wedge(F(b)\rightarrow G(a))\wedge(F(b)\rightarrow G(b))\wedge$$
$$(F(b)\rightarrow G(c))\wedge(F(c)\rightarrow G(a))\wedge(F(c)\rightarrow G(b))\wedge(F(c)\rightarrow G(c))$$

(4) $\exists x\forall yF(x,y,z)\Leftrightarrow\forall yF(a,y,z)\vee\forall yF(b,y,z)\vee\forall yF(c,y,z)$
$$\Leftrightarrow(F(a,a,z)\wedge F(a,b,z)\wedge F(a,c,z))\vee(F(b,a,z)\wedge F(b,b,z)\wedge F(b,c,z))\vee$$
$$(F(c,a,z)\wedge F(c,b,z)\wedge F(c,c,z))$$

7. 求下列公式在解释 I 下的真值。

(1) $\forall x(F(x)\vee G(x))$，解释 I：个体域 $D=\{1,2\}$；$F(x)$：$x=1$；$G(x)$：$x=2$。

(2) $\forall x(p\rightarrow Q(x))\vee R(a)$，解释 I：个体域 $D=\{-2,3,6\}$；p：$1<2$；$Q(x)$：$x\leqslant3$，$R(x)$：$x>5$；a：5。

解

(1) $\forall x(F(x)\vee G(x))$
$$\Leftrightarrow(F(1)\vee G(1))\wedge(F(2)\vee G(2))\Leftrightarrow(1\vee0)\wedge(0\vee1)\Leftrightarrow1$$

(2) $\forall x(p\rightarrow Q(x))\vee R(a)$
$$\Leftrightarrow((p\rightarrow Q(-2))\wedge(p\rightarrow Q(3))\wedge(p\rightarrow Q(6)))\vee R(5)$$
$$\Leftrightarrow((1\rightarrow1)\wedge(1\rightarrow1)\wedge(1\rightarrow0))\vee0\Leftrightarrow0\vee0\Leftrightarrow0$$

8. 给定解释 I 和 I 中赋值 ν 如下：

个体域 D 为实数集，$E(x,y)$：$x=y$，$G(x,y)$：$x>y$，$N(x)$：x 是自然数

$$f(x,y)=x-y,\ g(x,y)=x+y,\ h(x,y)=x\cdot y$$
$$\nu(x)=1,\ \nu(y)=-2,\ a：0$$

求下列公式在解释 I 和赋值 ν 下的真值。

(1) $\forall x\forall yE(g(x,y),g(y,x))$

(2) $N(x)\wedge\forall y(N(y)\rightarrow(G(y,x)\vee E(y,x)))$

(3) $\forall y\exists zE(h(y,z),x)$

(4) $\forall x\forall yE(h(f(x,y),g(x,y)),f(h(x,x),h(y,y)))$

(5) $E(g(x,g(x,y)),a)$

解

(1) $\forall x\forall yE(g(x,y),g(y,x))$ 的含义是：对于任意的实数 x、y，均有 $x+y=y+x$。真值为 1。

(2) $N(x)\wedge\forall y(N(y)\rightarrow(G(y,x)\vee E(y,x)))$ 的含义是：1 是自然数，且对于任意的自然数 y 均有：或者 y 大于 1，或者 y 等于 1，即 1 是最小的自然数。真值为 0。

(3) $\forall y\exists zE(h(y,z),x)$ 的含义为：对于任意的实数 y 均存在着实数 z，使得 $y\cdot z=1$。真值为 0。

(4) $\forall x\forall yE(h(f(x,y),g(x,y)),f(h(x,x),h(y,y)))$ 的含义是：对于任意的实数 x，y，均有 $(x-y)(x+y)=x\cdot x-y\cdot y$。真值为 1。

(5) $E(g(x,g(x,y)),a)$ 的含义是：$1+(1+(-2))=0$。真值为 1。

9. 判断下列公式的类型，并说明理由。

(1) $\exists xF(x)\rightarrow\forall xF(x)$

(2) $\neg(F(x)\rightarrow(\forall xG(x,y)\rightarrow F(x)))$

(3) $F(x) \rightarrow (\forall x G(x, y) \rightarrow F(y))$

(4) $\forall x F(x) \rightarrow (\forall x F(x) \lor H(y))$

解

(1) 可满足式。成真解释：$D = \{2, 3\}$，$F(x)$：x 是素数。成假解释：$D = \{2, 3\}$，$F(x)$：x 是奇数。

(2) 永假式。因为 $\neg(F(x) \rightarrow (\forall x G(x, y) \rightarrow F(x)))$ 是命题永假式 $\neg(p \rightarrow (q \rightarrow p))$ 的代换实例。

(3) 可满足式。成真解释：$D = \{a, b\}$，$F(a) = 0$，$F(b) = 1$，$G(a, a) = 1$，$G(b, a) = 0$，$\nu(x) = b$，$\nu(y) = a$，此时原式 $\Leftrightarrow F(b) \rightarrow ((G(a, a) \land G(b, a)) \rightarrow F(a)) \Leftrightarrow 1 \rightarrow ((1 \land 0) \rightarrow 0)$ $\Leftrightarrow 1$。成假解释：将上面解释中的 $G(b, a) = 0$ 改成 $G(b, a) = 1$，其余不变，则此时原式 $\Leftrightarrow F(b) \rightarrow ((G(a, a) \land G(b, a)) \rightarrow F(a)) \Leftrightarrow 1 \rightarrow ((1 \land 1) \rightarrow 0) \Leftrightarrow 0$。

(4) 永真式。因为 $\forall x F(x) \rightarrow (\forall x F(x) \lor H(y))$ 是命题永真式 $p \rightarrow (p \lor q)$ 的代换实例。

10. 证明量词转换律的(2)式：

$$\neg \exists x A(x) \Leftrightarrow \forall x \neg A(x)$$

证明 已知量词转换律(1) $\neg \forall x A(x) \Leftrightarrow \exists x \neg A(x)$，用 $\neg A(x)$ 置换(1)式中的 $A(x)$，得 $\neg \forall x \neg A(x) \Leftrightarrow \exists x \neg \neg A(x)$，即 $\neg \forall x \neg A(x) \Leftrightarrow \exists x A(x)$，两边同时取否定，有 $\neg \neg \forall x \neg A(x) \Leftrightarrow \neg \exists x A(x)$，即 $\forall x \neg A(x) \Leftrightarrow \neg \exists x A(x)$。

11. 证明量词辖域扩缩律的(4)式：

$$\exists x A(x) \lor B \Leftrightarrow \exists x(A(x) \lor B)$$

证明 在任何解释 I 和 I 中的任意赋值 ν 下 $\exists x A(x) \lor B = 0$。

当且仅当 $\exists x A(x) = 0$ 且 $B = 0$

当且仅当 $B = 0$ 且存在 D_1 中的元素 c 使得 $A(c) = 0$

当且仅当 存在 D_1 中的元素 c 使得 $A(c) \lor B = 0$

当且仅当 $\exists x(A(x) \lor B) = 0$

12. 证明量词辖域扩缩律(6)、(7)、(8)式：

$$B \rightarrow \forall x A(x) \Leftrightarrow \forall x(B \rightarrow A(x))$$

$$\exists x A(x) \rightarrow B \Leftrightarrow \forall x(A(x) \rightarrow B)$$

$$B \rightarrow \exists x A(x) \Leftrightarrow \exists x(B \rightarrow A(x))$$

证明

(6) $B \rightarrow \forall x A(x)$

$\Leftrightarrow \neg B \lor \forall x A(x) \Leftrightarrow \forall x(\neg B \lor A(x)) \Leftrightarrow \forall x(B \rightarrow A(x))$

(7) $\exists x A(x) \rightarrow B$

$\Leftrightarrow \neg \exists x A(x) \lor B \Leftrightarrow \forall x \neg A(x) \lor B \Leftrightarrow \forall x(\neg A(x) \lor B) \Leftrightarrow \forall x(A(x) \rightarrow B)$

(8) $B \rightarrow \exists x A(x)$

$\Leftrightarrow \neg B \lor \exists x A(x) \Leftrightarrow \exists x(\neg B \lor A(x)) \Leftrightarrow \exists x(B \rightarrow A(x))$

13. 用等值演算证明下列等值式。

(1) $\exists x(F(x) \rightarrow G(x)) \Leftrightarrow \forall y F(y) \rightarrow \exists z G(z)$

(2) $\exists x \exists y(F(x) \rightarrow G(y)) \Leftrightarrow \forall x F(x) \rightarrow \exists y G(y)$

(3) $\forall x(\neg F(x) \wedge G(x)) \Leftrightarrow \neg(\forall xG(x) \rightarrow \exists xF(x))$

(4) $\forall x \forall y(F(x, y) \wedge F(y, x)) \rightarrow G(x, y) \Leftrightarrow \forall x \forall y((F(x, y) \wedge \neg G(x, y)) \rightarrow \neg F(y, x)$

证明

(1) $\exists x(F(x) \rightarrow G(x))$

$\Leftrightarrow \exists x(\neg F(x) \vee G(x)) \Leftrightarrow \exists x \neg F(x) \vee \exists xG(x) \Leftrightarrow \neg \forall xF(x) \vee \exists xG(x)$

$\Leftrightarrow \forall xF(x) \rightarrow \exists xG(x) \Leftrightarrow \forall yF(y) \rightarrow \exists zG(z)$

(2) $\exists x \exists y(F(x) \rightarrow G(y))$

$\Leftrightarrow \exists x \exists y(\neg F(x) \vee G(y)) \Leftrightarrow \exists x \neg F(x) \vee \exists yG(y)$

$\Leftrightarrow \neg \forall xF(x) \vee \exists yG(y) \Leftrightarrow \forall xF(x) \rightarrow \exists yG(y)$

(3) $\forall x(\neg F(x) \wedge G(x))$

$\Leftrightarrow \forall x \neg F(x) \wedge \forall xG(x) \Leftrightarrow \neg \neg (\neg \exists xF(x) \wedge \forall xG(x))$

$\Leftrightarrow \neg(\exists xF(x) \vee \neg \forall xG(x)) \Leftrightarrow \neg(\forall xG(x) \rightarrow \exists xF(x))$

(4) $\forall x \forall y((F(x, y) \wedge F(y, x)) \rightarrow G(x, y))$

$\Leftrightarrow \forall x \forall y(\neg(F(x, y) \wedge F(y, x)) \vee G(x, y))$

$\Leftrightarrow \forall x \forall y(\neg F(x, y) \vee \neg F(y, x)) \vee G(x, y))$

$\Leftrightarrow \forall x \forall y(\neg F(x, y) \vee G(x, y) \vee \neg F(y, x))$

$\Leftrightarrow \forall x \forall y \neg(F(x, y) \wedge \neg G(x, y) \vee \neg F(y, x))$

$\Leftrightarrow \forall x \forall y(F(x, y) \wedge \neg G(x, y) \rightarrow \neg F(y, x))$

14. 将下列公式化成与之等值的前束范式。

(1) $\forall x(F(x) \rightarrow \exists yG(x, y))$

(2) $(\exists xF(x) \vee \exists xG(x)) \rightarrow \exists x(F(x) \vee G(x))$

(3) $\forall xF(x) \rightarrow \exists x(\forall yG(x, y) \vee \forall yH(x, y, z))$

(4) $(\neg \exists xF(x) \vee \forall yG(y)) \wedge (F(x) \rightarrow \forall zH(z))$

解

(1) $\forall x(F(x) \rightarrow \exists yG(x, y))$

$\Leftrightarrow \forall x(\neg F(x) \vee \exists yG(x, y)) \Leftrightarrow \forall x \exists y(\neg F(x) \vee G(x, y))$

(2) $(\exists xF(x) \vee \exists xG(x)) \rightarrow \exists x(F(x) \vee G(x))$

$\Leftrightarrow \exists x(F(x) \vee G(x)) \rightarrow \exists x(F(x) \vee G(x)) \Leftrightarrow 1$

(3) $\forall xF(x) \rightarrow \exists x(\forall yG(x, y) \vee \forall yH(x, y, z))$

$\Leftrightarrow \neg \forall xF(x) \vee \exists x(\forall yG(x, y) \vee \forall tH(x, t, z))$

$\Leftrightarrow \neg \forall xF(x) \vee \exists x \forall y \forall t(G(x, y) \vee H(x, t, z))$

$\Leftrightarrow \exists x \neg F(x) \vee \exists x \forall y \forall t(G(x, y) \vee H(x, t, z))$

$\Leftrightarrow \exists x(\neg F(x) \vee \forall y \forall t(G(x, y) \vee H(x, t, z)))$

$\Leftrightarrow \exists x \forall y \forall t(\neg F(x) \vee (G(x, y) \vee H(x, t, z)))$

(4) $(\neg \exists xF(x) \vee \forall yG(y)) \wedge (F(x) \rightarrow \forall zH(z))$

$\Leftrightarrow (\forall x \neg F(x) \vee \forall yG(y)) \wedge (\neg F(x) \vee \forall zH(z))$

$\Leftrightarrow (\forall t \neg F(t) \vee \forall yG(y)) \wedge (\neg F(x) \vee \forall zH(z))$

$\Leftrightarrow \forall t \forall y \forall z((\neg F(t) \vee G(y)) \wedge (\neg F(x) \vee H(z)))$

15. 构造下列推理的证明：

(1) 前提　$\exists x F(x) \wedge \forall x G(x)$

　　结论　$\exists x(F(x) \wedge G(x))$

(2) 前提　$\forall x(F(x) \vee G(x))$

　　结论　$\forall x F(x) \vee \exists x G(x)$（提示：用附加前提法或归缪法证明）

(3) 前提　$\forall x(F(x) \rightarrow G(x))$

　　结论　$\forall x \forall y(F(y) \wedge H(x, y)) \rightarrow \exists x(G(x) \wedge H(x, x))$

(4) 前提　$\neg \forall x F(x), \forall x((\neg F(x) \vee G(c)) \rightarrow H(x))$

　　结论　$\exists x H(x)$

(5) 前提　$\exists x F(x) \rightarrow \forall x((F(x) \vee G(x)) \rightarrow R(x)), \exists x F(x), \exists x G(x)$

　　结论　$\exists x \exists y(R(x) \wedge R(y))$

(6) 前提　$\forall x(\exists y(S(x, y) \wedge M(y)) \rightarrow \exists z(P(z) \wedge R(x, z)))$

　　结论　$\neg \exists z P(z) \rightarrow \forall x \forall y(S(x, y) \rightarrow \neg M(y))$

证明

(1) 前提　$\exists x F(x) \wedge \forall x G(x)$

　　结论　$\exists x(F(x) \wedge G(x))$

① $\exists x F(x) \wedge \forall x G(x)$	前提引入
② $\exists x F(x)$	①化简
③ $F(c)$	②EI
④ $\forall x G(x)$	①化简
⑤ $G(c)$	④UI
⑥ $F(c) \wedge G(c)$	③⑤合取引入
⑦ $\exists x(F(x) \wedge G(x))$	⑥UG

(2) 前提　$\forall x(F(x) \vee G(x))$

　　结论　$\forall x F(x) \vee \exists x G(x)$（提示：用附加前提法或归缪法证明）

① $\neg(\forall x F(x) \vee \exists x G(x))$	否定结论引入
② $\neg \forall x F(x) \wedge \neg \exists x G(x)$	①置换
③ $\exists x \neg F(x) \wedge \forall x \neg G(x)$	②置换
④ $\exists x \neg F(x)$	③化简
⑤ $\neg F(c)$	④EI
⑥ $\forall x \neg G(x)$	③化简
⑦ $\neg G(c)$	⑥UI
⑧ $\neg F(c) \wedge \neg G(c)$	⑤⑦合取引入
⑨ $\exists x(\neg F(x) \wedge \neg G(x))$	⑧EG
⑩ $\neg \forall x(F(x) \vee G(x))$	⑨置换
⑪ $\forall x(F(x) \vee G(x))$	前提引入
⑫ $\neg \forall x(F(x) \vee G(x)) \wedge \forall x(F(x) \vee G(x))$	⑩⑪合取引入（矛盾）

(3) 前提　$\forall x(F(x) \rightarrow G(x))$

　　结论　$\forall x \forall y(F(y) \wedge H(x, y)) \rightarrow \exists x(G(x) \wedge H(x, x))$

① $\forall x \forall y(F(y) \wedge H(x, y))$ 附加前提引入

② $\forall y(F(y) \wedge H(t, y))$ ①UI

③ $F(t) \wedge H(t, t)$ ②UI

④ $\forall x(F(x) \rightarrow G(x))$ 前提引入

⑤ $F(t) \rightarrow G(t)$ ④UI

⑥ $F(t)$ ③化简

⑦ $G(t)$ ⑤⑥假言推理

⑧ $H(t, t)$ ③化简

⑨ $G(t) \wedge H(t, t)$ ⑦⑧合取引入

⑩ $\exists x(G(x) \wedge H(x, x))$ ⑨EG

(4) 前提 $\neg \forall xF(x)$，$\forall x((\neg F(x) \vee G(x)) \rightarrow H(x))$

  结论 $\exists xH(x)$

① $\neg \forall xF(x)$ 前提引入

② $\exists x \neg F(x)$ ①置换

③ $\neg F(c)$ ②EI

④ $\forall x((\neg F(x) \vee G(c)) \rightarrow H(x))$ 前提引入

⑤ $(\neg F(c) \vee G(c)) \rightarrow H(c)$ ④UI

⑥ $\neg F(c) \vee G(c)$ ③附加

⑦ $H(c)$ ⑤⑥假言推理

⑧ $\exists xH(x)$ ⑦EG

(5) 前提 $\exists xF(x) \rightarrow \forall x((F(x) \vee G(x)) \rightarrow R(x))$，$\exists xF(x)$，$\exists xG(x)$

  结论 $\exists x \exists y(R(x) \wedge R(y))$

① $\exists xF(x)$ 前提引入

② $\exists xF(x) \rightarrow \forall x((F(x) \vee G(x)) \rightarrow R(x))$ 前提引入

③ $\forall x((F(x) \vee G(x)) \rightarrow R(x))$ ①②假言推理

④ $F(a)$ ①EI

⑤ $(F(a) \vee G(a)) \rightarrow R(a)$ ③UI

⑥ $F(a) \vee G(a)$ ④附加

⑦ $R(a)$ ⑤⑥假言推理

⑧ $\exists xG(x)$ 前提引入

⑨ $G(b)$ ⑧EI

⑩ $(F(b) \vee G(b)) \rightarrow R(b)$ ③UI

⑪ $G(b) \vee F(b)$ ⑨附加

⑫ $F(b) \vee G(b)$ ⑪置换

⑬ $R(b)$ ⑩⑫假言推理

⑭ $R(a) \wedge R(b)$ ⑦⑬合取引入

⑮ $\exists y(R(a) \wedge R(y))$ ⑭EG

⑯ $\exists x \exists y(R(x) \wedge R(y))$ ⑮EG

(6) 前提 $\forall x(\exists y(S(x, y) \wedge M(y)) \rightarrow \exists z(P(z) \wedge R(x, z)))$

结论　$\neg \exists z P(z) \rightarrow \forall x \forall y (S(x, y) \rightarrow \neg M(y))$

① $\neg \exists z P(z)$ 　　　　　　　　　　　　　　附加前提引入

② $\forall z \neg P(z)$ 　　　　　　　　　　　　　　①置换

③ $\forall x (\exists y (S(x, y) \land M(y)) \rightarrow \exists z (P(z) \land (R(x, z))))$ 　　前提引入

④ $\exists y (S(t, y) \land M(y)) \rightarrow \exists z (P(z) \land R(t, z))$ 　　③UI

⑤ $\neg \exists z (P(z) \land R(t, z)) \rightarrow \neg \exists y (S(t, y) \land M(y))$ 　　④置换

⑥ $\forall z (\neg P(z) \lor \neg R(t, z)) \rightarrow \forall y (\neg S(t, y) \lor \neg M(y))$ 　　⑤置换

⑦ $\neg P(u)$ 　　　　　　　　　　　　　　②UI

⑧ $\neg P(u) \lor \neg R(t, u)$ 　　　　　　　　　⑦附加

⑨ $\forall z (\neg P(z) \lor \neg R(t, z))$ 　　　　　　　⑧UG

⑩ $\forall y (\neg S(t, y) \lor \neg M(y))$ 　　　　　　⑥⑨假言推理

⑪ $\forall y (S(t, y) \rightarrow \neg M(y))$ 　　　　　　⑩置换

⑫ $\forall x \forall y (S(x, y) \rightarrow \neg M(y))$ 　　　　⑪UG

⑬ $\neg \exists z P(z) \rightarrow \forall x \forall y (S(x, y) \rightarrow \neg M(y))$ 　　CP

16. 在一阶逻辑中构造下列推理的证明。

(1) 有理数都是实数。有的有理数是整数。因此，有的实数是整数。

(2) 所有的有理数都是实数。所有的无理数也都是实数。任何虚数都不是实数。所以，虚数既非有理数也非无理数。

(3) 不存在不能表示成分数的有理数。无理数都不能表示成分数。所以，无理数都不是有理数。

解

(1) 设 $Q(x)$：x 是有理数；$R(x)$：x 是实数；$Z(x)$：x 是整数。

前提　$\forall x (Q(x) \rightarrow R(x))$，$\exists x (Q(x) \land Z(x))$

结论　$\exists x (R(x) \land Z(x))$

证明：

① $\exists x (Q(x) \land Z(x))$ 　　　　　　　　前提引入

② $Q(a) \land Z(a)$ 　　　　　　　　　　　①EI

③ $Q(a)$ 　　　　　　　　　　　　　　②化简

④ $\forall x (Q(x) \rightarrow R(x))$ 　　　　　　　　前提引入

⑤ $Q(a) \rightarrow R(a)$ 　　　　　　　　　　④UI

⑥ $R(a)$ 　　　　　　　　　　　　　　③⑤假言推理

⑦ $Z(a)$ 　　　　　　　　　　　　　　②化简

⑧ $R(a) \land Z(a)$ 　　　　　　　　　　　⑥⑦合取引入

⑨ $\exists x (R(x) \land Z(x))$ 　　　　　　　　⑧EG

(2) 设 $Q(x)$：x 是有理数；$R(x)$：x 是实数；$W(x)$：x 是无理数；$I(x)$：x 是虚数。

前提　$\forall x (Q(x) \rightarrow R(x))$，$\forall x (W(x) \rightarrow R(x))$，$\forall x (I(x) \rightarrow \neg R(x))$

结论　$\forall x (I(x) \rightarrow (\neg Q(x) \land \neg W(x)))$

证明：

① $\forall x (Q(x) \rightarrow R(x))$ 　　　　　　　　前提引入

② $\forall x(W(x)\rightarrow R(x))$ 前提引入

③ $\forall x(I(x)\rightarrow\neg R(x))$ 前提引入

④ $I(t)\rightarrow\neg R(t)$ ③UI

⑤ $Q(t)\rightarrow R(t)$ ①UI

⑥ $W(t)\rightarrow R(t)$ ②UI

⑦ $\neg R(t)\rightarrow\neg Q(t)$ ⑤置换

⑧ $\neg R(t)\rightarrow\neg W(t)$ ⑥置换

⑨ $I(t)\rightarrow\neg Q(t)$ ④⑦假言三段论

⑩ $I(t)\rightarrow\neg W(t)$ ④⑧假言三段论

⑪ $(I(t)\rightarrow\neg Q(t))\wedge(I(t)\rightarrow\neg W(t))$ ⑨⑩合取引入

⑫ $I(t)\rightarrow(\neg Q(t)\wedge\neg W(t))$ ⑪置换

⑬ $\forall x(I(x)\rightarrow(\neg Q(x)\wedge\neg W(x)))$ ⑫UG

(3) 设 $Q(x)$：x 是有理数；$W(x)$：x 是无理数；$H(x)$：x 能表示成分数。

前提 $\neg\exists x(Q(x)\wedge\neg H(x))$，$\forall x(W(x)\rightarrow\neg H(x))$

结论 $\forall x(W(x)\rightarrow\neg Q(x))$

证明：

① $\neg\exists x(Q(x)\wedge\neg H(x))$ 前提引入

② $\forall x(\neg Q(x)\vee H(x))$ ①置换

③ $\neg Q(t)\vee H(t)$ ②UI

④ $Q(t)\rightarrow H(t)$ ③置换

⑤ $\forall x(W(x)\rightarrow\neg H(x))$ 前提引入

⑥ $W(t)\rightarrow\neg H(t)$ ⑤UI

⑦ $\neg H(t)\rightarrow\neg Q(t)$ ④置换

⑧ $W(t)\rightarrow\neg Q(t)$ ⑥⑦假言三段论

⑨ $\forall x(W(x)\rightarrow\neg Q(x))$ ⑧UG

17. 在一阶逻辑中构造下列推理的证明。

(1) 有些病人相信所有的医生。所有的病人都不相信骗子。因此，所有的医生都不是骗子。

(2) 任何人如果他喜欢步行，他就不喜欢乘汽车。每个人或者喜欢乘汽车，或者喜欢骑自行车。有的人不爱骑自行车。因此有的人不爱步行。

解

(1) 设 $F(x)$：x 是病人；$G(x)$：x 是医生；$H(x)$：x 是骗子；$P(x,y)$：x 相信 y。

前提 $\exists x(F(x)\wedge\forall y(G(y)\rightarrow P(x,y)))$，$\forall x(F(x)\rightarrow\forall y(H(y)\rightarrow\neg P(x,y)))$

结论 $\forall x(G(x)\rightarrow\neg H(x))$

证明：

① $\exists x(F(x)\wedge\forall y(G(y)\rightarrow P(x,y)))$ 前提引入

② $F(a)\wedge\forall y(G(y)\rightarrow P(a,y))$ ①EI

③ $F(a)$ ②化简

④ $\forall x(F(x)\rightarrow\forall y(H(y)\rightarrow\neg P(x,y)))$ 前提引入

⑤ $F(a) \to \forall y(H(y) \to \neg P(a, y))$	④UI
⑥ $\forall y(H(y) \to \neg P(a, y))$	③⑤假言推理
⑦ $\forall y(G(y) \to P(a, y))$	②化简
⑧ $G(t) \to P(a, t)$	⑦UI
⑨ $H(t) \to \neg P(a, t)$	⑥UI
⑩ $P(a, t) \to \neg H(t)$	⑨置换
⑪ $G(t) \to \neg H(t)$	⑧⑩假言三段论
⑫ $\forall x(G(x) \to \neg H(x))$	⑪UG

(2) 设 $F(x)$：x 是喜欢步行的人；$G(x)$：x 是喜欢乘汽车的人；$H(x)$：x 是喜欢骑自行车的人。

设个体域为人类。

前提 $\forall x(F(x) \to \neg G(x))$，$\forall x(G(x) \lor H(x))$，$\exists x \neg H(x)$

结论 $\exists x \neg F(x)$

证明：

① $\exists x \neg H(x)$	前提引入
② $\neg H(a)$	①EI
③ $\forall x(G(x) \lor H(x))$	前提引入
④ $G(a) \lor H(a)$	③UI
⑤ $G(a)$	②④析取三段论
⑥ $\forall x(F(x) \to \neg G(x))$	前提引入
⑦ $F(a) \to \neg G(a)$	⑥UI
⑧ $\neg F(a)$	⑤⑦拒取式
⑨ $\exists x \neg F(x)$	⑧EG

补 充 题 一

1.1 判断题

(1) 命题变元和命题常元都是命题公式。( )

(2) "北京与天津的距离很近。"是复合命题。( )

(3) 命题"这些都是学生。"的否定命题是"这些都不是学生。"。( )

(4) 在命题逻辑中 $\{\wedge, \vee\}$ 是全功能集合。( )

(5) 在命题逻辑中,任何公式都存在主合取范式,且唯一。( )

(6) 设 p_1, p_2, $\cdots$, p_n 是不同的命题变元,关于 p_1, p_2, $\cdots$, p_n 的极大项是简单析取式,但简单析取式不一定是极大项。( )

(7) 主析取范式的两个不同极小项可能在同一赋值下均为真。( )

(8) $\exists x(F(x) \vee G(x)) \Leftrightarrow \exists xF(x) \vee \exists xG(x)$。( )

(9) $\forall xF(x) \vee \forall xG(x) \Rightarrow \forall x(F(x) \vee G(x))$。( )

(10) $\forall x(F(y) \rightarrow G(x)) \Leftrightarrow F(y) \rightarrow \exists xG(x)$。( )

(11) $\forall x \exists y(F(x) \rightarrow G(y)) \wedge H(x, y)$ 为前束范式。( )

(12) 从前提 $\exists xF(x)$, $\exists xG(x)$ 能有效地推出结论 $\exists x(F(x) \wedge G(x))$。( )

1.2 单项选择题

(1) 下列语句中是命题的是( )。

A) 暮春三月,江南草长。

B) 这是多么可爱的风景啊!

C) 大家想做什么,就做什么,行吗?

D) 请勿践踏草地!

(2) 下列语句中不是命题的是( )。

A)《几何原本》的作者是欧几里德。

B) 我正在说谎。

C) 1+1≠2。

D) 生命起源于太空。

(3) 下列命题中是简单命题的是( )。

A) 张三和李四是同学。

B) 张三和李四一起去登山。

C) 张三和李四是班上的好同学。

D) 张三或李四在班上数第一。

(4) 设 p:天下雨,q:我回家,则下列语句中能形式化为 $p \rightarrow q$ 的语句是( )。

A) 只有天下雨,我才回家。

B) 只要天下雨,我就回家。

C) 仅当天下雨,我才回家。

D) 除非天下雨,否则我不回家。

(5) 命题公式 $\neg(p \wedge q) \rightarrow r$ 的成真赋值为( )。

A) 000, 001, 110

B) 001, 011, 101, 110, 111

C) 全体赋值

D) 无

(6) 设 p:3 是素数,q:5 是素数,r:$\sqrt{2}$ 是有理数。下列复合命题中为假的是( )。

A) $(p \vee q) \rightarrow r$

B) $r \rightarrow (p \wedge q)$

C) $(p \vee r) \rightarrow q$ 　　　　　　　　　　D) $(p \wedge r) \leftrightarrow \neg q$

(7) 下列公式中与其他公式不等值的是（　　）。

A) $\neg (p \leftrightarrow q)$ 　　　　　　　　　B) $(p \vee q) \wedge \neg (p \wedge q)$

C) $(\neg p \wedge q) \vee (p \wedge \neg q)$ 　　　　D) $\neg (p \rightarrow q) \wedge \neg (q \rightarrow p)$

(8) 下列公式中，是关于 p、q、r 的主析取范式的公式是（　　）。

A) $(p \wedge \neg q \wedge r) \vee (\neg p \wedge \neg r)$ 　　　B) $p \wedge \neg q \wedge \neg r$

C) $p \vee \neg q \vee \neg r$ 　　　　　　　　D) $(p \wedge \neg q \wedge r) \vee (p \wedge \neg q \wedge r)$

(9) 下列语句中为假命题的是（　　）。

A) 如果 2 是偶数，则一个公式的主析取范式唯一。

B) 如果 2 是偶数，则一个公式的析取范式唯一。

C) 如果 2 是奇数，则一个公式的析取范式唯一。

D) 如果 2 是奇数，则一个公式的主析取范式唯一。

(10) 设 $F(x)$：x 是人，$G(x)$：x 犯错误，则"没有不犯错误的人"可符号化为（　　）。

A) $\forall x (F(x) \wedge G(x))$ 　　　　　　B) $\neg \exists x (F(x) \rightarrow \neg G(x))$

C) $\neg \exists x (F(x) \wedge G(x))$ 　　　　D) $\neg \exists x (F(x) \wedge \neg G(x))$

(11) 下列公式中，在只给出解释后不能成为命题的是（　　）。

A) $\forall x (F(x) \wedge G(x)) \vee P$ 　　　　B) $\forall x (F(x) \wedge G(x)) \vee H(x)$

C) $\exists x (F(x) \wedge \forall y G(x, y))$ 　　　D) $F(a) \rightarrow \exists x F(x)$

(12) 设个体域是自然数集，p 代表 $\forall x \forall y \exists z (x - y = z)$，下面四个命题为真的是（　　）。

A) p 是真命题。 　　　　　　　　　B) p 是假命题。

C) p 是一阶逻辑公式，但不是命题。 　D) p 不是一阶逻辑公式。

(13) 取个体域为整数集合，则下列公式中为真命题的是（　　）。

A) $\exists x \forall y (x + y = 2y)$ 　　　　　B) $\forall x \forall y (xy = y)$

C) $\forall x \exists y (xy = 0)$ 　　　　　　D) $\forall x (xy = x)$

(14) 下列推理中，结论能有效地从所给前提得出的是（　　）。

A) 前提 $\forall x (F(x) \rightarrow G(x))$，$\exists y F(y)$ 　　结论 $\exists z G(z)$

B) 前提 $\exists x (F(x) \wedge G(x))$ 　　　　　　结论 $\forall x F(x)$

C) 前提 $\forall x (F(x) \vee G(x))$ 　　　　　　结论 $\exists x F(x)$

D) 前提 $\forall x (F(x) \rightarrow G(x))$，$\neg G(a)$ 　结论 $\forall x \neg F(x)$

(15) 下列推导正确的是（　　）。

A) (1) $F(x) \rightarrow G(x)$ 　　前提引入 　　B) (1) $F(a) \rightarrow G(x)$ 　　　　前提引入

　　(2) $\exists x F(x) \rightarrow G(x)$ 　(1)EG 　　　　(2) $\exists x (F(x) \rightarrow G(x))$ 　(1)EG

C) (1) $F(a) \rightarrow G(x)$ 　　前提引入 　　D) (1) $F(a) \rightarrow G(x)$ 　　　　前提引入

　　(2) $\exists y (F(y) \rightarrow G(x))$ 　(1)EG 　　　　(2) $\exists x F(x) \rightarrow G(x)$ 　(1)EG

1.3　填空题

(1) 设 p：太阳从西边升起，q：明天是阴天，则命题"如果太阳从西边升起，明天就不会是阴天。"可符号化为_____，其真值为_____。

(2) $\neg (\neg p \rightarrow (q \vee r))$ 的成真赋值为_____。

(3) 命题逻辑永假式的代换实例是一阶逻辑的_____。

(4) 命题公式 $A = \neg p \vee (q \wedge r) \vee 0$ 的对偶式 $A^* =$ _____。

(5) 一阶逻辑公式 $\forall x(F(x) \to G(x)) \wedge \neg \forall y(F(y) \to G(y))$ 的类型是_____。

(6) 由 6 个命题变元 p_1, p_2, …, p_6 组成的极小项 $m_6 =$ _____，
$m_{10} =$ _____。极大项 $M_6 =$ _____，$M_{10} =$ _____。

(7) 设个体域 $D = \{a, b\}$，将"$\forall x \exists y(F(x) \to G(y))$"写成不含量词的形式为_____
_____。

(8) 在解释 I 中，个体域 $D_1 = \{a, b\}$，$P(a) = 1$，$P(b) = 0$，使一阶公式 $P(x) \leftrightarrow P(y)$ 在
I 下为假的赋值 ν 是_____。

(9) 设 I 是对下列公式的一个解释，D 是非空个体域，P，Q 是一元谓词，仿下例填空。

例题：$\forall x(P(x) \wedge Q(x))$ 在 I 下的值为真，当且仅当__ $a \in D$，$P(a)$ 为 __ $Q(a)$ 为 __。

解：$\forall x(P(x) \wedge Q(x))$ 在 I 下的值为真，当且仅当 $\forall a \in D$，$P(a)$ 为真 且 $Q(a)$ 为真。

① $\forall x(P(x) \wedge Q(x))$ 在 I 下的值为假，当且仅当__ $a \in D$，$P(a)$ 为__ $Q(a)$ 为__。

② $\forall x(P(x) \to Q(x))$ 在 I 下的值为假，当且仅当__ $a \in D$，$P(a)$ 为__ $Q(a)$ 为__。

③ $\exists x(P(x) \to Q(x))$ 在 I 下的值为假，当且仅当__ $a \in D$，$P(a)$ 为__ $Q(a)$ 为__。

④ $\exists x(P(x) \vee Q(x))$ 在 I 下的值为假，当且仅当__ $a \in D$，$P(a)$ 为__ $Q(a)$ 为__。

⑤ $\forall x(P(x) \vee Q(x))$ 在 I 下的值为假，当且仅当__ $a \in D$，$P(a)$ 为__ $Q(a)$ 为__。

1.4 将下列语句在命题逻辑中符号化。

(1) 除非刮大风或学校有活动，否则我们班去郊游。

(2) 小李不是不聪明，而是不用功。

(3) 只要准备充分，任务就能完成；只有准备充分，任务才能完成。

(4) 如果只有懂得希腊文才能了解苏格拉底，那么我不了解苏格拉底。

(5) 我去上学，风雨无阻。

1.5 用三种不同方法证明下列等值式。

(1) $A \leftrightarrow B \Leftrightarrow (A \wedge B) \vee (\neg A \wedge \neg B)$

(2) $A \to (B \to C) \Leftrightarrow (A \to B) \to (A \to C)$

(3) $\neg(A \downarrow B) \Leftrightarrow \neg A \uparrow \neg B$

(4) $\neg A \leftrightarrow B \Leftrightarrow \neg(A \leftrightarrow B)$

1.6 求证联结词集合 $\{\overline{\vee}, \to\}$、$\{\overline{\vee}, \wedge, \leftrightarrow\}$ 是全功能集。

1.7 证明联结词集合 $\{\wedge, \vee\}$、$\{\neg, \overline{\vee}\}$ 不是全功能集。

1.8 试讨论二元运算"$\wedge$"对"$\overline{\vee}$"是否满足分配律。

1.9 试讨论二元运算"$\vee$"对"$\overline{\vee}$"是否满足分配律。

1.10 证明二元运算"$\leftrightarrow$"可交换，可结合，且"$\vee$"对"$\leftrightarrow$"满足分配律。

1.11 阿洛溺水而亡。为此，警察讯问乔治、比尔和卡尔。

乔治说：如果这是谋杀，则肯定是比尔干的。

比尔说：如果这是谋杀，那可不是我干的。

卡尔说：如果不是谋杀，那就是自杀。

警察如实说：如果这些人中只有一人说谎，那阿洛是自杀。

问：阿洛究竟是被谋杀的还是自杀，甚至是意外身亡？

1.12 已知命题公式 A 的成假赋值是 $00,01,10$，求 A 的主析取范式，并将其化成全功能集 $\{\downarrow\}$ 中的公式。

1.13 已知命题公式 A 的成假赋值是 $01,10$，求 A 的主合取范式，并将其化成全功能集 $\{\uparrow\}$ 中的公式。

1.14 求下面公式的主合取范式和主析取范式。

(1) $p \leftrightarrow (q \rightarrow (p \vee r))$

(2) $(q \vee \neg p) \rightarrow (\neg r \vee s)$

1.15 张三说李四说谎，李四说王五说谎，王五说张三和李四都在说谎，问张三、李四、王五三人，究竟谁在说谎？

1.16 三个勘探队员某日得到一块矿样，三人的判断如下：

甲说：这不是铁，也不是铜；

乙说：这不是铁，是锡；

丙说：这不是锡，是铁。

经试验室鉴定后发现，其中一人的判断均对，一人的判断只对一半，另一人的判断全错了，试根据以上的情况判断矿样的种类。

1.17 判断下列各组公式是否相容，并说明理由。

(1) $p \vee q$，$\neg p \vee \neg q$，$p \rightarrow q$

(2) $p \rightarrow (\neg(s \wedge r) \rightarrow \neg q)$，$\neg s \wedge p$，$q$

(3) $(p \vee q) \rightarrow r$，$r \rightarrow s$，$\neg s$

1.18 证明下列诸前提是不相容的。

(1) 如果小妹因生病而缺课，她就考不上大学。

(2) 如果小妹考不上大学，她就受不到教育。

(3) 如果小妹读了很多书，她就受到了教育。

(4) 小妹因生病缺了很多课，但是她读了很多书。

1.19 将下列语句在一阶逻辑中符号化(在全总个体域中)。

(1) 并非所有的素数都不是偶数。

(2) 尽管有些实数是有理数，但是并非每一个实数都是有理数。

(3) 一个数既是偶数又是素数，当且仅当此数为 2。

(4) 总是不相信别人的人，也就一定有人不相信他。

(5) 己所不欲，勿施于人。

(6) 喜马拉雅山是世界上最高的山。

1.20 分别指定整数集的一个尽可能大的子集为个体域，使得下列公式为真。

(1) $\forall x(x > 0)$

(2) $\forall x(x = 5 \vee x = 6)$

(3) $\forall x \exists y(x + y = 3)$

(4) $\exists y \forall x(x + y < 0)$

1.21 给定下列一阶逻辑公式，判断哪些是永真式、永假式、可满足式。

(1) $\forall x(\neg F(x) \rightarrow \neg F(x))$

(2) $\forall x F(x) \rightarrow \exists x F(x)$

(3) $\neg(F(x)\rightarrow\forall y(G(x,y)\rightarrow F(x)))$

(4) $\forall x\exists yF(x,y)\rightarrow\exists x\forall yF(x,y)$

(5) $\forall x\forall yF(x,y)\leftrightarrow\forall y\forall xF(x,y)$

(6) $\neg\forall x(F(x)\rightarrow\forall yG(y))\wedge\forall yG(y)$

(7) $\forall x(F(x)\wedge G(x))\rightarrow(\forall xF(x)\wedge\forall yG(y))$

(8) $\forall x(F(x)\vee G(x))\rightarrow(\forall xF(x)\vee\forall yG(y))$

1.22 量词∃!表示"有唯一的",∃!$xF(x)$表示有唯一的个体x满足谓词$F(x)$。试用量词∀，∃，等号"＝"和谓词$F(x)$表示∃!$xF(x)$。

1.23 取个体域D为自然数集，在D中确定两个谓词$F(x,y)$，分别使下面两个公式为假。

(1) $\forall x\exists !yF(x,y)\rightarrow\exists !y\forall xF(x,y)$

(2) $\exists !y\forall xF(x,y)\rightarrow\forall x\exists !yF(x,y)$

1.24 证明公式$\forall xF(x)\wedge\exists y\neg F(y)$是永假式。

1.25 设个体域为$D=\{a,b,c\}$，试消去下面公式的量词。

(1) $\forall xF(x)\vee\forall yG(y)$

(2) $\exists x(F(x)\wedge\exists x\neg F(x))$

(3) $\exists x\forall y(F(x,y)\leftrightarrow G(y,x))$

1.26 求下列公式的前束范式。

(1) $\neg\forall x(A(x)\rightarrow\exists yB(y))$

(2) $\forall x(A(x)\rightarrow B(x,y))\rightarrow(\exists yP(y,z)\wedge\exists x\exists zQ(x,z))$

(3) $\exists x(\neg\exists yA(x,y)\rightarrow(\exists xB(x)\rightarrow C(x)))$

1.27 构造下面推理的证明。

(1) 前提 $\exists xA(x)\rightarrow\forall x(B(x)\rightarrow C(x))$，$\exists xD(x)\rightarrow\exists xB(x)$

　　结论 $\exists x(A(x)\wedge D(x))\rightarrow\exists xC(x)$

(2) 前提 $\exists xF(x)\rightarrow\forall xG(x)$

　　结论 $\forall x(F(x)\rightarrow G(x))$

1.28 符号化下面语句，并用构造证明法证明其推理的正确性。

所有的旅客或者坐头等舱或者坐经济舱，每个旅客当且仅当他富裕时坐头等舱，有些旅客富裕但并非所有的旅客均富裕。因此，有些旅客坐经济舱。

■ 补充题一答案

1.1
(1) √　　(2) ×　　(3) ×　　(4) ×　　(5) √　　(6) √
(7) ×　　(8) √　　(9) √　　(10)×　　(11) ×　　(12) ×

1.2
(1) A)　　(2) B)　　(3) A)　　(4) B)　　(5) B)
(6) A)　　(7) D)　　(8) B)　　(9) B)　　(10) D)
(11) B)　　(12) B)　　(13) C)　　(14) A)　　(15) C)

1.3

(1) $p \rightarrow \neg q$, 1

(2) 000

(3) 永假式

(4) $\neg p \wedge (q \vee r) \wedge 1$

(5) 永假式

(6) $\neg p_1 \wedge \neg p_2 \wedge \neg p_3 \wedge p_4 \wedge p_5 \wedge \neg p_6$, $\neg p_1 \wedge \neg p_2 \wedge p_3 \wedge \neg p_4 \wedge p_5 \wedge \neg p_6$,

$p_1 \vee p_2 \vee p_3 \vee \neg p_4 \vee \neg p_5 \vee p_6$, $p_1 \vee p_2 \vee \neg p_3 \vee p_4 \vee \neg p_5 \vee p_6$

(7) $((F(a) \rightarrow G(a)) \vee (F(a) \rightarrow G(b))) \wedge ((F(b) \rightarrow G(a)) \vee (F(b) \rightarrow G(b)))$

(8) $\nu(x) = a$, $\nu(y) = b$

(9) ① ∃, 假, 或, 假

② ∃, 真, 且, 假

③ ∀, 真, 且, 假

④ ∀, 假, 且, 假

⑤ ∃, 假, 且, 假

1.4

(1) 设 p: 天刮大风, q: 学校有活动, r: 我们班去郊游, 则命题符号化为 $\neg(p \vee q) \rightarrow r$。

(2) 设 p: 小李聪明, q: 小李用功, 则命题符号化为 $\neg \neg p \wedge \neg q$。

(3) 设 p: 准备充分, q: 任务能完成, 则命题符号化为 $p \leftrightarrow q$。

(4) 设 p: 我懂得希腊文, q: 我了解苏格拉底, 则命题符号化为 $(q \rightarrow p) \rightarrow \neg q$。

(5) 设 p: 天刮风, q: 天下雨, r: 我去上学, 则命题符号化为

$$((p \wedge q) \rightarrow r) \wedge ((\neg p \wedge q) \rightarrow r) \wedge ((p \wedge \neg q) \rightarrow r) \wedge ((\neg p \wedge \neg q) \rightarrow r)$$

1.5　用真值表法和等值演算的方法。

(1)

解法 1: 真值表法(略)

解法 2: 等值演算

$$A \leftrightarrow B \Leftrightarrow (A \rightarrow B) \wedge (B \rightarrow A) \Leftrightarrow (\neg A \vee B) \wedge (\neg B \vee A)$$
$$\Leftrightarrow (\neg A \wedge \neg B) \vee (\neg A \wedge A) \vee (B \wedge \neg B) \vee (B \wedge A)$$
$$\Leftrightarrow (\neg A \wedge \neg B) \vee 0 \vee 0 \vee (A \wedge B)$$
$$\Leftrightarrow (A \wedge B) \vee (\neg A \wedge \neg B)$$

解法 3: 主析取范式

由解法 2 知, $A \leftrightarrow B$ 的主析取范式为 $(A \wedge B) \vee (\neg A \wedge \neg B)$, 故等值式成立。

(2)

解法 1: 真值表法(略)

解法 2: 等值演算

$$(A \rightarrow B) \rightarrow (A \rightarrow C) \Leftrightarrow \neg(\neg A \vee B) \vee (\neg A \vee C)$$
$$\Leftrightarrow (A \wedge \neg B) \vee (\neg A \vee C) \Leftrightarrow (A \vee \neg A \vee C) \wedge (\neg B \vee \neg A \vee C)$$
$$\Leftrightarrow \neg A \vee (\neg B \vee C) \Leftrightarrow A \rightarrow (B \rightarrow C)$$

解法 3: 主合取范式

左　$A \rightarrow (B \rightarrow C) \Leftrightarrow \neg A \vee (\neg B \vee C) \Leftrightarrow M_6$

右　$(A \rightarrow B) \rightarrow (A \rightarrow C) \Leftrightarrow \neg (\neg A \vee B) \vee (\neg A \vee C) \Leftrightarrow (A \wedge \neg B) \vee (\neg A \vee C)$
$$\Leftrightarrow \neg A \vee \neg B \vee C \Leftrightarrow M_6$$

(3)

解法 1：真值表法（略）

解法 2：等值演算
$$\neg (A \downarrow B) \Leftrightarrow \neg \neg (A \vee B) \Leftrightarrow \neg (\neg A \wedge \neg B) \Leftrightarrow \neg A \uparrow \neg B$$

解法 3：主合取范式

左　$\neg (A \downarrow B) \Leftrightarrow \neg \neg (A \vee B) \Leftrightarrow A \vee B \Leftrightarrow M_0$

右　$\neg A \uparrow \neg B \Leftrightarrow \neg (\neg A \wedge \neg B) \Leftrightarrow A \vee B \Leftrightarrow M_0$

(4)

解法 1：真值表法（略）

解法 2：等值演算
$$\neg A \leftrightarrow B \Leftrightarrow (\neg A \rightarrow B) \wedge (B \rightarrow \neg A) \Leftrightarrow (A \vee B) \wedge (\neg B \vee \neg A)$$
$$\Leftrightarrow (A \wedge \neg B) \vee (A \wedge \neg A) \vee (B \wedge \neg B) \vee (B \wedge \neg A)$$
$$\Leftrightarrow (A \wedge \neg B) \vee (B \wedge \neg A) \Leftrightarrow \neg (\neg A \vee B) \vee \neg (\neg B \vee A)$$
$$\Leftrightarrow \neg ((A \rightarrow B) \wedge (B \rightarrow A)) \Leftrightarrow \neg (A \leftrightarrow B)$$

解法 3：主合取范式

左　$\neg A \leftrightarrow B \Leftrightarrow (\neg A \rightarrow B) \wedge (B \rightarrow \neg A) \Leftrightarrow (A \vee B) \wedge (\neg A \vee \neg B) \Leftrightarrow M_0 \wedge M_3$

右　$\neg (A \leftrightarrow B) \Leftrightarrow \neg ((A \rightarrow B) \wedge (B \rightarrow A)) \Leftrightarrow \neg (\neg A \vee B) \vee \neg (\neg B \vee A)$
$$\Leftrightarrow (A \wedge \neg B) \vee (B \wedge \neg A) \Leftrightarrow (\neg A \wedge B) \vee (A \wedge \neg B) \Leftrightarrow m_1 \vee m_2$$
$$\Leftrightarrow M_0 \wedge M_3$$

1.6　因为 $\neg p \Leftrightarrow p \overline{\vee} 1 \Leftrightarrow p \overline{\vee} (p \rightarrow p)$，所以 $\{\neg, \rightarrow\}$ 能表示的真值函数，$\{\overline{\vee}, \rightarrow\}$ 均能表示，而 $\{\neg, \rightarrow\}$ 是全功能集，故 $\{\overline{\vee}, \rightarrow\}$ 是全功能集。

因为 $\neg p \Leftrightarrow p \overline{\vee} 1 \Leftrightarrow p \overline{\vee} (p \leftrightarrow p)$，所以 $\{\neg, \wedge\}$ 能表示的真值函数，$\{\overline{\vee}, \wedge, \leftrightarrow\}$ 均能表示，而 $\{\neg, \wedge\}$ 是全功能集，故 $\{\overline{\vee}, \wedge, \leftrightarrow\}$ 是全功能集。

1.7　因为 $\neg p$ 在 p 假时为真，而仅由 p 和 $\wedge$、$\vee$ 构成的公式当 p 假时均为假，即否定词 $\neg$ 无法用 $\wedge$、$\vee$ 表示，故 $\{\wedge, \vee\}$ 不是全功能集。

因为 $p \overline{\vee} q \Leftrightarrow \neg (p \leftrightarrow q)$，所以 $\{\neg, \overline{\vee}\}$ 能表示的真值函数，$\{\neg, \leftrightarrow\}$ 均能表示，即 $\{\neg, \leftrightarrow\}$ 不能表示的，$\{\neg, \overline{\vee}\}$ 也不能表示，而 $\{\neg, \leftrightarrow\}$ 不是全功能集（见例题选解），因此，$\{\neg, \overline{\vee}\}$ 不是全功能集。

1.8　因为
$$p \wedge (q \overline{\vee} r)$$
$$\Leftrightarrow p \wedge ((\neg q \wedge r) \vee (q \wedge \neg r))$$
$$\Leftrightarrow (p \wedge \neg q \wedge r) \vee (p \wedge q \wedge \neg r)$$
$$\Leftrightarrow m_5 \vee m_6$$
$$(p \wedge q) \overline{\vee} (p \wedge r)$$
$$\Leftrightarrow (\neg (p \wedge q) \wedge (p \wedge r)) \vee ((p \wedge q) \wedge \neg (p \wedge r))$$
$$\Leftrightarrow ((\neg p \vee \neg q) \wedge p \wedge r) \vee (p \wedge q \wedge (\neg p \vee \neg r))$$

$$\Leftrightarrow (p \wedge \neg q \wedge r) \vee (p \wedge q \wedge \neg r)$$
$$\Leftrightarrow m_5 \vee m_6$$

所以，二元运算"$\wedge$"对"$\overline{\vee}$"满足分配律。

1.9 因为

$$p \vee (q \overline{\vee} r)$$
$$\Leftrightarrow p \vee ((q \vee r) \wedge \neg(q \wedge r))$$
$$\Leftrightarrow p \vee ((q \vee r) \wedge (\neg q \vee \neg r))$$
$$\Leftrightarrow (p \vee q \vee r) \wedge (p \vee \neg q \vee \neg r)$$
$$\Leftrightarrow M_0 \wedge M_3$$
$$(p \vee q) \overline{\vee} (p \vee r)$$
$$\Leftrightarrow (\neg(p \vee q) \wedge (p \vee r)) \vee ((p \vee q) \wedge \neg(p \vee r))$$
$$\Leftrightarrow ((\neg p \wedge \neg q) \wedge (p \vee r)) \vee ((p \vee q) \wedge (\neg p \wedge \neg r))$$
$$\Leftrightarrow (\neg p \wedge \neg q \wedge r) \vee (\neg p \wedge q \wedge \neg r)$$
$$\Leftrightarrow m_1 \vee m_2$$
$$\Leftrightarrow M_0 \wedge M_3 \wedge M_4 \wedge M_5 \wedge M_6 \wedge M_7$$

所以，二元运算"$\vee$"对"$\overline{\vee}$"不满足分配律。

1.10 因为 $A \leftrightarrow B \Leftrightarrow B \leftrightarrow A$，所以"$\leftrightarrow$"可交换。

因为

$$A \leftrightarrow (B \leftrightarrow C)$$
$$\Leftrightarrow A \leftrightarrow ((B \wedge C) \vee (\neg B \wedge \neg C))$$
$$\Leftrightarrow (A \wedge ((B \wedge C) \vee (\neg B \wedge \neg C))) \vee (\neg A \wedge \neg((B \wedge C) \vee (\neg B \wedge \neg C)))$$
$$\Leftrightarrow (A \wedge B \wedge C) \vee (A \wedge \neg B \wedge \neg C) \vee (\neg A \wedge (\neg B \vee \neg C) \wedge (B \vee C))$$
$$\Leftrightarrow (A \wedge B \wedge C) \vee (A \wedge \neg B \wedge \neg C) \vee (\neg A \wedge \neg B \wedge C) \vee (\neg A \wedge B \wedge \neg C)$$
$$(A \leftrightarrow B) \leftrightarrow C$$
$$\Leftrightarrow ((A \wedge B) \vee (\neg A \wedge \neg B)) \leftrightarrow C$$
$$\Leftrightarrow (((A \wedge B) \vee (\neg A \wedge \neg B)) \wedge C) \vee (\neg((A \wedge B) \vee (\neg A \wedge \neg B)) \wedge \neg C)$$
$$\Leftrightarrow (A \wedge B \wedge C) \vee (\neg A \wedge \neg B \wedge C) \vee (((\neg A \vee \neg B) \wedge (A \vee B)) \wedge \neg C)$$
$$\Leftrightarrow (A \wedge B \wedge C) \vee (\neg A \wedge \neg B \wedge C) \vee (\neg A \wedge B \wedge \neg C) \vee (A \wedge \neg B \wedge \neg C)$$
$$A \leftrightarrow (B \leftrightarrow C) \Leftrightarrow (A \leftrightarrow B) \leftrightarrow C$$

所以"$\leftrightarrow$"可结合。

因为

$$(A \vee B) \leftrightarrow (A \vee C)$$
$$\Leftrightarrow ((A \vee B) \wedge (A \vee C)) \vee (\neg(A \vee B) \wedge \neg(A \vee C))$$
$$\Leftrightarrow ((A \vee B) \wedge (A \vee C)) \vee ((\neg A \wedge \neg B) \wedge (\neg A \wedge \neg C))$$
$$\Leftrightarrow (A \vee (B \wedge C)) \vee (\neg A \wedge \neg B \wedge \neg C)$$
$$\Leftrightarrow A \vee (B \wedge C) \vee (\neg B \wedge \neg C)$$
$$\Leftrightarrow A \vee (B \leftrightarrow C)$$

所以，"$\vee$"对"$\leftrightarrow$"满足分配律。

1.11 设 p：阿洛是被谋杀的，q：比尔谋杀了阿洛，r：阿洛是自杀的，则符号化三人的证词为：

乔治说：$p \rightarrow q$；比尔说：$p \rightarrow \neg q$；卡尔说：$\neg p \rightarrow r$.

如果只有乔治说谎，则为 $\neg(p \rightarrow q) \wedge (p \rightarrow \neg q) \wedge (\neg p \rightarrow r)$；

如果只有比尔说谎，则为 $(p \rightarrow q) \wedge \neg(p \rightarrow \neg q) \wedge (\neg p \rightarrow r)$；

如果只有卡尔说谎，则为 $(p \rightarrow q) \wedge (p \rightarrow \neg q) \wedge \neg(\neg p \rightarrow r)$。

因为警察所说为实，故有

$1 \Leftrightarrow ((\neg(p \rightarrow q) \wedge (p \rightarrow \neg q) \wedge (\neg p \rightarrow r)) \vee ((p \rightarrow q) \wedge \neg(p \rightarrow \neg q) \wedge$

$\quad (\neg p \rightarrow r)) \vee ((p \rightarrow q) \wedge (p \rightarrow \neg q) \wedge \neg(\neg p \rightarrow r))) \rightarrow r$

$\Leftrightarrow (((p \wedge \neg q) \wedge (\neg p \vee \neg q) \wedge (p \vee r)) \vee ((\neg p \vee q) \wedge (p \wedge q) \wedge (p \vee r)) \vee$

$\quad ((\neg p \vee q) \wedge (\neg p \vee \neg q) \wedge (\neg p \wedge \neg r))) \rightarrow r$

$\Leftrightarrow (((p \wedge \neg q) \wedge (p \vee r)) \vee ((p \wedge q) \wedge (p \vee r)) \vee ((\neg p \vee (q \wedge \neg q)) \wedge$

$\quad (\neg p \wedge \neg r))) \rightarrow r$

$\Leftrightarrow ((p \wedge \neg q) \vee (p \wedge q) \vee (\neg p \wedge \neg r)) \rightarrow r$

$\Leftrightarrow ((p \wedge (\neg q \vee q)) \vee (\neg p \wedge \neg r)) \rightarrow r$

$\Leftrightarrow ((p \vee \neg p) \wedge (p \vee \neg r)) \rightarrow r$

$\Leftrightarrow \neg(p \vee \neg r) \vee r$

$\Leftrightarrow (\neg p \wedge r) \vee r$

$\Leftrightarrow r$

因此，阿洛是自杀的。

1.12　A 的成真赋值是 11，故 A 的主析取范式为 $A \Leftrightarrow p \wedge q \Leftrightarrow \neg \neg (p \wedge q) \Leftrightarrow \neg(\neg p \vee \neg q) \Leftrightarrow \neg p \downarrow \neg q \Leftrightarrow (p \downarrow p) \downarrow (q \downarrow q)$

1.13　A 的主合取范式为

$A \Leftrightarrow (p \vee \neg q) \wedge (\neg p \vee q) \Leftrightarrow \neg \neg (\neg(\neg p \wedge q) \wedge \neg(p \wedge \neg q))$

$\Leftrightarrow \neg((\neg p \uparrow q) \uparrow (p \uparrow \neg q))$

$\Leftrightarrow (((p \uparrow p) \uparrow q) \uparrow (p \uparrow (q \uparrow q))) \uparrow (((p \uparrow p) \uparrow q) \uparrow (p \uparrow (q \uparrow q)))$

1.14

(1)　$p \leftrightarrow (q \rightarrow (p \vee r))$

$\Leftrightarrow (p \wedge (\neg q \vee p \vee r)) \vee (\neg p \wedge \neg (\neg q \vee p \vee r))$

$\Leftrightarrow p \vee (\neg p \wedge (\neg p \wedge q \wedge \neg r)$

$\Leftrightarrow (p \wedge \neg q \wedge \neg r) \vee (p \wedge \neg q \wedge r) \vee (p \wedge q \wedge \neg r) \vee (p \wedge q \wedge r) \vee (\neg p \wedge q \wedge \neg r)$

$\qquad\qquad\qquad\qquad\qquad\qquad\qquad\qquad$——主析取范式

$\Leftrightarrow m_4 \vee m_5 \vee m_6 \vee m_7 \vee m_2$

$\Leftrightarrow M_0 \wedge M_1 \wedge M_3$

$\Leftrightarrow (p \vee q \vee r) \wedge (p \vee q \vee \neg r) \wedge (p \vee \neg q \vee \neg r)$　　　——主合取范式

(2)　$(q \vee \neg p) \rightarrow (\neg r \vee s)$

$\Leftrightarrow \neg(\neg p \vee q) \vee (\neg r \vee s)$

$\Leftrightarrow (p \wedge \neg q) \vee \neg r \vee s$

$\Leftrightarrow (p \vee \neg r \vee s) \wedge (\neg q \vee \neg r \vee s)$

$\Leftrightarrow (p \vee q \vee \neg r \vee s) \wedge (p \vee \neg q \vee \neg r \vee s) \wedge (\neg p \vee \neg q \vee \neg r \vee s)$　　——主合取范式

$\Leftrightarrow M_2 \wedge M_6 \wedge M_{14}$

$\Leftrightarrow m_0 \wedge m_1 \wedge m_3 \wedge m_4 \wedge m_5 \wedge m_7 \wedge m_8 \wedge m_9 \wedge m_{10} \wedge m_{11} \wedge m_{12} \wedge m_{13} \wedge m_{15}$

$\Leftrightarrow (\neg p \wedge \neg q \wedge \neg r \wedge \neg s) \vee (\neg p \wedge \neg q \wedge \neg r \wedge s) \vee (\neg p \wedge \neg q \wedge r \wedge s) \vee ((\neg p \wedge q$
$\wedge \neg r \wedge \neg s) \vee (\neg p \wedge q \wedge \neg r \wedge s) \vee (\neg p \wedge q \wedge r \wedge s) \vee (p \wedge \neg q \wedge \neg r \wedge \neg s) \vee (p$
$\wedge \neg q \wedge \neg r \wedge s) \vee (p \wedge \neg q \wedge r \wedge \neg s) \vee (p \wedge \neg q \wedge r \wedge s) \vee (p \wedge q \wedge \neg r \wedge s) \vee$
$(p \wedge q \wedge \neg r \wedge s) \vee (p \wedge q \wedge r \wedge s)$ ——主析取范式

1.15 设 p：张三说真话；q：李四说真话；r：王五说真话。由题意可得：$p \Leftrightarrow \neg q$，$q \Leftrightarrow \neg r, r \Leftrightarrow \neg p \wedge \neg q$，亦即

$1 \Leftrightarrow (p \leftrightarrow \neg q) \wedge (q \leftrightarrow \neg r) \wedge (r \leftrightarrow (\neg p \wedge \neg q))$

$\Leftrightarrow (p \rightarrow \neg q) \wedge (\neg q \rightarrow p) \wedge (q \rightarrow \neg r) \wedge (\neg r \rightarrow q) \wedge (r \rightarrow (\neg p \wedge \neg q)) \wedge$
$((\neg p \wedge \neg q) \rightarrow r)$

$\Leftrightarrow (\neg p \vee \neg q) \wedge (q \vee p) \wedge (\neg q \vee \neg r) \wedge (r \vee q) \wedge (\neg r \vee (\neg p \wedge \neg q)) \wedge$
$(p \vee q \vee r)$

$\Leftrightarrow (\neg p \vee \neg q \vee r) \wedge (\neg p \vee \neg q \vee \neg r) \wedge (p \vee q \vee r) \wedge (p \vee q \vee \neg r) \wedge$
$(p \vee \neg q \vee \neg r) \wedge (\neg p \vee q \vee r) \wedge (\neg p \vee q \vee \neg r)$

$\Leftrightarrow M_6 \wedge M_7 \wedge M_0 \wedge M_1 \wedge M_3 \wedge M_4 \wedge M_5$

$\Leftrightarrow m_2$

$\Leftrightarrow \neg p \wedge q \wedge \neg r$

故张三说谎，王五说谎，而李四说真话。

1.16 设 p：矿样为铁；q：矿样为铜；r：矿样为锡。

情况1：$F_1 \Leftrightarrow$（甲全对）$\wedge$（乙对一半）$\wedge$（丙全错）
$\Leftrightarrow (\neg p \wedge \neg q) \wedge ((\neg p \wedge \neg r) \vee (p \wedge r)) \wedge (r \wedge \neg p)$
$\Leftrightarrow (\neg p \wedge \neg q \wedge \neg p \wedge \neg r \wedge r \wedge \neg p) \vee (\neg p \wedge \neg q \wedge p \wedge r \wedge r \wedge \neg p) \Leftrightarrow 0$

情况2：$F_2 \Leftrightarrow$（甲全对）$\wedge$（乙全错）$\wedge$（丙对一半）
$\Leftrightarrow (\neg p \wedge \neg q) \wedge (p \wedge \neg r) \wedge ((p \wedge r) \vee (\neg p \wedge \neg r))$
$\Leftrightarrow (\neg p \wedge \neg q \wedge p \wedge \neg r \wedge p \wedge r) \vee (\neg p \wedge \neg q \wedge p \wedge \neg r \wedge \neg p \wedge \neg r) \Leftrightarrow 0$

情况3：$F_3 \Leftrightarrow$（甲对一半）$\wedge$（乙全对）$\wedge$（丙全错）
$\Leftrightarrow ((\neg p \wedge q) \vee (p \wedge \neg q)) \wedge (\neg p \wedge r) \wedge (\neg p \wedge r)$
$\Leftrightarrow (\neg p \wedge q \wedge \neg p \wedge r) \vee (p \wedge \neg q \wedge \neg p \wedge r) \Leftrightarrow \neg p \wedge q \wedge r$

情况4：$F_4 \Leftrightarrow$（甲对一半）$\wedge$（乙全错）$\wedge$（丙全对）
$\Leftrightarrow ((\neg p \wedge q) \vee (p \wedge \neg q)) \wedge (p \wedge \neg r) \wedge (p \wedge \neg r)$
$\Leftrightarrow (\neg p \wedge q \wedge p \wedge \neg r) \vee (p \wedge \neg q \wedge p \wedge \neg r) \Leftrightarrow p \wedge \neg q \wedge \neg r$

情况5：$F_5 \Leftrightarrow$（甲全错）$\wedge$（乙对一半）$\wedge$（丙全对）
$\Leftrightarrow (p \wedge q) \wedge ((\neg p \wedge r) \vee (p \wedge r)) \wedge (p \wedge \neg r)$
$\Leftrightarrow (p \wedge q \wedge \neg p \wedge r \wedge p \wedge \neg r) \vee (p \wedge q \wedge p \wedge r \wedge p \wedge \neg r) \Leftrightarrow 0$

情况6：$F_6 \Leftrightarrow$（甲全错）$\wedge$（乙全对）$\wedge$（丙对一半）
$\Leftrightarrow (p \wedge q) \wedge (\neg p \wedge r) \wedge ((p \wedge r) \vee (\neg p \wedge \neg r))$
$\Leftrightarrow (p \wedge q \wedge \neg p \wedge r \wedge p \wedge r) \vee (p \wedge q \wedge \neg p \wedge r \wedge \neg p \wedge \neg r) \Leftrightarrow 0$

综上所述，$1 \Leftrightarrow$（一人全对）$\wedge$（一人对一半）$\wedge$（一人全错）

$$\Leftrightarrow F_1 \vee F_2 \vee F_3 \vee F_4 \vee F_5 \vee F_6$$
$$\Leftrightarrow (\neg p \wedge q \wedge r) \vee (p \wedge \neg q \wedge \neg r)$$

因为矿样不可能同时既为铜又为锡，于是 $\neg p \wedge q \wedge r$ 为假，所以必有 $p \wedge \neg q \wedge \neg r$ 为真，据此可断定矿样是铁。

1.17

(1) 相容。因为 $(p \vee q) \wedge (\neg p \vee \neg q) \wedge (p \to q)$ 有成真赋值 01。

(2) 不相容。因为 $(p \to (\neg (s \wedge r) \to \neg q)) \wedge \neg s \wedge p \wedge q \Leftrightarrow (\neg p \vee (s \wedge r) \vee \neg q) \wedge \neg s \wedge p \wedge q \Leftrightarrow s \wedge r \wedge \neg s \wedge p \wedge q \Leftrightarrow 0$。

(3) 相容。因为 $((p \vee q) \to r) \wedge (r \to s) \wedge \neg s$ 有成真赋值 0000。

1.18　设 p：小妹生病了；q：小妹缺了很多课；r：小妹考不上大学；s：小妹读了很多书；t：小妹受不到教育。

诸前提形式化为：$(p \to q) \to r$，$r \to t$，$s \to \neg t$，$(p \to q) \wedge s$。

证明：

① $(p \to q) \to r$	前提引入
② $r \to t$	前提引入
③ $(p \to q) \to t$	①②假言三段论
④ $s \to \neg t$	前提引入
⑤ $t \to \neg s$	④置换
⑥ $(p \to q) \to \neg s$	③⑤假言三段论
⑦ $(p \to q) \wedge s$	前提引入
⑧ $p \to q$	⑦化简
⑨ $\neg s$	⑥⑧假言推理
⑩ $(p \to q) \wedge s \wedge \neg s$	⑦⑨合取引入

得到矛盾，故诸前提不相容。

1.19

(1) 设 $P(x)$：x 是素数；$G(x)$：x 是偶数。原句符号化为 $\neg \forall x(P(x) \to \neg G(x))$ 或者 $\exists x(P(x) \wedge G(x))$。

(2) 设 $R(x)$：x 是实数；$Q(x)$：x 是有理数。原句符号化为 $\exists x(R(x) \wedge Q(x)) \wedge \neg \forall x(R(x) \to Q(x))$。

(3) 设 $P(x)$：x 是素数；$G(x)$：x 是偶数；$E(x, y)$：$x = y$。原句符号化为 $\forall x((P(x) \wedge G(x)) \leftrightarrow E(x, 2))$。

(4) 设 $M(x)$：x 是人；$E(x, y)$：$x = y$；$D(x, y)$：x 相信 y。原句符号化为
$(M(a) \wedge \forall x((M(x) \wedge \neg E(x, a)) \to \neg D(a, x)) \to \exists x(M(x) \wedge \neg E(x, a) \wedge \neg D(a, x))$
或者
$\forall x((M(x) \wedge \forall y((M(y) \wedge \neg E(y, x)) \to \neg D(x, y)) \to \exists z(M(z) \wedge \neg E(z, x) \wedge \neg D(z, x)))$

(5) 设 $F(x)$：x 是己之所欲的；$M(x)$：x 是人；$G(x, y)$：将 x 施于 y。原句符号化为 $\forall x(\neg F(x) \to \forall y(M(y) \to \neg G(x, y)))$。

(6) 设 $F(x)$：x 是山；$E(x, y)$：$x = y$；$G(x, y)$：x 比 y 高；a：喜玛拉雅。原句符号

化为 $F(a) \wedge \forall x((F(x) \wedge \neg E(x, a)) \rightarrow G(a, x))$。

1.20

(1) $D = \mathbf{Z}^+$

(2) $D = \{5, 6\}$

(3) $D = \mathbf{Z}$

(4) $D = \{-n, -n+1, \cdots, -1, 0, 1, 2, \cdots n-1\}$, $n \in \mathbf{N}$

1.21　(1),(2),(5),(7)是永真式。(3),(6)是永假式。(4),(8)是可满足式。

1.22　$\exists ! \, x F(x) \Leftrightarrow \exists x F(x) \wedge \forall y(F(y) \leftrightarrow (x = y))$。

1.23　$F(x, y)$ 表示"y 是 x 的后继数"使(1)为假(注：y 是 x 的后继数，即 $x+1=y$)。$F(x, y)$ 表示"$x \geqslant y$"使(2)为假。

1.24　反证法。假设公式 $\forall x F(x) \wedge \exists y \neg F(y)$ 不是永假式，则至少有一种解释 I，使得在 I 的个体域 D 中，$\forall x F(x)$ 和 $\exists y \neg F(y)$ 同时为真。因为 $\forall x F(x)$ 为真，所以对于 D 中的任意元素 x，$F(x)$ 均为真。又因为 $\exists y \neg F(y)$ 为真，则在 D 中至少有一个元素 a，使得 $\neg F(a)$ 为真，即 $F(a)$ 为假。这与"D 中的任意元素 x，$F(x)$ 均为真"矛盾，故公式 $\forall x F(x) \wedge \exists y \neg F(y)$ 是永假式。

1.25

(1)　$\forall x F(x) \vee \forall y G(y)$

　　$\Leftrightarrow (F(a) \wedge F(b) \wedge F(c)) \vee (G(a) \wedge G(b) \wedge G(c))$

(2)　$\exists x (F(x) \wedge \exists x \neg F(x))$

　　$\Leftrightarrow \exists x F(x) \wedge \exists x \neg F(x)$

　　$\Leftrightarrow (F(a) \vee F(b) \vee F(c)) \wedge (\neg F(a) \vee \neg F(b) \vee \neg F(c))$

(3)　$\exists x \forall y (F(x, y) \leftrightarrow G(y, x))$

　　$\Leftrightarrow \forall y(F(a, y) \leftrightarrow G(y, a)) \vee \forall y(F(b, y) \leftrightarrow G(y, b)) \vee \forall y(F(c, y) \leftrightarrow G(y, c))$

　　$\Leftrightarrow ((F(a, a) \leftrightarrow G(a, a)) \wedge (F(a, b) \leftrightarrow G(b, a)) \wedge (F(a, c) \leftrightarrow G(c, a)))$

　　$\vee ((F(b, a) \leftrightarrow G(a, b)) \wedge (F(b, b) \leftrightarrow G(b, b)) \wedge (F(b, c) \leftrightarrow G(c, b)))$

　　$\vee ((F(c, a) \leftrightarrow G(a, c)) \wedge (F(c, b) \leftrightarrow G(b, c)) \wedge ((F(c, c) \leftrightarrow G(c, c)))$

1.26

(1)　$\neg \forall x(A(x) \rightarrow \exists y B(y))$

　　$\Leftrightarrow \exists x (A(x) \wedge \neg \exists y B(y))$

　　$\Leftrightarrow \exists x \forall y (A(x) \wedge \neg B(y))$

(2)　$\forall x(A(x) \rightarrow B(x, y)) \rightarrow (\exists y P(y, z) \wedge \exists x \exists z Q(x, z))$

　　$\Leftrightarrow \neg \forall x(A(x) \rightarrow B(x, y)) \vee (\exists y P(y, z) \wedge \exists x \exists z Q(x, z))$

　　$\Leftrightarrow \exists x \neg (A(x) \rightarrow B(x, y)) \vee (\exists y P(y, z) \wedge \exists x \exists z Q(x, z))$

　　$\Leftrightarrow \exists x \neg (A(x) \rightarrow B(x, y)) \vee (\exists u P(u, z) \wedge \exists v \exists s Q(v, s))$

　　$\Leftrightarrow \exists x \exists u \exists v \exists s (\neg (A(x) \rightarrow B(x, y)) \vee (P(u, z) \wedge Q(v, s)))$

(3)　$\exists x(\neg \exists y A(x, y) \rightarrow (\exists x B(x) \rightarrow C(x)))$

　　$\Leftrightarrow \exists x (\exists y A(x, y) \vee (\neg \exists x B(x) \vee C(x)))$

　　$\Leftrightarrow \exists x (\exists y A(x, y) \vee (\forall x \neg B(x) \vee C(x)))$

　　$\Leftrightarrow \exists x (\exists y A(x, y) \vee (\forall z \neg B(z) \vee C(x)))$

$\Leftrightarrow \exists x \exists y \forall z(A(x,y) \lor \neg B(z) \lor C(x))$

1.27

(1)

① $\exists x(A(x) \land D(x))$	附加前提引入
② $A(a) \land D(a)$	①EI
③ $A(a)$	②化简
④ $D(a)$	②化简
⑤ $\exists xA(x)$	③EG
⑥ $\exists xD(x)$	④EG
⑦ $\exists xA(x) \to \forall x(B(x) \to C(x))$	前提引入
⑧ $\forall x(B(x) \to C(x))$	⑤⑦假言推理
⑨ $\exists xD(x) \to \exists xB(x)$	前提引入
⑩ $\exists xB(x)$	⑥⑨假言推理
⑪ $B(c)$	⑩EI
⑫ $B(c) \to C(c)$	⑧UI
⑬ $C(c)$	⑪⑫假言推理
⑭ $\exists xC(x)$	⑬EG
⑮ $\exists x(A(x) \land D(x)) \to \exists xC(x)$	CP

(2)

① $\neg \forall x(F(x) \to G(x))$	否定结论引入
② $\exists x(F(x) \land \neg G(x))$	①置换
③ $F(a) \land \neg G(a)$	②EI
④ $F(a)$	③化简
⑤ $\exists xF(x)$	④EG
⑥ $\exists xF(x) \to \forall xG(x)$	前提引入
⑦ $\forall xG(x)$	⑤⑥假言推理
⑧ $G(a)$	⑦UI
⑨ $\neg G(a)$	⑧化简
⑩ $G(a) \land \neg G(a)$	⑧⑨合取引入(矛盾)

1.28 设 $F(x)$：x 是旅客，$G(x)$：x 坐头等舱，$H(x)$：x 坐经济舱，$S(x)$：x 是富裕的。

前提　$\forall x(F(x) \to (G(x) \lor H(x)))$，$\forall x(F(x) \to (G(x) \leftrightarrow S(x)))$，$\exists x(F(x) \land S(x)) \land \neg \forall x(F(x) \to S(x))$

结论　$\exists x(F(x) \land H(x))$

证明：

① $\exists x(F(x) \land S(x)) \land \neg \forall x(F(x) \to S(x))$	前提引入
② $\neg \forall x(F(x) \to S(x))$	①化简
③ $\exists x(F(x) \land \neg S(x))$	②置换
④ $F(a) \land \neg S(a)$	③EI

⑤ $F(a)$　　　　　　　　　　　　　　　　④化简

⑥ $\forall x(F(x) \rightarrow (G(x) \vee H(x)))$　　　　　　　前提引入

⑦ $F(a) \rightarrow (G(a) \vee H(a))$　　　　　　　⑥UI

⑧ $G(a) \vee H(a)$　　　　　　　　　　　⑤⑦假言推理

⑨ $\forall x(F(x) \rightarrow (G(x) \leftrightarrow S(x)))$　　　　　前提引入

⑩ $F(a) \rightarrow (G(a) \leftrightarrow S(a))$　　　　　　⑨UI

⑪ $G(a) \leftrightarrow S(a)$　　　　　　　　　　⑤⑩假言推理

⑫ $(G(a) \rightarrow S(a)) \wedge (S(a) \rightarrow G(a))$　　　⑪置换

⑬ $G(a) \rightarrow S(a)$　　　　　　　　　　⑫化简

⑭ $\neg S(a)$　　　　　　　　　　　　　④化简

⑮ $\neg G(a)$　　　　　　　　　　　　　⑬⑭拒取式

⑯ $H(a)$　　　　　　　　　　　　　　⑧⑮析取三段论

⑰ $F(a) \wedge H(a)$　　　　　　　　　　　⑤⑯合取引入

⑱ $\exists x(F(x) \wedge H(x))$　　　　　　　　　⑰EG

第二篇　集合论

第三章　集合的基本概念和运算

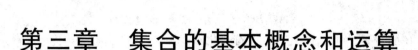

3.1　概　　述

【知识点】

■ 集合的基本概念与表示法
■ 集合的运算
■ 有限集合的计数

【学习基本要求】

1. 理解集合、元素以及子集、幂集的概念。掌握判别元素是否属于给定集合的方法；掌握判别两个给定集合之间的关系：包含、不包含、相等、不相等、真包含、不真包含；熟练计算集合的幂集。

2. 掌握集合的运算和性质。熟练掌握集合的交、并、差、对称差和补等运算。

3. 会证明集合的等式。

【内容提要】

1. 集合的基本概念与表示

集合　一些不同对象的全体称为集合。通常用大写英文字母 A，B，C，…表示集合。

元素　组成集合的对象。用小写英文字母 a，b，c，…表示集合的元素。

如果 a 是 A 的元素，则记为 $a \in A$，读作"a 属于 A"或"a 在集合 A 之中"。

如果 a 不是 A 的元素，则记为 $a \notin A$ 或 $\neg(a \in A)$，读作"a 不属于 A"或"a 不在集合 A 之中"。

集合的表示方法：

（1）列举法：将集合的元素列举出来并写在一个花括号里，元素之间用逗号分开。例如，设 A 是由 a，b，c，d 为元素构成的集合，B 是由 a，$\{b\}$，$\{\{c, d\}\}$ 为元素构成的集合，则 $A=\{a, b, c, d\}$，$B=\{a, \{b\}, \{\{c, d\}\}\}$。集合 B 说明集合也可用作元素，因此，尽管集合与其元素是两个截然不同的概念，但一个集合完全可以成为另一个集合的元素。

（2）描述法：规定一个集合 A 时，将 A 中元素的特征用一个谓词公式来描述，用谓词 $P(x)$ 表示 x 具有性质 P，用 $\{x \mid P(x)\}$ 表示具有性质 P 的集合 A，即 $A=\{x \mid P(x)\}$。

子集（subsets）　设 A，B 为任意两个集合，如果 A 的每一个元素都是 B 的元素，则称

集合 A 为集合 B 的子集合，表示为 $A \subseteq B$（或 $B \supseteq A$），读作"A 包含于 B"（或"B 包含 A"）。其符号化形式为

$$A \subseteq B \Leftrightarrow \forall x(x \in A \rightarrow x \in B)$$

若 A 不是 B 的子集，则记作 $A \nsubseteq B$，其符号化形式为

$$A \nsubseteq B \Leftrightarrow \exists x(x \in A \wedge x \notin B)$$

集合相等　设 A, B 为任意两个集合，若 B 包含 A 同时 A 包含 B，则称集合 A 和 B 相等，记作 $A = B$，即对任意集合 A, B，有

$$A = B \Leftrightarrow A \subseteq B \wedge B \subseteq A \Leftrightarrow \forall x(x \in A \leftrightarrow x \in B)$$

真子集　设 A, B 为任意两个集合，若 A 是 B 的子集且 $A \neq B$，则称 A 是 B 的真子集或称 B 真包含 A，记为 $A \subset B$，即

$$A \subset B \Leftrightarrow A \subseteq B \text{ 且 } A \neq B$$

若集合 A 不是集合 B 的真子集，则记为 $A \not\subset B$，其符号化形式为

$$A \not\subset B \Leftrightarrow \exists x(x \in A \wedge x \notin B) \vee (A = B) \Leftrightarrow A \nsubseteq B \vee A = B$$

空集合　没有任何元素的集合称为空集合，简称为空集，记为 $\varnothing$。

全集　在一定范围中，如果所有集合均为某一集合的子集，则称某集合为全集，常记为 E，即 $\forall x(x \in E)$ 为真，因此

$$E = \{x \mid p(X) \vee \neg P(x)\}$$

$P(x)$ 是任意谓词。

幂集　给定集合 A，由 A 的所有子集为元素构成的集合，称为集合 A 的幂集，记作 $P(A)$，即 $P(A) = \{x \mid x \subseteq A\}$。

定理 3.1　空集是任意集合的子集，即对任何集合 A，$\varnothing \subseteq A$。

推论　空集是唯一的。

定理 3.2　设 A 为一有限集合，$|A| = n$，那么 A 的子集个数为 2^n。

定理 3.3　设 A, B 为任意集合，$A \subseteq B$ 当且仅当 $P(A) \subseteq P(B)$。

2. 集合的基本运算

并集(union set)　设 A, B 为任意两个集合。由那些或属于 A 或属于 B 或同时属于二者的所有元素构成的集合称为 A 与 B 的并集，记为 $A \cup B$。形式化为

$$A \cup B = \{x \mid x \in A \vee x \in B\}$$

$\cup$ 称为并运算。

交集(intersection set)　设 A, B 为任意两个集合。由集合 A 和 B 所共有的全部元素构成的集合称为 A 与 B 的交集，记为 $A \cap B$。形式化为

$$A \cap B = \{x \mid x \in A \wedge x \in B\}$$

$\cap$ 称为交运算。

差集(difference set)　设 A, B 为任意两个集合。由属于 A 但不属于 B 的所有元素构成的集合称为 A 与 B 的差集，记为 $A - B$，又称为相对补。形式化为

$$A - B = \{x \mid x \in A \wedge x \notin B\}$$

一称为差运算。

补集(complement set)　设 A 为任意集合，E 是全集。对于 E 和 A 所进行的差运算称为 A 的补集，也称为 A 对 E 的相对补集，称为 A 的绝对补集，或简称为 A 的补集，记为

~A，即
$$\sim A = E - A = \{x \mid x \notin A\}$$
~称为补运算，它是一元运算，是差运算的特例。

环和(cycle sum)　设 A，B 为任意两个集合。由或属于 A 或属于 B，但不同时属于 A 和 B 的那些元素构成的集合称为 A 与 B 的环和或对称差，记为 $A \oplus B$，即
$$A \oplus B = (A - B) \bigcup (B - A)$$
$\oplus$ 称为对称差运算。

定理 3.4　对任意集合 A，B，有
$$A \subseteq A \bigcup B \quad B \subseteq A \bigcup B$$

定理 3.5　对任意集合 A，B，有
$$A \bigcap B \subseteq A \quad A \bigcap B \subseteq B$$

定理 3.6　对任意的集合 A，B，C，有

(1) $A - B = A - (A \bigcap B)$

(2) $A \bigcup (B - A) = A \bigcup B$

(3) $A \bigcap (B - C) = (A \bigcap B) - C$

(4) $A - B \subseteq A$

定理 3.7　对任意的集合 A，B，若 $A \subseteq B$，则 $\sim B \subseteq \sim A$。

定理 3.8　设 A，B，C 为任意集合，那么下列各式成立。

(1) 等幂律　　$A \bigcup A = A$

　　　　　　　$A \bigcap A = A$

(2) 交换律　　$A \bigcup B = B \bigcup A$

　　　　　　　$A \bigcap B = B \bigcap A$

(3) 结合律　　$(A \bigcup B) \bigcup C = A \bigcup (B \bigcup C)$

　　　　　　　$(A \bigcap B) \bigcap C = A \bigcap (B \bigcap C)$

(4) 同一律　　$A \bigcup \varnothing = A \quad A \bigcap E = A$

(5) 零律　　　$A \bigcap \varnothing = \varnothing \quad A \bigcup E = E$

(6) 分配律　　$A \bigcup (B \bigcap C) = (A \bigcup B) \bigcap (A \bigcup C)$

　　　　　　　$A \bigcap (B \bigcup C) = (A \bigcap B) \bigcup (A \bigcap C)$

(7) 吸收律　　$A \bigcap (A \bigcup B) = A$

　　　　　　　$A \bigcup (A \bigcap B) = A$

(8) 双重否定律　$\sim(\sim A) = A \quad \sim E = \varnothing \quad \sim \varnothing = E$

(9) 排中律　　$A \bigcup \sim A = E$

(10) 矛盾律　　$A \bigcap \sim A = \varnothing$

(11) 德·摩根律　$\sim(A \bigcup B) = \sim A \bigcap \sim B$

　　　　　　　$\sim(A \bigcap B) = \sim A \bigcup \sim B$

　　　　　　　$A - (B \bigcup C) = (A - B) \bigcap (A - C)$

　　　　　　　$A - (B \bigcap C) = (A - B) \bigcup (A - C)$

(12) 补交转换律　$A - B = A \bigcap \sim B$

定理 3.9　对任意集合 A，B，有下面四个命题等价。

(1) $A \subseteq B$

(2) $A - B = \varnothing$

(3) $A \bigcup B = B$

(4) $A \bigcap B = A$

定理 3.10 对任意集合 A，B，若它们满足 $A \bigcup B = E$ 和 $A \bigcap B = \varnothing$，那么 $B = \sim A$。

定理 3.11 对任意集合 A，B，有

$$A \oplus B = (A \bigcup B) - (A \bigcap B)$$

定理 3.12 对任意集合 A，B，C，有

(1) 交换律 $A \oplus B = B \oplus A$

(2) 同一律 $A \oplus \varnothing = A$

(3) 零律 $A \oplus A = \varnothing$

(4) 分配律 $A \bigcap (B \oplus C) = (A \bigcap B) \oplus (A \bigcap C)$

(5) 结合律 $(A \oplus B) \oplus C = = A \oplus (B \oplus C)$

(6) 吸收律 $A \oplus (A \oplus B) = B$

定理 3.13 对任意的集合 A，B，C，有

(1) $(A \oplus E) = \sim A$

(2) $\sim A \oplus \sim B = A \oplus B$

(3) $\sim A \oplus B = A \oplus \sim B = \sim(A \oplus B)$

3. 集合元素的计数

定理 3.14(基本运算的基数) 假设 A，B 均是有穷集合，其基数分别为 $|A|$，$|B|$，则

(1) $|A \bigcup B| \leqslant |A| + |B|$

(2) $|A \bigcap B| \leqslant \min(|A|, |B|)$

(3) $|A - B| \geqslant |A| - |B|$

(4) $|A \oplus B| = |A| + |B| - 2|A \bigcap B|$

定理 3.15(包含排除原理) 对有限集合 A 和 B，有

$$|A \bigcup B| = |A| + |B| - |A \bigcap B|$$

定理 3.16 设 A_1，A_2，$\cdots$，A_n 是有限集合，其元素的基数分别为 $|A_1|$，$|A_2|$，$\cdots$，$|A_n|$，则

$$|A_1 \bigcup A_2 \bigcup \cdots \bigcup A_n| = \sum_{i=1}^{n} |A_i| - \sum_{1 \leqslant i < j \leqslant n} |A_i \bigcap A_j| + \sum_{1 \leqslant i < j < k \leqslant n} |A_i \bigcap A_j \bigcap A_k| + \cdots + (-1)^{n-1} |A_1 \bigcap A_2 \bigcap A_3 \bigcap \cdots \bigcap A_n|$$

3.2 例 题 选 解

设 C，D 为集合，证明：$(C-D) \bigcup (D-C) = (C \bigcup D) - (C \bigcap D)$。

分析 由集合运算定义可知，两个集合的并、交、差等运算的结果仍是一个集合，因此本题即为求两个集合相等。有下列方法：

（1）恒等变形法：利用集合的交、并、差等运算的代数性质和集合的恒等式进行证明。

（2）命题演算法：利用集合相等的概念证明等式两边的集合相互包含，注意书写方法。

任取 x，然后分别证明

$$x\in A\Rightarrow\cdots\Rightarrow x\in B$$

$$x\in B\Rightarrow\cdots\Rightarrow x\in A$$

当上面两个方向的推理互为逆过程时可将这两个过程合成一个过程，即

$$x\in A\Leftrightarrow\cdots\Leftrightarrow x\in B$$

证明

方法一：

$$
\begin{aligned}
(C-D)\bigcup(D-C)&=(C\cap\sim D)\bigcup(D\cap\sim C)\\
&=(C\cup D)\cap(D\cup\sim D)\cap(\sim C\cup C)\cap(\sim D\cup\sim C)\\
&=(C\cup D)\cap(\sim D\cup\sim C)\\
&=(C\cup D)-(C\cap D)
\end{aligned}
$$

方法二：对任意元素 x，有

$$
\begin{aligned}
&x\in(C-D)\bigcup(D-C)\\
\Leftrightarrow&x\in(C-D)\vee x\in(D-C)\\
\Leftrightarrow&(x\in C\wedge x\notin D)\vee(x\in D\wedge x\notin C)\\
\Leftrightarrow&(x\in C\vee x\in D)\wedge(x\in C\vee x\notin C)\wedge(x\notin D\vee x\in D)\wedge(x\notin D\vee x\notin C)\\
\Leftrightarrow&x\in(C\cup D)\wedge\neg(x\in D\wedge x\in C)\\
\Leftrightarrow&x\in(C\cup D)\wedge\neg x\in(D\cap C)\\
\Leftrightarrow&x\in(C\cup D)\wedge x\notin(C\cap D)\\
\Leftrightarrow&x\in(C\cup D)-(C\cap D)
\end{aligned}
$$

因此

$$(C-D)\bigcup(D-C)=(C\cup D)-(C\cap D)$$

3.3　习题与解答

1．证明：如果 $B\in\{\{a\}\}$，那么 $a\in B$。

证明　因为 $B\in\{\{a\}\}$，而 $\{\{a\}\}$ 中只有一个元素，所以 $B=\{a\}$，又因为 $a\in\{a\}$，所以 $a\in B$。

2．试用描述法表示下列集合：

（1）小于 5 的非负整数集合。

（2）10 与 20 之间的素数集合。

（3）小于 65 的 12 的正倍数集合。

（4）能被 5 整除的自然数的集合。

解

（1）$\{x\mid x\in\mathbf{N}\wedge x<5\}$

（2）$\{x\mid x$ 是素数且 $10<x<20\}$

(3) $\{x \mid 0 < x < 65 \wedge x/12 \in \mathbf{N}\}$

(4) $\{x \mid x \in \mathbf{N} \wedge x/5 \in \mathbf{N}\}$

3. 选择适宜的客体域和谓词公式表示下列集合：

(1) 奇整数集合。

(2) 10 的倍数集合。

(3) 永真式的集合。

解

(1) $\{x \mid x = 2k+1 \wedge k \in \mathbf{Z}\}$

(2) $\{x \mid x \in \mathbf{Z} \wedge x/10 \in \mathbf{N}\}$

(3) $\{x \mid x$ 是永真式$\}$

4. 对任意元素 a, b, c, d，证明：
$$\{\{a\}, \{a, b\}\} = \{\{c\}, \{c, d\}\} \text{ 当且仅当 } a = c \text{ 且 } b = d$$

证明 充分性：显然。

必要性：因为 $\{a\} \in \{\{a\}, \{a, b\}\}$，而 $\{\{a\}, \{a, b\}\} = \{\{c\}, \{c, d\}\}$，所以 $\{a\} \in \{\{c\}, \{c, d\}\}$，则 $\{a\} = \{c\}$ 或 $\{a\} = \{c, d\}$，由集合的互异性知 $c \neq d$，因此 $\{a\} \neq \{c, d\}$，所以 $\{a\} = \{c\}$，故 $a = c$。同理，$\{a, b\} \in \{\{a\}, \{a, b\}\} = \{\{c\}, \{c, d\}\}$，所以 $\{a, b\} = \{c, d\}$，由 $a = c$ 知 $b = d$。因此 $a = c$ 且 $b = d$。

5. "如果 $A \in B$，$B \in C$，那么 $A \in C$"对任意 A，B，C 都成立吗？都不成立吗？举例说明你的结论。

解

(1) "如果 $A \in B$，$B \in C$，那么 $A \in C$"对任意 A，B，C 都成立不对。例如：
$A = a$，$B = \{a\}$，$C = \{\{a\}\}$，此时 $A \in B$，$B \in C$，但 $A \notin C$。

(2) "如果 $A \in B$，$B \in C$，那么 $A \in C$"对任意 A，B，C 都不成立也不对。例如：
$A = a$，$B = \{a\}$，$C = \{a, \{a\}\}$，此时 $A \in B$，$B \in C$，但 $A \in C$。

6. 列举出下列集合的元素：

(1) $S = \{x \mid x \in \mathbf{I}(3 < x < 12)\}$，$\mathbf{I}$ 为整数集合

(2) $S = \{x \mid x$ 是十进制的数字$\}$

(3) $S = \{x \mid (x = 2) \vee (x = 5)\}$

解

(1) $S = \{4, 5, 6, 7, 8, 9, 10, 11\}$

(2) $S = \{0, 1, 2, 3, 4, 5, 6, 7, 8, 9\}$

(3) $S = \{2, 5\}$

7. 下面命题的真值是否为真，说明理由。

(1) $\{a\} \subseteq \{\{a\}\}$

(2) $\{a\} \in \{\{a\}\}$

(3) $\{a\} \in \{\{a\}, a\}$

(4) $\{a\} \subseteq \{\{a\}, a\}$

(5) $\varnothing \subseteq \varnothing$

(6) $\varnothing \in \varnothing$

(7) $\varnothing \subseteq \{\varnothing\}$

(8) $\varnothing \in \{\varnothing\}$

(9) 对任意集合 A，B，C，若 $A \in B$，$B \subseteq C$，则 $A \in C$。

(10) 对任意集合 A，B，C，若 $A \in B$，$B \subseteq C$，则 $A \subseteq C$。

(11) 对任意集合 A，B，C，若 $A \subseteq B$，$B \in C$，则 $A \in C$。

(12) 对任意集合 A，B，C，若 $A \subseteq B$，$B \in C$，则 $A \subseteq C$。

解

(1) 否。因为 $\{a\}$ 是 $\{\{a\}\}$ 的元素，它们之间是属于关系而不是包含关系。

(2) 是。因为 $\{a\}$ 是 $\{\{a\}\}$ 的元素，它们之间是属于关系。

(3) 是。因为 $\{a\}$ 是 $\{\{a\}, a\}$ 的元素。

(4) 是。因为 $\{a\}$ 是 $\{\{a\}, a\}$ 的子集。

(5) 是。因为空集是任何集合的子集，任何集合一定包含空集自身。

(6) 否。因为空集是不含任何元素的集合。

(7) 是。因为空集是任何集合的子集。

(8) 是。因为 $\{\varnothing\}$ 是 $\{\{\varnothing\}, \varnothing\}$ 的子集。

(9) 是。因为 A 是 B 的元素，而 B 是 C 的子集，故 A 是 C 的元素。

(10) 否。例如，$A = \{a\}$，$B = \{\{a\}\} = C$，但 $A \nsubseteq C$。

(11) 否。例如，$A = \{a\}$，$B = \{a, \{a\}\}$，$C = \{\{a, \{a\}\}\}$，但 $A \notin C$

(12) 否。例如，$A = \{a\}$，$B = \{a, \{a\}\}$，$C = \{\{a, \{a\}\}\}$，但 $A \nsubseteq C$。

8. 列举下列集合的所有子集：

(1) $\{\varnothing\}$

(2) $\{1, \{2, 3\}\}$

(3) $\{\{1, \{2, 3\}\}\}$

(4) $\{\{\varnothing\}\}$

(5) $\{\{1, 2\}, \{2, 1, 1\}, \{2, 1, 1, 2\}\}$

解

(1) $\varnothing$，$\{\varnothing\}$

(2) $\varnothing$，$\{1\}$，$\{\{2, 3\}\}$，$\{1, \{2, 3\}\}$

(3) $\varnothing$，$\{\{1, \{2, 3\}\}\}$

(4) $\varnothing$，$\{\{\varnothing\}\}$

(5) $\varnothing$，$\{\{1, 2\}\}$

9. A、B、C 均是集合，若 $A \cap C = B \cap C$ 且 $A \cup C = B \cup C$，则必有 $A = B$。

证明

$$A = A \cup (A \cap C) = A \cup (B \cap C) = (A \cup B) \cap (A \cup C)$$
$$= (A \cup B) \cap (B \cup C) = B \cup (A \cap C) = B \cup (B \cap C) = B$$

10. 设 $A = \{a\}$，求 A 的幂集 $P(A)$ 以及 A 的幂集的幂集 $P(P(A))$。

解
$$P(A) = \{\varnothing, \{a\}\}$$
$$P(P(A)) = \{\varnothing, \{\varnothing\}, \{\{a\}\}, \{\varnothing, \{a\}\}\}$$

11. 设 A、B、C、D 为 4 个集合，已知 $A \subseteq B$ 且 $C \subseteq D$，证明：$A \cap C \subseteq B \cap D$。

证明　对任意元素 x，有
$$x \in A \cap C \Leftrightarrow x \in A \wedge x \in C$$
$$\Rightarrow x \in B \wedge x \in D \qquad （因为 A \subseteq B 且 C \subseteq D）$$
$$\Leftrightarrow x \in B \cap D$$

所以 $A \cap C \subseteq B \cap D$。

12. 设 A、B 为集合，证明：$P(A) \cap P(B) = P(A \cap B)$。

证明　对任意元素 x，有
$$x \in (P(A) \cap P(B)) \Leftrightarrow x \in P(A) \wedge x \in P(B)$$
$$\Leftrightarrow x \subseteq A \wedge x \subseteq B$$
$$\Leftrightarrow x \subseteq (A \cap B)$$
$$\Leftrightarrow x \in P(A \cap B)$$

所以 $P(A) \cap P(B) = P(A \cap B)$。

13. 证明定理 3.2.3。

证明

(1) 对任意元素 x，有
$$x \in A - B \Leftrightarrow x \in A \wedge x \notin B$$
$$\Leftrightarrow (x \in A \wedge x \notin A) \vee (x \in A \wedge x \notin B)$$
$$\Leftrightarrow x \in A \wedge (x \notin A \vee x \notin B)$$
$$\Leftrightarrow x \in A \wedge \neg (x \in A \wedge x \in B)$$
$$\Leftrightarrow x \in A \wedge \neg x \in (A \cap B)$$
$$\Leftrightarrow x \in A \wedge x \notin (A \cap B)$$
$$\Leftrightarrow x \in A - (A \cap B)$$

所以 $A - B = A - (A \cap B)$。

(2) 对任意元素 x，有
$$x \in A \cup (B - A) \Leftrightarrow x \in A \vee (x \in B \wedge x \notin A)$$
$$\Leftrightarrow (x \in A \vee x \in B) \wedge (x \in A \vee x \notin A)$$
$$\Leftrightarrow x \in A \vee x \in B$$
$$\Leftrightarrow x \in (A \cup B)$$

所以 $A \cup (B - A) = A \cup B$。

(3) 对任意元素 x，有
$$x \in A \cap (B - C) \Leftrightarrow x \in A \wedge x \in (B - C)$$
$$\Leftrightarrow x \in A \wedge (x \in B \wedge x \notin C)$$
$$\Leftrightarrow (x \in A \wedge x \in B) \wedge (x \notin C)$$
$$\Leftrightarrow (x \in A \cap B) \wedge (x \notin C)$$
$$\Leftrightarrow x \in (A \cap B) - C$$

所以 $A \cap (B - C) = (A \cap B) - C$。

(4) 对任意元素 x，有
$$x \in A - B \Leftrightarrow x \in A \wedge x \notin B$$
$$\Rightarrow x \in A$$

所以 $A-B \subseteq A$。

14. 设 A、B、C 为集合，证明：

(1) $(A-B)-C=(A-C)-(B-C)$。

(2) $(A-B)-C=A-(B \cup C)$。

(3) $(A \cup B)-C=(A-C) \cup (B-C)$。

证明

(1) $\quad (A-C)-(B-C)=(A \cap \sim C) \cap \sim (B \cap \sim C)$

$\qquad\qquad\qquad\qquad =(A \cap \sim C) \cap (\sim B \cup C)$

$\qquad\qquad\qquad\qquad =(A \cap \sim C \cap \sim B) \cup (A \cap \sim C \cap C)$

$\qquad\qquad\qquad\qquad =((A \cap \sim B) \cap \sim C) \cup \varnothing$

$\qquad\qquad\qquad\qquad =(A-B)-C$

(2) $\quad (A-B)-C=(A \cap \sim B) \cap \sim C=A \cap (\sim B \cap \sim C)$

$\qquad\qquad\qquad\qquad =A \cap \sim (B \cup C)=A-(B \cup C)$

(3) $\quad (A \cup B)-C=(A \cup B) \cap \sim C=(A \cap \sim C) \cup (B \cap \sim C)$

$\qquad\qquad\qquad\qquad =(A-C) \cup (B-C)$

15. 证明：对任意集合 A、B 和 C，$(A \cap B) \cup C=A \cap (B \cup C)$ 的充分必要条件是 $C \subseteq A$。

证明 "$\Leftarrow$"(充分性)：因为 $C \subseteq A$，所以 $A \cup C=A$，故

$\qquad (A \cap B) \cup C=(A \cup C) \cap (B \cup C)=A \cap (B \cup C)$

"$\Rightarrow$"(必要性)：对任意元素 x，有

$$x \in C \Rightarrow x \in (A \cap B) \cup C$$

因为 $(A \cap B) \cup C=A \cap (B \cup C)$，所以 $x \in A \cap (B \cup C)$，故 $C \subseteq A$。

16. 设 A、B、C 为集合，证明：$A-(B-C)=(A-B) \cup (A \cap C)$。

证明 $\quad (A-B) \cup (A \cap C)=(A \cap \sim B) \cup (A \cap C)=A \cap (\sim B \cup C)$

$\qquad\qquad\qquad\qquad =A \cap \sim (B \cap \sim C)$

$\qquad\qquad\qquad\qquad =A-(B-C)$

17. 设全集 $E=\{a, b, c, d, e, f, g\}$，子集 $A=\{a, b, d, e\}$，$B=\{c, d, f, g\}$，$C=\{c, e\}$，求下面集合：

(1) $\sim A \cup \sim B$

(2) $\sim (A \oplus B)$

(3) $(A \cap B) \cup (A \cap C)$

解

(1) $\sim A \cup \sim B=\{c, f, g\} \cup \{a, b, e\}=\{a, b, c, e, f, g\}$

(2) $A \oplus B=(A \cup B)-(A \cap B)$

$\qquad\qquad =\{a,b,c,d,e,f,g\}-\{d\}$

$\qquad\qquad =\{a,b,c,e,f,g\} \sim (A \oplus B)$

$\qquad\qquad =\{d\}$

(3) $(A \cap B) \cup (A \cap C)=\{d\} \cup \{e\}=\{d, e\}$

18. 设 A，B 是全集 E 的子集，已知 $\sim A \subseteq \sim B$，证明：$B \subseteq A$。

证明 对任意元素 x，有 $x \in B \Rightarrow x \notin \sim B$，因为 $\sim A \subseteq \sim B$，所以 $x \notin \sim A \Rightarrow x \in A$，故

$B \subseteq A$。

19. 设 A、B 为集合，且 $A \subseteq B$，证明：$\sim A \cup B = E$，其中 E 为全集。

证明 因为 $A \subseteq B$，所以 $A \cup B = B$，故
$$\sim A \cup B = \sim A \cup (A \cup B) = (\sim A \cup A) \cup B = E \cup B = E$$

20. 设 B_i 是实数集合，它被定义为：$B_0 = \{b \mid b \leq 1\}$，$B_i = \left\{b \mid b < 1 + \dfrac{1}{i}\right\}$，$i = 1, 2, \cdots$，

证明：$\bigcap\limits_{i=1}^{\infty} B_i = B_0$。

证明

(1) 先证 $B_0 \subseteq \bigcap\limits_{i=1}^{\infty} B_i$。

设 $x \in B_0$，则 $x \leq 1$，故 $\forall i$，有 $x < 1 + \dfrac{1}{i}$，即 $\forall i$，有 $x \in B_i$，所以 $x \in \bigcap\limits_{i=1}^{\infty} B_i$。

(2) 再证 $\bigcap\limits_{i=1}^{\infty} B_i \subseteq B_0$。

设 $x \in \bigcap\limits_{i=1}^{\infty} B_i$，则 $x \in B_i$，$i = 1, 2, \cdots$，即 $\forall i$，有 $x < 1 + \dfrac{1}{i}$。若 $x > 1$，则必有 $\varepsilon > 0$，使 $x > 1 + \varepsilon$，令 $k = \left[\dfrac{1}{\varepsilon}\right] + 1$，则 $x \geq 1 + \dfrac{1}{k}$，故 $x \notin B_k$，与 $\forall i$，$x \in B_i$ 相矛盾，所以 $x \leq 1$，即 $x \in B_0$。

因此，$\bigcap\limits_{i=1}^{\infty} B_i = B_0$。

21. 设某校有 58 个学生，其中 15 人会打篮球，20 人会打排球，38 人会踢足球，且其中只有 3 人同时会三种球，试求同时会两种球的学生共有几人。

解 设 A 为会打篮球的人的集合，B 为会打排球的人的集合，C 为会踢足球的人的集合，E 为全集。已知 $|A| = 15$，$|B| = 20$，$|C| = 38$，$|E| = 58$，$|A \cap B \cap C| = 3$。

利用包含排斥原理有：
$$|A \cup B \cup C| = |A| + |B| + |C| - (|A \cap B| + |A \cap C| + |B \cap C|) + |A \cap B \cap C|$$
故
$$|A \cap B| + |A \cap C| + |B \cap C| - 2|A \cap B \cap C|$$
$$= |A| + |B| + |C| + |A \cap B \cap C| - |A \cup B \cup C| - 2|A \cap B \cap C|$$
$$= 15 + 20 + 38 + 3 - 58 - 6 = 12$$

因此，同时会两种球的学生共有 12 人。

22. 求 1 到 500 的整数中（1 和 500 包含在内）分别满足以下条件的数的个数：

(1) 同时能被 4，5 和 7 整除。

(2) 不能被 4 和 5 整除，也不能被 7 整除。

(3) 可以被 4 整除，但不能被 5 和 7 整除。

(4) 可以被 4 或 5 整除，但不能被 7 整除。

解 设 $E = \{x \mid 1 \leq x \leq 500, x \in \mathbf{Z}\}$，$A = \{x \mid x$ 能被 4 整除$\}$，$B = \{x \mid x$ 能被 5 整除$\}$，$C = \{x \mid x$ 能被 7 整除$\}$，则
$$|A| = \left[\frac{500}{4}\right] = 125, \quad |B| = \left[\frac{500}{5}\right] = 100, \quad |C| = \left[\frac{500}{7}\right] = 71,$$

$$|A \cap B| = \left[\frac{500}{(4,5)}\right] = 25, \quad |A \cap C| = \left[\frac{500}{(4,7)}\right] = 17, \quad |B \cap C| = \left[\frac{500}{(5,7)}\right] = 14,$$

$$|A \cap B \cap C| = \left[\frac{500}{(4,5,7)}\right] = 3$$

(1) $|A \cap B \cap C| = \left[\dfrac{500}{(4,5,7)}\right] = 3$

故 1 到 500 的整数中同时能被 4，5 和 7 整除的整数个数是 3 个。

(2) $|A \cup B \cup C| = |A| + |B| + |C| - (|A \cap B| + |A \cap C| + |B \cap C|) + |A \cap B \cap C|$

$$= 125 + 100 + 71 - (25 + 17 + 14) + 3 = 243$$

$$500 - |A \cup B \cup C| = 500 - 243 = 257$$

故 1 到 500 的整数中不能被 4 和 5 整除，也不能被 7 整除的整数个数是 257 个。

(3) $|A - (B \cup C)| = |A| - |A \cap B| - |A \cap C| + |A \cap B \cap C|$

$$= 125 - 25 - 17 + 3 = 86$$

故 1 到 500 的整数中可以被 4 整除，但不能被 5 和 7 整除的整数个数是 86 个。

(4) $|(A \cup B) - C| = |A \cup B| - |A \cap C| - |B \cap C| + |A \cap B \cap C|$

$$= |A| + |B| - |A \cap B| - |A \cap C| - |B \cap C| + |A \cap B \cap C|$$

$$= 125 + 100 - 25 - 17 - 14 + 3 = 172$$

故 1 到 500 的整数中可以被 4 或 5 整除，但不能被 7 整除的整数个数是 172 个。

第四章　二元关系和函数

4.1　概　　述

【知识点】

■ 序偶与笛卡儿积

■ 关系及表示

■ 关系的运算

■ 关系的性质

■ 关系的闭包

■ 等价关系和划分

■ 序关系

■ 函数的定义和性质

■ 函数的复合和反函数

■ 集合的基数

【学习基本要求】

1. 理解序偶、笛卡儿积和二元关系等概念。

2. 理解关系的性质，掌握关系性质的判别方法及运算（求逆、复合），会求关系矩阵和关系图。并能证明给定集合上关系的性质。

3. 了解关系闭包的概念，掌握求 $r(R)$、$s(R)$、$t(R)$ 的方法。

4. 理解集合划分的概念。给定划分，会求对应的等价关系。

5. 理解等价关系、等价类的概念，掌握划分与等价关系间的联系，能证明一关系是等价的。给定等价关系，会求等价类和商集。

6. 理解偏序关系的概念，能熟练地画出一些偏序关系的 Hasse 图。给定偏序集和其子集，会求该子集的极大元、极小元、最大元、最小元、上界、下界、上确界、下确界。

7. 理解函数的概念，掌握函数的基本性质。

8. 了解逆函数、复合函数的概念，会求逆函数和复合函数。

9. 了解 peano 公理和数学归纳法。

10. 了解基数、等势的概念以及可数集与不可数集的概念。会基数的比较方法。

【内容提要】

1. 序偶与笛卡儿积

集合 A 和 B 的笛卡儿积(Cartesian product) 设 A，B 为集合，用 A 中元素为第一元素，B 中元素为第二元素构成有序对。所有这样的有序对组成的集合称为集合 A 和 B 的笛卡儿积，又称作直积，记作 $A \times B$。A 和 B 的笛卡儿积的符号化表示为

$$A \times B = \{\langle x, y \rangle \mid x \in A \land y \in B\}$$

n 阶笛卡儿积(Cartesian product) 若 $n \in \mathbf{N}$，且 $n > 1$，A_1，A_2，$\cdots$，A_n 是 n 个集合，它们的 n 阶笛卡儿积记作 $A_1 \times A_2 \times \cdots \times A_n$，并定义为：

$$A_1 \times A_2 \times \cdots \times A_n = \{\langle x_1, x_2, \cdots, x_n \rangle \mid x_1 \in A_1 \land x_2 \in A_2 \land \cdots \land x_n \in A_n\}$$

当 $A_1 = A_2 = \cdots = A_n = A$ 时，$A_1 \times A_2 \times \cdots \times A_n$ 简记为 A^n。

定理 4.1 若 A，B 是有穷集合，则有

$$|A \times B| = |A| \cdot |B| \quad (\cdot \text{为数乘运算})$$

定理 4.2 对任意有限集合 A_1，A_2，$\cdots$，A_n，有

$$|A_1 \times A_2 \times \cdots \times A_n| = |A_1| \cdot |A_2| \cdot \cdots \cdot |A_n| \quad (\cdot \text{为数乘运算})$$

定理 4.3(笛卡儿积与 $\bigcup$，$\bigcap$，$\sim$ 运算的性质) 对任意的集合 A，B 和 C，有

(1) $A \times (B \bigcup C) = (A \times B) \bigcup (A \times C)$

(2) $A \times (B \bigcap C) = (A \times B) \bigcap (A \times C)$

(3) $(B \bigcup C) \times A = (B \times A) \bigcup (C \times A)$

(4) $(B \bigcap C) \times A = (B \times A) \bigcap (C \times A)$

(5) $A \times (B - C) = (A \times B) - (A \times C)$

(6) $(B - C) \times A = (B \times A) - (C \times A)$

定理 4.4(笛卡儿积与 $\subseteq$ 运算的性质 1) 对任意的集合 A，B 和 C，若 $C \neq \varnothing$，则

$$(A \subseteq B) \Leftrightarrow (A \times C \subseteq B \times C) \Leftrightarrow (C \times A \subseteq C \times B)$$

该定理中的条件 $C \neq \varnothing$ 是必需的，否则不能由 $A \times C \subseteq B \times C$ 或 $C \times A \subseteq C \times B$ 推出 $A \subseteq B$。

定理 4.5(笛卡儿积与 $\subseteq$ 运算的性质 2) 对任意的集合 A，B，C 和 D，有

$$(A \subseteq C \land B \subseteq D) \Rightarrow (A \times B \subseteq C \times D)$$

定理 4.6 对任意非空集合 A，B，有

$$(A \times B) \subseteq P(P(A \bigcup B))$$

2. 关系及表示

关系 任何序偶的集合确定了一个二元关系，并称该集合为一个二元关系，记作 R。二元关系也简称关系。对于二元关系 R，如果 $\langle x, y \rangle \in R$，也可记作 xRy。

n 元关系(n - array relations) R 称为集合 A_1，A_2，$\cdots$，A_{n-1} 到 A_n 上的 n 元关系，如果 R 是 $A_1 \times A_2 \times \cdots \times A_{n-1} \times A_n$ 的一个子集。当 $A_1 = A_2 = \cdots = A_{n-1} = A_n$ 时，也称 R 为 A 上的 n 元关系。当 $n = 2$ 时，称 R 为 A_1 到 A_2 的二元关系。n 元关系也可视为 $A_1 \times A_2 \times \cdots \times A_{n-1}$ 到 A_n 的二元关系。

定义域(domain)和值域(range) 设 R 是 A 到 B 的二元关系。

（1）用 xRy 表示 $\langle x,y\rangle\in R$，意为 x,y 有 R 关系（为使可读性好，我们将分场合使用这两种表达方式中的某一种）。$x\overline{R}y$ 表示 $\langle x,y\rangle\notin R$。

（2）由 $\langle x,y\rangle\in R$ 的所有 x 组成的集合称为关系 R 的定义域，记作 Dom R，即

$$\text{Dom } R=\{x\,|\,x\in A\wedge\exists y(y\in B\wedge\langle x,y\rangle\in R)\}$$

（3）由 $\langle x,y\rangle\in R$ 的所有 y 组成的集合称为关系 R 的值域，记作 Ran R，即

$$\text{Ran } R=\{y\,|\,y\in B\wedge\exists x(x\in A\wedge\langle x,y\rangle\in R)\}$$

（4）R 的定义域和值域的并集称为 R 的域，记作 Fld R。形式化表示为

$$\text{Fld } R=\text{Dom } R\bigcup\text{Ran } R$$

关系图（graph of relation）　设集合 $A=\{x_1,x_2,\cdots,x_m\}$ 到 $B=\{y_1,y_2,\cdots,y_n\}$ 上的一个二元关系为 R，以集合 A、B 中的元素为顶点，在图中用"。"表示顶点。若 x_iRy_j，则可自顶点 x_i 向顶点 y_j 引有向边 $\langle x_i,y_j\rangle$，其箭头指向 y_j。用这种方法画出的图称为关系图。

如关系 R 是定义在一个集合 A 上的，即 $R\subseteq A\times A$，我们只需要画出集合 A 中的每个元素即可。起点和终点重合的有向边称为环（loop）。

关系矩阵　设 $R\subseteq A\times B$，$A=\{a_1,a_2,\cdots,a_m\}$，$B=\{b_1,b_2,\cdots,b_n\}$，那么 R 的关系矩阵 $\boldsymbol{M}_R$ 为一 $m\times n$ 矩阵，它的第 i,j 分量 r_{ij} 只取值 0 或 1，而

$$r_{ij}=\begin{cases}1 & \text{当且仅当 } a_iRb_j\\0 & \text{当且仅当 } a_i\overline{R}b_j\end{cases}$$

3. 关系的运算

关系的并、交、差、补运算　设 R 和 S 为 A 到 B 的二元关系，其并、交、差、补运算定义如下：

$$R\bigcup S=\{\langle x,y\rangle\,|\,xRy\vee xSy\}$$
$$R\bigcap S=\{\langle x,y\rangle\,|\,xRy\wedge xSy\}$$
$$R-S=\{\langle x,y\rangle\,|\,xRy\wedge\neg xSy\}$$
$$\sim R=A\times B-R=\{\langle x,y\rangle\,|\,\neg xRy\}$$

逆关系或逆（converse）　设 R 是 A 到 B 的关系，R 的逆关系或逆是 B 到 A 的关系，记为 R^{-1}，规定为

$$R^{-1}=\{\langle y,x\rangle\,|\,xRy\}$$

复合（compositions）　设 R 为 A 到 B 的二元关系，S 为 B 到 C 的二元关系，那么 $R\circ S$ 为 A 到 C 的二元关系，称为关系 R 与 S 的复合，定义为

$$R\circ S=\{\langle x,z\rangle\,|\,x\in A\wedge z\in C\wedge\exists y(y\in B\wedge xRy\wedge yRz)\}$$

这里 $\circ$ 称为复合运算。$R\circ R$ 也记为 R^2。

幂　设 R 是 A 上的关系，n 个 R 的复合称为 R 的 n 次幂。

像 $R[A]$　设 R 为 X 到 Y 上的二元关系，$A\subseteq X$，A 在 R 下的像 $R[A]$ 为集合

$$R[A]=\{y\,|\,(\exists x)(x\in A\wedge\langle x,y\rangle\in R)\}$$

定理 4.7　设 R 和 S 都是 A 到 B 上的二元关系，那么

（1）$(R^{-1})^{-1}=R$

（2）$(\sim R)^{-1}=\sim(R^{-1})$　　　（$A\times B$ 为全集关系）

（3）$(R\bigcap S)^{-1}=R^{-1}\bigcap S^{-1}$，$(R\bigcup S)^{-1}=R^{-1}\bigcup S^{-1}$，$(R-S)^{-1}=R^{-1}-S^{-1}$

(4) $R \subseteq S$ 当且仅当 $R^{-1} \subseteq S^{-1}$

(5) $\mathrm{Dom}(R^{-1}) = \mathrm{Ran}(R)$

(6) $\mathrm{Ran}(R^{-1}) = \mathrm{Dom}(R)$

(7) $\varnothing^{-1} = \varnothing$

(8) $(A \times B)^{-1} = B \times A$

定理 4.8　设 I_A，I_B 为集合 A，B 上的恒等关系，$R \subseteq A \times B$，那么

(1) $I_A \circ R = R \circ I_B = R$

(2) $\varnothing \circ R = R \circ \varnothing = \varnothing$

定理 4.9　设 R，S，T 均为 A 上的二元关系，那么

(1) $R \circ (S \cup T) = (R \circ S) \cup (R \circ T)$

(2) $(S \cup T) \circ R = (S \circ R) \cup (T \circ R)$

(3) $R \circ (S \cap T) \subseteq (R \circ S) \cap (R \circ T)$

(4) $(S \cap T) \circ R \subseteq (S \circ R) \cap (T \circ R)$

(5) $R \circ (S \circ T) = (R \circ S) \circ T$

(6) $(R \circ S)^{-1} = S^{-1} \circ R^{-1}$

定理 4.10　设 R 为 A 上的二元关系，m，n 为自然数，那么

(1) $R^{n+1} = R^n \circ R = R \circ R^n = R^m \circ R^{n-m+1}$

(2) $R^m \circ R^n = R^{m+n}$

(3) $(R^m)^n = R^{mn}$

(4) $(R^{-1})^n = (R^n)^{-1}$

定理 4.11　设集合 A 的基数为 n，R 是 A 上的二元关系，那么存在自然数 i，j 使得

$$R^i = R^j \qquad (0 \leqslant i < j \leqslant 2^{n^2})$$

定理 4.12　R 是 X 到 Y 的关系和集合 A、B，$A \subseteq X$，$B \subseteq X$，则

(1) $R[A \cup B] = R[A] \cup R[B]$

(2) $R[\cup A] = \cup \{R[B] \mid B \in A\}$

(3) $R[A \cap B] \subseteq R[A] \cap R[B]$

(4) $R[\cap A] \subseteq \cap \{R[B] \mid B \in A\}$　　$(A \neq \varnothing)$

(5) $R[A] - R[B] \subseteq R[A - B]$

4. 关系的性质

自反的(reflexive)　设 R 是 A 上的二元关系，即 $R \subseteq A \times A$。称 R 是自反的，如果对任意 $x \in A$，均有 xRx，即

$$R \text{ 在 } A \text{ 上是自反的当且仅当 } \forall x(x \in A \to xRx)$$

反自反的(irreflexive)　设 R 是 A 上的二元关系，即 $R \subseteq A \times A$。称 R 是反自反的，如果对任意 $x \in A$，xRx 均不成立。即

$$R \text{ 在 } A \text{ 上是反自反的当且仅当 } \forall x(x \in A \to \neg xRx)$$

对称的(symmetic)　设 R 是 A 上的二元关系，即 $R \subseteq A \times A$。称 R 是对称的，如果对任意 $x \in A$，$y \in A$，xRy 蕴含 yRx，即

$$R \text{ 在 } A \text{ 上是对称的当且仅当 } \forall x \forall y(x \in A \land y \in A \land xRy \to yRx)$$

反对称的(antisymmetric)　设 R 是 A 上的二元关系，即 $R \subseteq A \times A$。称 R 是反对称的，如果对任意 $x \in A$，$y \in A$，xRy 且 yRx 蕴含 $x = y$，即

R 在 A 上是反对称的当且仅当 $\forall x \forall y (x \in A \wedge y \in A \wedge xRy \wedge yRx \rightarrow x = y)$

反对称性的另一种等价的定义为

R 在 A 上是反对称的当且仅当 $\forall x \forall y (x \in A \wedge y \in A \wedge xRy \wedge x \neq y \rightarrow \langle y , x \rangle \notin R)$

传递的(transitive)　设 R 是 A 上的二元关系，即 $R \subseteq A \times A$。称 R 是传递的，如果对任意 $x \in A$，$y \in A$，$z \in A$，xRy 且 yRz 蕴含 xRz，即

R 在 A 上是传递的当且仅当 $\forall x \forall y \forall z (x \in A \wedge y \in A \wedge z \in A \wedge xRy \wedge yRz \rightarrow xRz)$

定理 4.13　设 R 为集合 A 上的二元关系，即 $R \subseteq A \times A$，则

(1) R 是自反的当且仅当 $I_A \subseteq R$。

(2) R 是反自反的当且仅当 $I_A \cap R = \varnothing$。

(3) R 是对称的当且仅当 $R = R^{-1}$。

(4) R 是反对称的当且仅当 $R \cap R^{-1} \subseteq I_A$。

(5) R 是传递的当且仅当 $R \circ R \subseteq R$。

定理 4.14　设 R_1、R_2 是 A 上的自反关系，则 R_1^{-1}、$R_1 \cap R_2$、$R_1 \cup R_2$、$R_1 \circ R_2$ 也是 A 上的自反关系。

定理 4.15　设 R_1、R_2 是 A 上的对称关系，则 R_1^{-1}、$R_1 \cap R_2$、$R_1 \cup R_2$、$R_1 - R_2$ 也是 A 上的对称关系。

定理 4.16　设 R_1、R_2 是 A 上的传递关系，则 R_1^{-1}、$R_1 \cap R_2$ 是 A 上的传递关系。但 $R_1 \cup R_2$ 不一定是传递的。

定理 4.17　设 R_1、R_2 是 A 上的反对称关系，则 R_1^{-1}、$R_1 \cap R_2$、$R_1 - R_2$ 是 A 上的反对称关系。但 $R_1 \cup R_2$ 不一定是反对称的。

定理 4.18　设 R_1、R_2 是 A 上的反自反关系，则 R_1^{-1}、$R_1 \cap R_2$、$R_1 \cup R_2$、$R_1 - R_2$ 是 A 上的反自反关系。

5. 关系的闭包

自反(对称或传递)闭包　设 R 是非空集合 A 上的关系，如果 A 上有另一个关系 R' 满足：

(1) R' 是自反的(对称的或传递的)；

(2) $R \subseteq R'$；

(3) 对 A 上任何自反的(对称的或传递的)关系 R''，若 $R \subseteq R''$，则有 $R' \subseteq R''$，则称关系 R' 为 R 的自反(对称或传递)闭包。

定理 4.19　设 R 是集合 A 上的二元关系，那么

(1) $r(R) = I_A \cup R$

(2) $s(R) = R \cup R^{-1}$

(3) $t(R) = \bigcup_{i=1}^{\infty} R^i$

推论　A 为非空有限集合，$|A| = n$。R 是 A 上的关系，则存在正整数 $k \leqslant n$，使得

$$t(R) = R^+ = R \cup R^2 \cup \cdots \cup R^k$$

求取 R^+ 的算法——Warshall(沃夏尔)算法　设 R 为有限集 A 上的二元关系，$|A| = n$，

M 为 R 的关系矩阵，可如下求取 R^+ 的关系矩阵 T。

（1）置 T 为 M。

（2）置 $i=1$。

（3）对所有 j，$1 \leqslant j \leqslant n$，做

① 如果 $T[j, i]=1$，则对每一 $k=1, 2, \cdots, n$，置 $T[j, k]$ 为 $T[j, k] \vee T[i, k]$，即当第 j 行、第 i 列为 1 时，对第 j 行每个分量重新置值，取其当前值与第 i 行的同列分量之析取。

② 否则对下一 j 值进行①。

（4）置 i 为 $i+1$。

（5）若 $i \leqslant n$，回到步骤（3），否则停止。

定理 4.20 设 R 是集合 A 上的任一关系，那么

（1）R 自反当且仅当 $R=r(R)$。

（2）R 对称当且仅当 $R=s(R)$。

（3）R 传递当且仅当 $R=t(R)$。

定理 4.21 对非空集合 A 上的关系 R_1、R_2，若 $R_1 \subseteq R_2$，则

（1）$r(R_1) \subseteq r(R_2)$

（2）$s(R_1) \subseteq s(R_2)$

（3）$t(R_1) \subseteq t(R_2)$

定理 4.22 对非空集合 A 上的关系 R_1、R_2，则

（1）$r(R_1) \bigcup r(R_2) = r(R_1 \bigcup R_2)$

（2）$s(R_1) \bigcup s(R_2) = s(R_1 \bigcup R_2)$

（3）$t(R_1) \bigcup t(R_2) \subseteq t(R_1 \bigcup R_2)$

定理 4.23 设 R 是集合 A 上任意二元关系，则

（1）如果 R 是自反的，那么 $s(R)$ 和 $t(R)$ 都是自反的。

（2）如果 R 是对称的，那么 $r(R)$ 和 $t(R)$ 都是对称的。

（3）如果 R 是传递的，那么 $r(R)$ 是传递的。

定理 4.24 设 R 为集合 A 上的任一二元关系，那么

（1）$rs(R) = sr(R)$

（2）$rt(R) = tr(R)$

（3）$st(R) \subseteq ts(R)$

6. 等价关系和划分

等价关系（equivalent relation） 设 R 是非空集合 A 上的二元关系，如果 R 是自反的、对称的和传递的，则称 R 为 A 上的等价关系。

等价类（equivalent class） 设 R 为集合 A 上的等价关系。对每一 $a \in A$，令 A 中所有与 a 等价的元素构成的集合记为 $[a]_R$，即形式化为

$$[a]_R = \{x \mid x \in A \wedge xRa\}$$

称 $[a]_R$ 为 a 的关于 R 所生成的等价类，简称 a 的等价类，简单地记为 $[a]$，a 称为 $[a]_R$ 的代表元素。

划分（partitions） 当非空集合 A 的子集族 $\pi(\pi \subseteq P(A))$ 满足下列条件时称为 A 的一

个划分，π 中元素称为划分的划分块。

(1) 对任意 $B\in\pi$，$B\neq\varnothing$。

(2) 对任意 $B\in\pi$，$B\subseteq A$。

(3) $\bigcup\pi=A$（$\bigcup S$ 表示集合 S 中的元素做并运算所构成的集合）。

(4) 对任意 $B,B'\in\pi$，$B\neq B'$ 时，$B\bigcap B'=\varnothing$。

商集（quotient sets） 设 R 为集合 A 上的等价关系，那么称 A 的划分 $\{[a]_R\mid a\in A\}$ 为 A 关于 R 的商集，记为 A/R。

细分 设 π_1,π_2 为集合的两个划分。称 π_1 细分 π_2，如果 π_1 的每一划分块都包含于 π_2 的某个划分块。π_1 细分 π_2 表示为 $\pi_1\leqslant\pi_2$。$\pi_1\leqslant\pi_2$ 且 $\pi_1\neq\pi_2$，则表示为 $\pi_1<\pi_2$，读作 π_1 真细分于 π_2。

定理 4.25 设 R 是非空集合 A 上的等价关系。

(1) 对任意的 $a\in A$，$[a]_R\neq\varnothing$，且 $[a]_R\subseteq A$，$[a]_R$ 是 A 的非空子集。

(2) $\bigcup\{[a]\mid a\in A\}=A$。

定理 4.26 设 R 是集合 A 上的等价关系，那么，对任意 $a,b\in A$，有

$$aRb \text{ 当且仅当} [a]_R=[b]_R$$

定理 4.27 设 R 是集合 A 上的等价关系，那么，对任意 $a,b\in A$，或者 $[a]_R=[b]_R$ 或者 $[a]_R\bigcap[b]_R=\varnothing$。

关于等价类有下面事实：

(1) 对任何集合 A，I_A 有 $|A|$ 个不同的等价类，每个等价类都是单元素集。

(2) 对任何集合 A，$A\times A$ 只有一个等价类为 A（即每个元素的等价类全为 A）。

(3) 同一等价类可以有不同的表示元素，或者说，不同的元素可能有相同的等价类。

定理 4.28 设 R 为集合 A 上的等价关系，那么 R 对应的 A 划分是 $\{[x]_R\mid x\in A\}$。

定理 4.29 设 π 是集合 A 的一个划分，则如下定义的关系 R 为 A 上的等价关系：

$$R=\{\langle x,y\rangle\mid \exists B(B\in\pi\wedge x\in B\wedge y\in B)\}$$

称 R 为 π 对应的等价关系。

定理 4.30 设 π 是集合 A 的划分，R 是 A 上的等价关系，那么，对应 π 的等价关系为 R，当且仅当 R 对应的划分为 π。

定理 4.31 设 R_1,R_2 为集合 A 上的等价关系，π_1,π_2 分别是 R_1,R_2 所对应的划分，那么

$$R_1\subseteq R_2 \text{当且仅当} \pi_1\leqslant\pi_2$$

7. 序关系

偏序关系（partial ordered relations） 设 R 是非空集合 A 上的二元关系，如果 R 是自反、反对称、传递的，称 R 为 A 上的偏序关系，记作 $\leqslant$。如果集合 A 上有偏序关系 R，则称 A 为偏序集（ordered sets），用序偶 $\langle A,R\rangle$ 表示之。若 $\langle x,y\rangle\in\leqslant$，常记作 $x\leqslant y$，读作 "x 小于或等于 y"，说明 x 在偏序上排在 y 的前面或者相同。

可比 设 R 为非空集合 A 上的偏序关系。

(1) $\forall x,y\in A$，若 $x\leqslant y$ 或 $y\leqslant x$，则称 x 与 y 可比。

(2) $\forall x,y\in A$，若 $x\leqslant y$ 且 $x\neq y$，则称 $x<y$，读作"x 小于 y"。这里所说的小于是指在偏序中 x 排在 y 的前边。

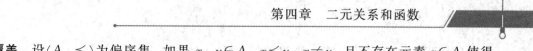

覆盖 设 $\langle A, \preccurlyeq\rangle$ 为偏序集，如果 $x, y\in A$，$x\preccurlyeq y$，$x\neq y$，且不存在元素 $z\in A$ 使得 $x\preccurlyeq z$ 且 $z\preccurlyeq y$，则称 y 覆盖 x。A 上的覆盖关系 cov A 定义为

$$\text{cov } A = \{\langle x, y\rangle \mid x\in A \wedge y\in A \wedge y \text{ 覆盖 } x\}$$

链（chain）与反链（antichain） 设 $\langle A, \preccurlyeq\rangle$ 为偏序集，$B\subseteq A$。

（1）如果对任意的 $x, y\in B$，x 和 y 都是可比的，则称 B 为 A 上的链，B 中元素个数称为链的长度。

（2）如果对任意的 $x, y\in B$，x 和 y 都不是可比的，则称 B 为 A 上的反链，B 中元素个数称为反链的长度。

我们约定，若 A 的子集只有单个元素，则这个子集既是链又是反链。

全序集（totally ordered） 设 $\langle A, \preccurlyeq\rangle$ 为偏序集，如果 A 是一个链，则称 $\preccurlyeq$ 为 A 上的全序关系，或称线序关系，并称 $\langle A, \preccurlyeq\rangle$ 为全序集。

全序集 $\langle A, \preccurlyeq\rangle$ 意味着对任意 $x, y\in A$，或者有 $x\preccurlyeq y$ 或者有 $y\preccurlyeq x$ 成立。

特殊元 设 $\langle A, \preccurlyeq\rangle$ 为偏序集，$B\subseteq A$。

（1）如果 $b\in B$ 且对每一 $x\in B$，$b\preccurlyeq x$，称 b 为 B 的最小元（least element），即

$$b \text{ 为 } B \text{ 的最小元} \Leftrightarrow b\in B \wedge \forall x(x\in B\rightarrow b\preccurlyeq x)$$

（2）如果 $b\in B$，并且对每一 $x\in B$，$x\preccurlyeq b$，称 b 为 B 的最大元（greatest element），即

$$b \text{ 为 } B \text{ 的最大元} \Leftrightarrow b\in B \wedge \forall x(x\in B\rightarrow x\preccurlyeq b)$$

（3）如果 $b\in B$，并且没有 $x\in B$，$x\neq b$，使得 $x\preccurlyeq b$，称 b 为 B 的极小元（minimal element），即

$$b \text{ 为 } B \text{ 的极小元} \Leftrightarrow b\in B \wedge \neg \exists x(x\in B\wedge x\neq b\wedge x\preccurlyeq b)$$

（4）如果 $b\in B$，并且没有 $x\in B$，$x\neq b$，使得 $b\preccurlyeq x$，称 b 为 B 的极大元（maximal element），即

$$b \text{ 为 } B \text{ 的极大元} \Leftrightarrow b\in B \wedge \neg \exists x(x\in B\wedge x\neq b\wedge b\preccurlyeq x)$$

界（bound） 设 $\langle A, \preccurlyeq\rangle$ 为偏序集，$B\subseteq A$。

（1）如果 $a\in A$，且对每一 $x\in B$，$x\preccurlyeq a$，称 a 为 B 的上界（upper bound），即

$$a \text{ 为 } B \text{ 的上界} \Leftrightarrow a\in A \wedge \forall x(x\in B\rightarrow x\preccurlyeq a)$$

（2）如果 $a\in A$，且对每一 $x\in B$，$a\preccurlyeq x$，a 称为 B 的下界（lower bound），即

$$a \text{ 为 } B \text{ 的下界} \Leftrightarrow a\in A \wedge \forall x(x\in B\rightarrow a\preccurlyeq x)$$

（3）如果 C 是 B 的所有上界的集合，即 $C=\{y\mid y \text{ 是 } B \text{ 的上界}\}$，则 C 的最小元 a 称为 B 的最小上界或上确界（least upper bound）。

（4）如果 C 是 B 的所有下界的集合，即 $C=\{y\mid y \text{ 是 } B \text{ 的下界}\}$，则 C 的最大元 a 称为 B 的最大下界或下确界（greatest lower bound）。

B 的最小元一定是 B 的下界，同时也是 B 的最大下界。同样地，B 的最大元一定是 B 的上界，同时也是 B 的最小上界。但反过来不一定正确，B 的下界不一定是 B 的最小元，因为它可能不是 B 中的元素。同样地，B 的上界也不一定是 B 的最大元。

良序集（well ordered set） 设 $\langle A, \preccurlyeq\rangle$ 为偏序集，如果 A 的任何非空子集都有最小元，则称 $\preccurlyeq$ 为良序关系（well ordered relation），称 $\langle A, \preccurlyeq\rangle$ 为良序集。

定理 4.32 设 $\langle A, \preccurlyeq\rangle$ 为偏序集，$B\subseteq A$。

（1）若 b 为 B 的最大（最小）元，则 b 为 B 的极大（极小）元。

（2）若 B 有最大（最小）元，则 B 的最大（最小）元唯一。

（3）若 B 为有限集，则 B 的极大元、极小元恒存在。

定理 4.33（偏序集的分解定理）　设 $\langle A, \leqslant\rangle$ 为一有限的偏序集，且 A 中最长链的长度为 n，则将 A 中元素分成不相交的反链，反链个数至少是 n。即 A 有一划分，使划分有 n 个划分块，且每个划分块为一反链。

定理 4.34　设 $\langle A, \leqslant\rangle$ 为一偏序集，$|A|=mn+1$，那么，A 中或者存在一条长度为 $m+1$ 的反链，或者存在一条长度为 $n+1$ 的链。

定理 4.35　设 $\langle A, \leqslant\rangle$ 为偏序集，$B\subseteq A$。

（1）若 b 为 B 的最大元（最小元），则 b 必为 B 的最小上界（最大下界）。

（2）若 b 为 B 的上（下）界，且 $b\in B$，则 b 必为 B 的最大（最小）元。

（3）如果 B 有最大下界（最小上界），则最大下界（最小上界）唯一。

定理 4.36　一个良序集一定是全序集。

定理 4.37　一个有限的全序集一定是良序集。

定理 4.38（良序定理）　任意的集合都是可以良序化的。

8. 函数的定义和性质

函数（functions）　设 X, Y 为集合，如果 f 为 X 到 Y 的关系（$f\subseteq X\times Y$），且对每一 $x\in X$，都有唯一的 $y\in Y$，使 $\langle x, y\rangle\in f$，称 f 为 X 到 Y 的函数，记为 $f: X\to Y$。当 $X=X_1\times X_2\times\cdots\times X_n$ 时，称 f 为 n 元函数。函数也称映射（mapping）。

换言之，函数是特殊的关系，它满足

（1）函数的定义域是 X，而不能是 X 的某个真子集。

（2）若 $\langle x, y\rangle\in f$，$\langle x, y'\rangle\in f$，则 $y=y'$（单值性）。

由于函数的第二个特性，人们常把 $\langle x, y\rangle\in f$ 或 xfy 这两种关系表示形式在 f 为函数时改为 $y=f(x)$。这时称 x 为自变元，y 为函数在 x 处的值；也称 y 为 x 的像点，x 为 y 的源点。一个源点只能有唯一的像点，但不同的源点允许有共同的像点。注意，函数的上述表示形式不适用于一般关系（因为一般关系不具有单值性）。

像（image）　设 $f: X\to Y$，$A\subseteq X$，称 $f(A)$ 为 A 的像，定义为
$$f(A)=\{y\mid \exists x(x\in A\land y=f(x))\}$$

满射函数（surjection）　给定函数 $f: X\to Y$，如果函数 f 的值域 $\text{Ran } f=Y$，则称 $f: X\to Y$ 为满射函数，满射函数也称映上的函数。

单射函数（injection）　给定函数 $f: X\to Y$，对于任意 $x_1, x_2\in X$，若 $x_1\neq x_2\Rightarrow f(x_1)\neq f(x_2)$，或者 $f(x_1)=f(x_2)\Rightarrow x_1=x_2$，则称 f 为单射函数，单射函数也称一对一的函数。

双射函数（bijection）　给定函数 $f: X\to Y$，如果它既是映满的映射，又是一对一的映射，则称 f 为双射函数，双射函数也称一一对应。

特殊函数

（1）设 $f: X\to Y$，如果存在 $c\in Y$，使得对所有的 $x\in X$ 都有 $f(x)=c$，则称 $f: X\to Y$ 是常函数。

（2）任意集合 A 上的恒等关系 I_A 为一函数，常称为恒等函数，因为对任意 $x\in A$ 都有 $I_A(x)=x$。

(3) 设 $\langle X, \leqslant \rangle$, $\langle Y, \leqslant \rangle$ 为偏序集，$f: X \to Y$，如果对任意的 $x_1, x_2 \in X$，$x_1 \prec x_2$，就有 $f(x_1) \leqslant f(x_2)$，则称 f 为单调递增的；如果对任意的 $x_1, x_2 \in X$，$x_1 \prec x_2$，就有 $f(x_1) \prec f(x_2)$，则称 f 为严格单调递增的。类似地，也可以定义单调递减的和严格单调递减的函数。

(4) 设 A 为集合，对于任意的 $A' \subseteq A$，A' 的特征函数 $\chi_{A'}: A \to \{0, 1\}$ 定义为

$$\chi_{A'}(a) = \begin{cases} 1 & a \in A' \\ 0 & a \in A - A' \end{cases}$$

(5) 设 R 是 A 上的等价关系，令

$$g: A \to A/R$$

$\forall a \in A$，$g(a) = [a]$，其中 $[a]$ 是由 a 生成的等价类，则称 g 是从 A 到商集 A/R 的自然映射。

置换(permutations) 设 A 为有限集，$p: A \to A$ 为一单射函数，那么称 p 为 A 上的置换。当 $|A| = n$ 时，称 p 为 n 次置换。

置换常用一种特别的形式来表示。设 $A = \{a_1, a_2, \cdots, a_n\}$，那么

$$p = \begin{pmatrix} a_1 & a_2 & \cdots & a_n \\ a_{i1} & a_{i2} & \cdots & a_{in} \end{pmatrix}$$

表示一个 A 上的 n 次置换，它满足

$$p(a_j) = a_{ij}$$

A 上的恒等函数显然为一置换，称为幺置换，用 i 表示。

定理 4.39 设 $|A| = m$，$|B| = n$，那么 $\langle f | f: A \to B \rangle$ 的基数为 n^m，即共有 n^m 个 A 到 B 的函数。

定理 4.40 设 $f: X \to Y$，对任意 $A \subseteq X$，$B \subseteq X$，有

(1) $f(A \cup B) = f(A) \cup f(B)$

(2) $f(A \cap B) \subseteq f(A) \cap f(B)$

(3) $f(A) - f(B) \subseteq f(A - B)$

定理 4.41 设 A, B 是有穷集合，$|A| = |B|$，则 $f: A \to B$ 是单射的充分必要条件是 f 是满射。

9. 函数的复合和反函数

定理 4.42 设 $f: X \to Y$，$g: Y \to Z$，那么合成关系 $f \circ g$ 为 X 到 Z 的函数。

推论 函数的复合运算满足结合律，即 $f \circ (g \circ h) = (f \circ g) \circ h$。

定理 4.43 设 $f: X \to Y$，则

$$f \circ I_y = I_x \circ f = f$$

定理 4.44 设函数 $f: X \to Y$，$g: Y \to Z$，那么

(1) 如果 f 和 g 是单射的，则 $f \circ g$ 也是单射的。

(2) 如果 f 和 g 是满射的，则 $f \circ g$ 也是满射的。

(3) 如果 f 和 g 是双射的，则 $f \circ g$ 也是双射的。

定理 4.45 设 $f: X \to Y$，$g: Y \to Z$，那么

(1) 如果 $f \circ g$ 是单射，则 f 是单射函数。

(2) 如果 $f \circ g$ 是满射，则 g 是满射函数。

(3) 如果 $f \circ g$ 是双射，则 f 是单射函数，g 是满射函数。

由于习惯上把置换的复合写得与一般函数复合次序相同，因而置换的复合的书写与关系复合的书写次序一致。显然，对任一集合 A 上的任一置换 p，有

$$p \circ i = i \circ p = p$$

定理 4.46　若 $f: X \rightarrow Y$ 为一双射，那么其逆关系 f^{-1} 为 Y 到 X 的函数，称为 f 的反函数(inverse functions)，$f^{-1}: Y \rightarrow X$ 也为一双射。

当 f 为一双射函数时，f^{-1} 为 f 的反函数，称 f 是可逆的。

定理 4.47　若 $f: X \rightarrow Y$ 是可逆的，那么

(1) $(f^{-1})^{-1} = f$

(2) $f \circ f^{-1} = I_X$, $\quad f^{-1} \circ f = I_Y$

定理 4.48　设 $f: X \rightarrow Y$，$g: Y \rightarrow Z$ 都是可逆的，那么 $f \circ g$ 也是可逆的，且 $(f \circ g)^{-1} = g^{-1} \circ f^{-1}$。

10. 集合的基数

后继集合　设 S 为任意集合，$S \cup \{S\}$ 称为 S 的后继集合，记为 S^+。

有限集与无限集　如果存在集合 $\{0, 1, 2, \cdots, n-1\}$(n 为自然数)到 A，或 A 到集合 $\{0, 1, 2, \cdots, n-1\}$ 的双射，则集合 A 称为有限集；否则称 A 为无限集。

可数集(countable sets)　如果存在从 N 到 S 的双射(或 S 到 N 的双射)，则称集合 S 为可数无限集(countable infinite sets)。其它无限集称为不可数无限集(uncountable infinite sets)。有限集和可数无限集统称为可数集。因此，不可数集即不可数无限集。

基数(cardinal number)　如果有双射 $f: \{0, 1, 2, \cdots, n-1\} \rightarrow S$ 或双射 $f: A \rightarrow \{0, 1, 2, \cdots, n-1\}$，则称集合 S 的基数为 n(n 为自然数)，记为 $|S| = n$。

阿列夫零　如果有双射 $f: \mathbf{N} \rightarrow S$ 或双射 $f: S \rightarrow \mathbf{N}$，$\mathbf{N}$ 为自然数集，称集合 S 的基数为 $\aleph_0$，记为 $|S| = \aleph_0$，读作阿列夫零。

连续统(continuum)　如果有双射 $f: [0, 1] \rightarrow S$ 或双射 $f: S \rightarrow [0, 1]$，则称集合 S 的基数为 c，也记为 $\aleph$，读作阿列夫。记为 $|S| = c$。具有基数 c 的集合常称为连续统。

基数的大小　设 A，B 为任意集合。

(1) 如果有双射 $f: A \rightarrow B$ 或双射 $f: B \rightarrow A$，则称 A，B 基数相等，记为 $|A| = |B|$。

(2) 如果有单射 $f: A \rightarrow B$ 或满射 $f: B \rightarrow A$，则称 A 的基数小于等于 B 的基数，记为 $|A| \leqslant |B|$。

(3) 如果 $|A| \leqslant |B|$，且 $|A| \neq |B|$，则称 A 的基数小于 B 的基数，记为 $|A| < |B|$。

定理 4.49　自然数集 $\mathbf{N}$ 为无限集。

定理 4.50　有限集的任何子集均为有限集。

定理 4.51　任何含有无限子集的集合必定是无限集。

定理 4.52　无限集必与它的一个真子集存在双射函数。

推论　凡不能与自身的任意真子集之间存在双射函数的集合为有限集合。

定理 4.53　整数集为可数无限集。

定理 4.54　任何无限集必含有一个可数子集。

定理 4.55　可数集的任何无限子集必为可数集。

定理 4.56　可数集中加入有限个元素(或删除有限个元素)仍为可数集。

定理 4.57　两个可数集的并集是可数集。

推论　有限个可数集的并集是可数集。

定理 4.58　可数个可数集的并集是可数集。

定理 4.59　实数集的子集$[0,1]$区间是不可数集。

定理 4.60　对任意集合 A,B,C，有

(1) $|A|\leqslant|A|$。

(2) 若 $|A|\leqslant|B|$，$|B|\leqslant|C|$，则 $|A|\leqslant|C|$。

定理 4.61　对任意集合 A,B，或者 $|A|<|B|$，或者 $|A|=|B|$，或者 $|B|<|A|$，且任意两者都不能兼而有之。

定理 4.62　对任意集合 A,B，如果 $|A|\leqslant|B|$，$|B|\leqslant|A|$，那么 $|A|=|B|$。

定理 4.63(康托定理)　设 M 为任意集合，记 M 的幂集为 S，则 $|M|<|S|$。

4.2　例　题　选　解

【例 4.1】　判断下列命题是否为真。

(1) $A-B=\varnothing\Leftrightarrow A=B$。(　　)

(2) A、B、C 是任意集合，若 $A-B\subseteq A-C$，则 $B\subseteq C$。(　　)

(3) A、B、C 是任意集合，若 $A\neq B$，则 $A\times C\neq B\times C$。(　　)

(4) A 是任意集合，则 $A\subseteq A\times A$ 必不成立。(　　)

(5) A、B、C 均是集合，若 $A\cap C=B\cap C$ 且 $A\cup C=B\cup C$，则必有 $A=B$。(　　)

(6) 设 A,B,C 为任意的三个集合，则 $A\times(B\times C)=(A\times B)\times C$。(　　)

(7) 设 A,B,C 为任意的三个集合，则必有 $A\times(B\times C)\neq(A\times B)\times C$。(　　)

(8) 设 A,B,C 为任意的三个集合，则可能有 $A\times(B\times C)=(A\times B)\times C$。(　　)

(9) $A\subset B\Leftrightarrow\forall x(x\in A\to x\in B)\land\exists x(x\in B\to x\notin A)$。(　　)

(10) 设 $A=\{x|x=2k+1,k\in\mathbf{N}\}$，$B=\{x|x=2k,k\in\mathbf{N}\}$，则 $K[A\cup B]=K[\mathbf{I}]$。(　　)

(11) R 是反对称的，当且仅当 $R\cap R^{-1}=\varnothing$。(　　)

(12) 若 R_1、R_2 均为集合 A 上的反对称关系，则 $R_1\cup R_2$ 也是反对称关系。(　　)

(13) 若 R_1、R_2 均是 A 上的等价关系，则 $R_1\cup R_2$ 也是 A 上的等价关系。(　　)

(14) 设 R 是集合 A 上的关系，则 R 不可能既是等价关系又是偏序关系。(　　)

(15) 设 $A\neq\varnothing$，则 A 上不存在既不对称又不反对称的二元关系。(　　)

(16) $A=\{a,b,c\}$，$R\subseteq A\times A$，$R=\{\langle a,b\rangle,\langle c,b\rangle\}$，则 $t(R)=R$。(　　)

(17) 若 R 是传递关系，则其对称闭包 $s(R)$ 也传递。(　　)

(18) 若 f 是 A 到 B 的单射函数，则 f^{-1} 也是 B 到 A 的单射函数。(　　)

解

(1) 分析：$A-B=\varnothing$ 的充要条件是 $A\subseteq B$。因此答案为(×)。

（2）分析：当 $A\subseteq B$ 时，$A-B=\varnothing$，必有 $A-B\subseteq A-C$，而此时 B、C 可以毫无关系。因此答案为（×）。

（3）分析：当 $C=\varnothing$ 时，$A\times C=B\times C$。因此答案为（×）。

（4）分析：A 是任意集合，当 $A=\varnothing$ 时，$A\times A=\varnothing$，则 $A\subseteq A\times A$ 必成立。因此答案为（×）。

（5）分析：
$$\begin{aligned}
A &=A\cap(A\cup C) &&（吸收律）\\
&=A\cap(B\cup C) &&（代换）\\
&=(A\cap B)\cup(A\cap C) &&（分配律）\\
&=(A\cap B)\cup(B\cap C) &&（代换）\\
&=(B\cap A)\cup(B\cap C) &&（交换律）\\
&=B\cap(A\cup C) &&（分配律）\\
&=B\cap(B\cup C) &&（代换）\\
&=B &&（吸收律）
\end{aligned}$$

因此答案为（√）。

（6）分析：等式的右端是三元组，而左端不是，因此答案为（×）。

（7）分析：当 A、B、C 中有一个是空集时等式成立，因此答案为（×）。

（8）分析：当 A、B、C 中有一个是空集时等式成立，由 A、B、C 的任意性，这种可能是存在的，因此答案为（√）。

（9）分析：$A\subset B\Leftrightarrow A\subseteq B\wedge A\neq B\Leftrightarrow\forall x(x\in A\to x\in B)\wedge\exists x(x\in B\wedge x\notin A)$，因此答案为（×）。

（10）分析：$A\cup B=\mathbf{N}$，而 $K[\mathbf{N}]=K[\mathbf{I}]$，因此答案为（√）。

（11）分析：$R\cap R^{-1}=\varnothing$ 时必有 R 是反对称的，但反之不然，因此答案为（×）。

（12）分析：反例：设 $A=\{a,b\}$，$R_1=\{\langle a,b\rangle\}$，$R_2=\{\langle b,a\rangle\}$，$R_1$，$R_2$ 均为集合 A 上的反对称关系，但 $R_1\cup R_2=\{\langle a,b\rangle,\langle b,a\rangle\}$ 不是反对称的，因此答案为（×）。

（13）分析：$R_1\cup R_2$ 可能会破坏原有的传递性。反例：设

$A=\{a,b,c\}$

$R_1=\{\langle a,a\rangle,\langle a,b\rangle,\langle b,a\rangle,\langle b,b\rangle,\langle c,c\rangle\}$

$R_2=\{\langle a,a\rangle,\langle a,c\rangle,\langle b,b\rangle,\langle c,a\rangle,\langle c,c\rangle\}$

$R_1\cup R_2=\{\langle a,a\rangle,\langle a,b\rangle,\langle a,c\rangle,\langle b,a\rangle,\langle b,b\rangle,\langle c,a\rangle,\langle c,c\rangle\}$

$R_1\cup R_2$ 仍具有自反性、对称性，但不具有传递性：$\langle c,a\rangle,\langle a,b\rangle\in R_1\cup R_2$，但 $\langle c,b\rangle\notin R_1\cup R_2$，因此答案为（×）。

（14）分析：A 上的恒等关系 I_A 既是 A 上的等价关系又是 A 上的偏序关系，因为 I_A 同时具有自反性、对称性、反对称性和传递性，因此答案为（×）。

（15）分析：反例：设 $A=\{a,b,c\}$，$R=\{\langle a,b\rangle,\langle b,a\rangle,\langle b,c\rangle\}$，因此答案为（×）。

（16）分析：因为 R 本身是传递的，所以 $t(R)=R$。因此答案为（√）。

（17）分析：反例：设 $A=\{a,b,c\}$，$R=\{\langle a,b\rangle,\langle a,c\rangle,\langle b,c\rangle\}$，$s(R)=\{\langle a,b\rangle,\langle a,c\rangle,\langle b,c\rangle,\langle b,a\rangle,\langle c,a\rangle,\langle c,b\rangle\}$ 不传递，因此答案为（×）。

（18）分析：只有双射函数才有反函数，这里 f^{-1} 是 B 到 A 的关系，不一定是 B 到 A 的函数。因此答案为（×）。

【**例 4.2**】　设 $f: \mathbf{N}\times\mathbf{N}\to\mathbf{N}$，$f(\langle x,y\rangle)=xy$，求 $f(\mathbf{N}\times\{1\})$ 和 $f^{-1}(\{0\})$，并说明 f 是否为单射、满射、双射。

解
$$f(\mathbf{N}\times\{1\})=\{\langle\langle a,1\rangle,a\rangle\,|\,a\in\mathbf{N}\}$$
$$f^{-1}(\{0\})=\{\langle x,0\rangle\,|\,x\in\mathbf{N}\}\bigcup\{\langle 0,x\rangle\,|\,x\in\mathbf{N}\}$$

由于任何自然数均能写成两个数的乘积，故 f 是满射，但不是单射，所以也不是双射。

【**例 4.3**】　设 $\langle A,R\rangle$ 是偏序集，$A=\{2,3,4,6,7,8,9,12\}$，R 是整除关系。

（1）画出 $\langle A,R\rangle$ 的哈斯图。

（2）列出极大元、极小元。

（3）求子集 $B=\{2,3,6\}$ 的上界和上确界。

解

（1）$\langle A,R\rangle$ 的哈斯图如图 4.1 所示。

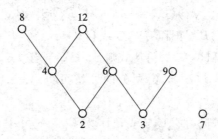

图 4.1

（2）极大元：7，8，9，12；极小元：2，3，7。

（3）B 的上界：6，12；上确界：6。

【**例 4.4**】　设 A 为有限集合，$B=P(A)-\{\varnothing\}-\{A\}$，且 $B\neq\varnothing$。求偏序集 $\langle B,\subseteq\rangle$ 的极大元、极小元、最大元和最小元。

解　因为 A 为有限集合，不妨设 $A=\{a_1,a_2,\cdots,a_n\}$，偏序集 $\langle B,\subseteq\rangle$ 的极大元是 $A-\{a_i\}(i=1,2,\cdots,n)$，极小元是 $\{a_i\}$，无最大元和最小元。

【**例 4.5**】　设 R，S 均是集合 A 中的等价关系，所对应的划分块数分别为 r_1 和 r_2。试证明：$R\bigcap S$ 亦为等价关系，所对应的划分块数至多为 $r_1\cdot r_2$。并说明 $R\bigcup S$ 不一定是等价关系。

证明

（1）① $\forall x\in A$，因为 R、S 均是非空集合 A 上的自反关系，所以有 $\langle x,x\rangle\in R$ 且 $\langle x,x\rangle\in S$，即 $\langle x,x\rangle\in R\bigcap S$，故 $R\bigcap S$ 自反。

② $\forall\langle x,y\rangle$，有
$$\langle x,y\rangle\in R\bigcap S\Leftrightarrow\langle x,y\rangle\in R\wedge\langle x,y\rangle\in S$$
$$\Rightarrow\langle y,x\rangle\in R\wedge\langle y,x\rangle\in S\quad\text{（因为 }R\text{、}S\text{ 均是对称的）}$$
$$\Leftrightarrow\langle y,x\rangle\in R\bigcap S$$

所以 $R\bigcap S$ 对称。

③ $\forall\langle x,y\rangle$，$\forall\langle y,z\rangle$，有

$$\langle x,\ y\rangle\in(R\cap S)\wedge\langle y,\ z\rangle\in(R\cap S)$$
$$\Leftrightarrow(\langle x,\ y\rangle\in R\wedge\langle x,\ y\rangle\in S)\wedge(\langle y,\ z\rangle\in R\wedge\langle y,\ z\rangle\in S)$$
$$\Leftrightarrow(\langle x,\ y\rangle\in R\wedge\langle y,\ z\rangle\in R)\wedge(\langle x,\ y\rangle\in S\wedge\langle y,\ z\rangle\in S)$$
$$\Rightarrow\langle x,\ z\rangle\in R\wedge\langle x,\ z\rangle\in S\qquad(\text{因为}\ R\text{、}S\ \text{均是传递的})$$
$$\Leftrightarrow\langle x,\ z\rangle\in R\cap S$$

所以 $R\cap S$ 传递。

由上可知，$R\cap S$ 也是 A 上的等价关系。

（2）设 R、S、$R\cap S$ 对应的划分分别为：$X_1=\{A_1,\ A_2,\ \cdots,\ A_n\}$，$X_2=\{B_1,\ B_2,\ \cdots,\ B_m\}$，$X_3=\{C_1,\ C_2,\ \cdots,\ C_p\}$，则

$\forall C_k\in X_3(1\leqslant k\leqslant p)$，必 $\exists x\in A$ 使得 $x\in C_k$，因 X_1 和 X_2 均是 A 的划分，故必存在 $A_i\in X_1$，$B_j\in X_2$，使 $x\in A_i$ 且 $x\in B_j$，即 $x\in A_i\cap B_j$。

任取 $y\in C_k$，则有 $x\in C_k\wedge y\in C_k\Rightarrow\langle x,\ y\rangle\in R\cap S\Rightarrow\langle x,\ y\rangle\in R\wedge\langle x,\ y\rangle\in S$，故 $y\in A_i$ 且 $y\in B_j$，即 $y\in A_i\cap B_j$。因而有 $C_k\subseteq A_i\cap B_j$。

若同时有 $C_k\subseteq A_i\cap B_j$ 和 $C_k\subseteq A_p\cap B_q$，则 $\forall x\in C_k$，有 $x\in A_i\wedge x\in B_j\wedge x\in A_p\wedge x\in B_q\Rightarrow x\in(A_i\cap A_p)\wedge x\in(B_j\cap B_q)$，由划分的性质可得 $A_i=A_p$，$B_j=B_q$，即 C_k 所属的 $A_i\cap B_j$ 是唯一的。

设 $C_k\in X_3$，$C_t\in X_3$，若同时有 $C_k\subseteq A_i\cap B_j$ 和 $C_t\subseteq A_p\cap B_q$，因 C_k 与 C_t 是 X_3 中的两个不同元素，所以 $C_k\cap C_t=\varnothing$，故必有 $x\in C_k$，$y\in C_t$，使 $x\notin C_t$ 且 $y\notin C_k$。

因 $x\in C_k\Rightarrow x\in A_i\wedge x\in B_j$，$y\in C_t\Rightarrow y\in A_i\wedge y\in B_j$，故
$$x\in C_k\wedge y\in C_t\Rightarrow x\in A_i\wedge y\in A_i\wedge x\in B_j\wedge y\in B_j$$
$$\Rightarrow\langle x,\ y\rangle\in R\wedge\langle x,\ y\rangle\in S$$
$$\Rightarrow\langle x,\ y\rangle\in R\cap S\Rightarrow C_k=C_t$$

两者矛盾。因此，对任意一个 $C_k\in X_3$，必有唯一的 $A_i\cap B_j$，使得 $C_k\subseteq A_i\cap B_j$，且对于任意一个 $A_i\cap B_j$，至多只有一个 C_k，满足 $C_k\subseteq A_i\cap B_j$。又 $|X_1|=r_1$，$|X_2|=r_2$，故形如 $A_i\cap B_j$ 的至多有 $r_1\times r_2$ 个。因此，$|X_3|\leqslant r_1\cdot r_2$。

反例：$A=\{a,\ b,\ c\}$，$R=\{\langle a,\ a\rangle,\ \langle b,\ b\rangle,\ \langle c,\ c\rangle,\ \langle a,\ b\rangle\langle b,\ a\rangle\}$，$S=\{\langle a,\ a\rangle,\ \langle b,\ b\rangle,\ \langle c,\ c\rangle,\ \langle b,\ c\rangle,\ \langle c,\ b\rangle\}$，$R\cup S=\{\langle a,\ a\rangle,\ \langle b,\ b\rangle,\ \langle c,\ c\rangle,\ \langle a,\ b\rangle,\ \langle b,\ a\rangle,\ \langle b,\ c\rangle,\ \langle c,\ b\rangle\}$。显然，$R$，$S$ 是等价关系，但 $R\cup S$ 不是传递的，因为 $\langle a,\ b\rangle$，$\langle b,\ c\rangle\in R\cup S$，但 $\langle a,\ c\rangle\notin R\cup S$，所以 $R\cup S$ 不是等价关系。

【例 4.6】 设 **R** 是实数集，令 $X=R^{[0,1]}$，若 $f,\ g\in X$，定义 $\langle f,\ g\rangle\in S\Leftrightarrow\forall x\in[0,\ 1]$，$f(x)-g(x)\geqslant 0$。试证：$S$ 是一个偏序。S 是全序吗？

证明　$\forall x\in[0,\ 1]$，$\forall f\in X$，有 $f(x)-f(x)=0$，故 $\langle f,\ f\rangle\in S$，即 S 是自反的。

若 $\langle f,\ g\rangle\in S$，且 $\langle g,\ f\rangle\in S$，则 $\forall x\in[0,\ 1]$，$f(x)-g(x)\geqslant 0$，且 $g(x)-f(x)\geqslant 0$，故 $f(x)=g(x)$，即 S 是对称的。

设 $\langle f,\ g\rangle\in S$，$\langle g,\ h\rangle\in S$，则 $\forall x\in[0,\ 1]$，$f(x)-g(x)\geqslant 0$，且 $g(x)-h(x)\geqslant 0$，因而 $f(x)-h(x)\geqslant 0$，故 $\langle f,\ h\rangle\in S$，即 S 是传递的。

因此，S 是偏序。但 S 不是全序。例如：设 $f(x)=x$，$g(x)=-x+1$，f、$g\in X$，因为 $f(0)-g(0)=-1$，$g(1)-f(1)=-1$，所以 f 与 g 不可比，即 S 不是全序。

4.3 习 题 与 解 答

1. 已知 $A = \{\varnothing\}$，求 $P(A) \times A$。

解
$$P(A) = \{\varnothing, \{\varnothing\}\}$$
$$P(A) \times A = \{\langle \varnothing, \varnothing \rangle, \langle \{\varnothing\}, \varnothing \rangle\}$$

2. 设 $A = \{1, 2, 3\}$，$\mathbf{R}$ 为实数集，请在笛卡儿平面上表示出 $A \times \mathbf{R}$ 和 $\mathbf{R} \times A$。

解 $A \times \mathbf{R}$ 和 $\mathbf{R} \times A$ 的关系图如图 4.2 所示。

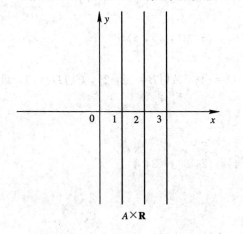
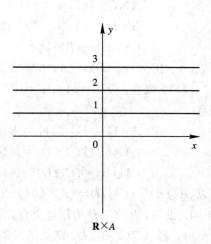

图 4.2

3. 以下各式是否对任意集合 A, B, C, D 均成立？试对成立的给出证明，对不成立的给出适当的反例。

(1) $(A - B) \times C = (A \times C) - (B \times C)$

(2) $(A \cap B) \times (C \cap D) = (A \times C) \cap (B \times D)$

(3) $(A - B) \times (C - D) = (A \times C) - (B \times D)$

(4) $(A \cup B) \times (C \cup D) = (A \times C) \cup (B \times D)$

解

(1) 成立。因为
$$(A - B) \times C = \{\langle x, y \rangle \mid x \in A - B \wedge y \in C\}$$
对任意的 $\langle x, y \rangle$，有
$$\langle x, y \rangle \in (A - B) \times C \Leftrightarrow x \in (A - B) \wedge y \in C$$
$$\Leftrightarrow x \in A \wedge x \notin B \wedge y \in C$$
$$\Leftrightarrow (x \in A \wedge y \in C \wedge x \notin B) \vee (x \in A \wedge y \in C \wedge y \notin C)$$
$$\Leftrightarrow (x \in A \wedge y \in C) \wedge (x \notin B \vee y \notin C)$$
$$\Leftrightarrow \langle x, y \rangle \in (A \times C) \wedge \neg (x \in B \wedge y \in C)$$
$$\Leftrightarrow \langle x, y \rangle \in (A \times C) \wedge \neg \langle x, y \rangle \in (B \times C)$$
$$\Leftrightarrow \langle x, y \rangle \in (A \times C) - (B \times C)$$

(2) 成立。对任意的 $\langle x, y \rangle$，有

$$\langle x, y \rangle \in (A \times C) \bigcap (B \times D) \Leftrightarrow \langle x, y \rangle \in (A \times C) \land \langle x, y \rangle \in (B \times D)$$
$$\Leftrightarrow x \in A \land y \in C \land x \in B \land y \in D$$
$$\Leftrightarrow (x \in A \land x \in B) \land (y \in C \land y \in D)$$
$$\Leftrightarrow (x \in (A \bigcap B)) \land (y \in (C \bigcap D))$$
$$\Leftrightarrow \langle x, y \rangle \in (A \bigcap B) \times (C \bigcap D)$$

(3) 不成立。设 $A = \{1, 5\}$，$B = \{1, 2\}$，$C = \{3, 6\}$，$D = \{4\}$，$A - B = \{5\}$，$C - D = \{3, 6\}$，则有

$$(A - B) \times (C - D) = \{\langle 5, 3 \rangle, \langle 5, 6 \rangle\}$$
$$A \times C = \{\langle 1, 3 \rangle, \langle 1, 6 \rangle, \langle 5, 3 \rangle, \langle 5, 6 \rangle\}$$
$$B \times D = \{\langle 1, 4 \rangle, \langle 2, 4 \rangle\}$$
$$(A \times C) - (B \times D) = \{\langle 1, 3 \rangle, \langle 1, 6 \rangle, \langle 5, 3 \rangle, \langle 5, 6 \rangle\}$$

所以 $(A - B) \times (C - D) \neq (A \times C) - (B \times D)$。

(4) 不成立。设 $A = \{1\}$，$B = \{2\}$，$C = \{3\}$，$D = \{4\}$，$A \bigcup B = \{1, 2\}$，$C \bigcup D = \{3, 4\}$，则有

$$A \times C = \{\langle 1, 3 \rangle\}, \quad B \times D = \{\langle 2, 4 \rangle\}$$
$$(A \times C) \bigcup (B \times D) = \{\langle 1, 3 \rangle, \langle 2, 4 \rangle\}$$
$$(A \bigcup B) \times (C \bigcup D) = \{\langle 1, 3 \rangle, \langle 1, 4 \rangle, \langle 2, 3 \rangle, \langle 2, 4 \rangle\}$$

所以 $(A \bigcup B) \times (C \bigcup D) \neq (A \times C) \bigcup (B \times D)$。

4. 设 A，B，C，D 为任意集合，求证：

(1) 若 $A \subseteq C$，$B \subseteq D$，那么 $A \times B \subseteq C \times D$。

(2) 若 $C \neq \varnothing$，$A \times C \subseteq B \times C$，则 $A \subseteq B$。

(3) $(A \times B) - (C \times D) = ((A - C) \times B) \bigcup (A \times (B - D))$。

证明

(1) 对任意的 x，y，有

$$\langle x, y \rangle \in A \times B \Leftrightarrow x \in A \land y \in B$$
$$\Rightarrow x \in C \land y \in D \qquad (因 A \subseteq C, B \subseteq D)$$
$$\Leftrightarrow \langle x, y \rangle \in C \times D$$

所以 $A \times B \subseteq C \times D$。

(2) 对任意的 x，若 $x \in A$，因 $C \neq \varnothing$，可取 $y \in C$，所以 $\langle x, y \rangle \in A \times C$，又因为 $A \times C \subseteq B \times C$，因此 $\langle x, y \rangle \in B \times C \Rightarrow x \in B$，故 $A \subseteq B$。

(3) 对任意的 x，y，有

$$\langle x, y \rangle \in (A \times B) - (C \times D) \Leftrightarrow \langle x, y \rangle \in (A \times B) \land \langle x, y \rangle \notin (C \times D)$$
$$\Leftrightarrow x \in A \land y \in B \land (x \notin C \lor y \notin D)$$
$$\Leftrightarrow (x \in A \land y \in B \land x \notin C) \lor (x \in A \land y \in B \land y \notin D)$$
$$\Leftrightarrow (x \in (A - C) \land y \in B) \lor (x \in A \land y \in (B - D))$$
$$\Leftrightarrow \langle x, y \rangle \in ((A - C) \times B) \lor \langle x, y \rangle \in (A \times (B - D))$$
$$\Leftrightarrow \langle x, y \rangle \in ((A - C) \times B) \bigcup (A \times (B - D))$$

所以 $(A \times B) - (C \times D) = ((A - C) \times B) \bigcup (A \times (B - D))$。

5. 证明定理 4.1.3 中的 (2)、(3)、(4)、(6)。

证明

(2) 对任意的 x, y, 有

$$\langle x, y\rangle \in A\times(B\cap C) \Leftrightarrow x\in A \wedge y\in(B\cap C)$$
$$\Leftrightarrow x\in A \wedge (y\in B \wedge y\in C)$$
$$\Leftrightarrow (x\in A \wedge y\in B) \wedge (x\in A \wedge y\in C)$$
$$\Leftrightarrow \langle x, y\rangle \in A\times B \wedge \langle x, y\rangle \in A\times C$$
$$\Leftrightarrow \langle x, y\rangle \in (A\times B)\cap(A\times C)$$

所以 $A\times(B\cap C)=(A\times B)\cap(A\times C)$。

(3) 对任意的 x, y, 有

$$\langle x, y\rangle \in (B\cup C)\times A \Leftrightarrow x\in(B\cup C) \wedge y\in A$$
$$\Leftrightarrow (x\in B \vee x\in C) \wedge y\in A$$
$$\Leftrightarrow (x\in B \wedge y\in A) \vee (x\in C \wedge y\in A)$$
$$\Leftrightarrow \langle x, y\rangle \in B\times A \vee \langle x, y\rangle \in C\times A$$
$$\Leftrightarrow \langle x, y\rangle \in (B\times A)\cup(C\times A)$$

所以 $(B\cup C)\times A=(B\times A)\cup(C\times A)$。

(4) 对任意的 x, y, 有

$$\langle x, y\rangle \in (B\cap C)\times A \Leftrightarrow x\in(B\cap C) \wedge y\in A$$
$$\Leftrightarrow (x\in B \wedge x\in C) \wedge y\in A$$
$$\Leftrightarrow (x\in B \wedge y\in A) \wedge (x\in C \wedge y\in A)$$
$$\Leftrightarrow \langle x, y\rangle \in B\times A \wedge \langle x, y\rangle \in C\times A$$
$$\Leftrightarrow \langle x, y\rangle \in (B\times A)\cap(C\times A)$$

所以 $(B\cap C)\times A=(B\times A)\cap(C\times A)$。

(6) 对任意的 x, y, 有

$$\langle x, y\rangle \in (B\times A)-(C\times A) \Leftrightarrow \langle x, y\rangle \in(B\times A) \wedge \langle x, y\rangle \notin(C\times A)$$
$$\Leftrightarrow (x\in B \wedge y\in A) \wedge (x\notin C \vee y\notin A)$$
$$\Leftrightarrow (x\in B \wedge y\in A \wedge x\notin C) \vee (x\in B \wedge y\in A \wedge y\notin A)$$
$$\Leftrightarrow x\in(B-C) \wedge y\in A$$
$$\Leftrightarrow \langle x, y\rangle \in (B-C)\times A$$

所以 $(B-C)\times A\subseteq(B\times A)-(C\times A)$, 得证。

6. 证明定理 4.1.4 和定理 4.1.5。

证明 (1) 对定理 4.1.4, 分三步证明, 即需证 $(A\subseteq B)\Rightarrow(A\times C\subseteq B\times C)\Rightarrow(C\times A\subseteq C\times B)\Rightarrow A\subseteq B$。

先证 $(A\subseteq B)\Rightarrow(A\times C\subseteq B\times C)$。对任意的 x, y, 有

$$\langle x, y\rangle \in A\times C \Leftrightarrow x\in A \wedge y\in C$$
$$\Rightarrow x\in B \wedge y\in C \qquad (因 A\subseteq B)$$
$$\Leftrightarrow \langle x, y\rangle \in B\times C$$

所以 $(A\times C\subseteq B\times C)$。

再证 $(A\times C\subseteq B\times C)\Rightarrow(C\times A\subseteq C\times B)$。对任意的 x, y, 有

$$\langle x, y\rangle \in C \times A \Leftrightarrow x \in C \wedge y \in A$$
$$\Leftrightarrow \langle y, x\rangle \in A \times C$$
$$\Rightarrow \langle y, x\rangle \in B \times C \qquad (\text{因 } A \times C \subseteq B \times C)$$
$$\Leftrightarrow \langle x, y\rangle \in C \times B$$

所以$(C \times A \subseteq C \times B)$。

最后证$(C \times A \subseteq C \times B) \Rightarrow A \subseteq B$。对任意的 x，若 $x \in A$，因 $C \neq \varnothing$，可取 $y \in C$，所以 $\langle y, x\rangle \in C \times A$，又因为$(C \times A \subseteq C \times B)$，因此 $\langle y, x\rangle \in C \times B \Rightarrow x \in B$，故 $A \subseteq B$。

(2) 下证定理 4.1.5。

对任意的 x, y，有

$$\langle x, y\rangle \in A \times B \Leftrightarrow x \in A \wedge y \in B$$
$$\Rightarrow x \in C \wedge y \in D \qquad (\text{因 } A \subseteq C, B \subseteq D)$$
$$\Leftrightarrow \langle x, y\rangle \in C \times D$$

所以 $A \times B \subseteq C \times D$，因此 $A \subseteq C \wedge B \subseteq D \Rightarrow A \times B \subseteq C \times D$。

7. 给定集合 $A = \{1, 2, 3\}$，R、S 均是 A 上的关系，$R = \{\langle 1, 2\rangle, \langle 2, 1\rangle\} \bigcup I_A$，$S = \{\langle 1, 1\rangle, \langle 2, 3\rangle\}$。

(1) 画出 R, S 的关系图；

(2) 说明 R, S 所具有的性质；

(3) 求 $R \circ S$。

解

(1) R 的关系图见图 4.3。S 的关系图见图 4.4。

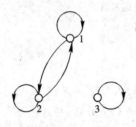

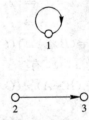

图 4.3   图 4.4

(2) R 具有自反性、对称性、传递性；S 具有反对称性、传递性。

(3) $R \circ S = \{\langle 1, 1\rangle, \langle 1, 3\rangle, \langle 2, 1\rangle, \langle 2, 3\rangle\}$

8. 设 $A = \{0, 1, 2, 3, 4, 5\}$，$B = \{1, 2, 3\}$，用列举法描述下列关系，并作出它们的关系图及关系矩阵：

(1) $R_1 = \{\langle x, y\rangle \mid x \in A \bigcap B \wedge y \in A \bigcap B\}$

(2) $R_2 = \{\langle x, y\rangle \mid x \in A \wedge y \in B \wedge x = y^2\}$

(3) $R_3 = \{\langle x, y\rangle \mid x \in A \wedge y \in A \wedge x + y = 5\}$

(4) $R_4 = \{\langle x, y\rangle \mid x \in A \wedge y \in A \wedge \exists k (x = k \cdot y \wedge k \in \mathbf{N} \wedge k < 2)\}$

(5) $R_5 = \{\langle x, y\rangle \mid x \in A \wedge y \in A \wedge (x = 0 \bigvee 2x < 3)\}$

解

(1) $R_1 = \{\langle 1, 1\rangle, \langle 1, 2\rangle, \langle 1, 3\rangle, \langle 2, 1\rangle, \langle 2, 2\rangle, \langle 2, 3\rangle, \langle 3, 1\rangle, \langle 3, 2\rangle, \langle 3, 3\rangle\}$

(2) $R_2 = \{\langle 1, 1 \rangle, \langle 4, 2 \rangle\}$

(3) $R_3 = \{\langle 0, 5 \rangle, \langle 5, 0 \rangle, \langle 1, 4 \rangle, \langle 4, 1 \rangle, \langle 2, 3 \rangle, \langle 3, 2 \rangle\}$

(4) $R_4 = \{\langle 0, 0 \rangle, \langle 0, 1 \rangle, \langle 0, 2 \rangle, \langle 0, 3 \rangle, \langle 0, 4 \rangle, \langle 0, 5 \rangle, \langle 1, 1 \rangle, \langle 2, 2 \rangle, \langle 3, 3 \rangle,$
$\langle 4, 4 \rangle, \langle 5, 5 \rangle\}$

(5) $R_5 = \{\langle 0, 0 \rangle, \langle 0, 1 \rangle, \langle 0, 2 \rangle, \langle 0, 3 \rangle, \langle 0, 4 \rangle, \langle 0, 5 \rangle, \langle 1, 0 \rangle, \langle 1, 1 \rangle, \langle 1, 2 \rangle,$
$\langle 1, 3 \rangle, \langle 1, 4 \rangle, \langle 1, 5 \rangle\}$

其关系图分别见图 4.5、图 4.6、图 4.7、图 4.8 和图 4.9。

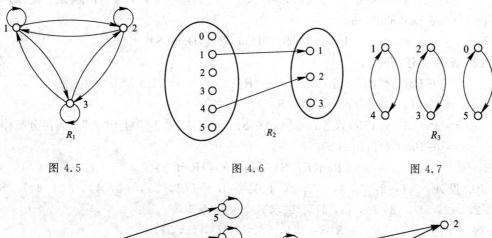

图 4.5　　　　　　　　　　图 4.6　　　　　　　　　　图 4.7

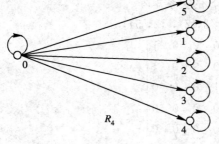

图 4.8　　　　　　　　　　图 4.9

关系矩阵分别为

$$M_{R_1} = \begin{bmatrix} 1 & 1 & 1 \\ 1 & 1 & 1 \\ 1 & 1 & 1 \end{bmatrix} \qquad M_{R_2} = \begin{bmatrix} 0 & 0 & 0 \\ 1 & 0 & 0 \\ 0 & 0 & 0 \\ 0 & 0 & 0 \\ 0 & 1 & 0 \\ 0 & 0 & 0 \end{bmatrix} \qquad M_{R_3} = \begin{bmatrix} 0 & 0 & 0 & 0 & 0 & 1 \\ 0 & 0 & 0 & 0 & 1 & 0 \\ 0 & 0 & 0 & 1 & 0 & 0 \\ 0 & 0 & 1 & 0 & 0 & 0 \\ 0 & 1 & 0 & 0 & 0 & 0 \\ 1 & 0 & 0 & 0 & 0 & 0 \end{bmatrix}$$

$$M_{R_4} = \begin{bmatrix} 1 & 1 & 1 & 1 & 1 & 1 \\ 0 & 1 & 0 & 0 & 0 & 0 \\ 0 & 0 & 1 & 0 & 0 & 0 \\ 0 & 0 & 0 & 1 & 0 & 0 \\ 0 & 0 & 0 & 0 & 1 & 0 \\ 0 & 0 & 0 & 0 & 0 & 1 \end{bmatrix} \qquad M_{R_5} = \begin{bmatrix} 1 & 1 & 1 & 1 & 1 & 1 \\ 1 & 1 & 1 & 1 & 1 & 1 \\ 0 & 0 & 0 & 0 & 0 & 0 \\ 0 & 0 & 0 & 0 & 0 & 0 \\ 0 & 0 & 0 & 0 & 0 & 0 \\ 0 & 0 & 0 & 0 & 0 & 0 \end{bmatrix}$$

9. 设 R, S 为集合 A 上任意关系，证明：

(1) $\text{Dom}(R \cup S) = \text{Dom}(R) \cup \text{Dom}(S)$

(2) $\text{Ran}(R \cap S) \subseteq \text{Ran}(R) \cap \text{Ran}(S)$

证明

(1) 设 A 上任意的 x,

$$x \in \text{Dom}(R \cup S) \Leftrightarrow \exists y(\langle x, y \rangle \in (R \cup S))$$

$$\Leftrightarrow \exists y(\langle x, y \rangle \in R \vee \langle x, y \rangle \in S)$$

$$\Leftrightarrow \exists y(\langle x, y \rangle \in R) \vee \exists y(\langle x, y \rangle \in S) \qquad (\text{注：“} \exists y \text{”对于“} \vee \text{”满足分配律})$$

$$\Leftrightarrow x \in \text{Dom}R \cup \text{Dom}S$$

故 $$\text{Dom}(R \cup S) = \text{Dom}(R) \cup \text{Dom}(S)$$

(2) 设 A 上任意的 y,

$$y \in \text{Ran}(R \cap S) \Leftrightarrow \exists x(\langle x, y \rangle \in (R \cap S))$$

$$\Leftrightarrow \exists x(\langle x, y \rangle \in R \wedge \langle x, y \rangle \in S)$$

$$\Rightarrow \exists x(\langle x, y \rangle \in R) \wedge \exists x(\langle x, y \rangle \in S) \qquad (\text{注：“} \exists y \text{”对于“} \wedge \text{”不满足分配律})$$

$$\Leftrightarrow y \in \text{Ran}(R) \cap \text{Ran}(S)$$

故 $$\text{Ran}(R \cap S) \subseteq \text{Ran}(R) \cap \text{Ran}(S)$$

10. 设 $A = \{1, 2, 3, 4, 5\}$, A 上关系 $R = \{\langle 1, 2 \rangle, \langle 3, 4 \rangle, \langle 2, 2 \rangle\}$, $S = \{\langle 4, 2 \rangle, \langle 2, 5 \rangle, \langle 3, 1 \rangle, \langle 1, 3 \rangle\}$。试求 $R \circ S$ 的关系矩阵。

解 $$R \circ S = \{\langle 1, 5 \rangle, \langle 3, 2 \rangle, \langle 2, 5 \rangle\}$$

$$M_{R \circ S} = \begin{bmatrix} 0 & 0 & 0 & 0 & 1 \\ 0 & 0 & 0 & 0 & 1 \\ 0 & 1 & 0 & 0 & 0 \\ 0 & 0 & 0 & 0 & 0 \\ 0 & 0 & 0 & 0 & 0 \end{bmatrix}$$

11. 设 $A = \{1, 2, 3, 4\}$, A 上关系 $R = \{\langle 1, 4 \rangle, \langle 3, 1 \rangle, \langle 3, 2 \rangle, \langle 4, 3 \rangle\}$。求 R 的各次幂的关系矩阵。

解

$$M_R = \begin{bmatrix} 0 & 0 & 0 & 1 \\ 0 & 0 & 0 & 0 \\ 1 & 1 & 0 & 0 \\ 0 & 0 & 1 & 0 \end{bmatrix} \qquad M_{R^2} = \begin{bmatrix} 0 & 0 & 1 & 0 \\ 0 & 0 & 0 & 0 \\ 0 & 0 & 0 & 1 \\ 1 & 1 & 0 & 0 \end{bmatrix}$$

$$M_{R^3} = \begin{bmatrix} 1 & 1 & 0 & 0 \\ 0 & 0 & 0 & 0 \\ 0 & 0 & 1 & 0 \\ 0 & 0 & 0 & 1 \end{bmatrix} \qquad M_{R^4} = \begin{bmatrix} 0 & 0 & 0 & 1 \\ 0 & 0 & 0 & 0 \\ 1 & 1 & 0 & 0 \\ 0 & 0 & 1 & 0 \end{bmatrix}$$

12. 证明定理 4.3.1 中的 (1)、(4)、(5) 及 (6)。

证明

(1) 对任意 $x \in A$, $y \in B$,

$$\langle x,\ y\rangle \in (R^{-1})^{-1} \Leftrightarrow \langle y,\ x\rangle \in R^{-1}$$
$$\Leftrightarrow \langle x,\ y\rangle \in R$$

因此 $(R^{-1})^{-1}=R$。

（4）若 $R\subseteq S$，对任意 $x\in A$，$y\in B$，

$$\langle x,\ y\rangle \in R^{-1} \Leftrightarrow \langle y,\ x\rangle \in R$$
$$\Rightarrow \langle y,\ x\rangle \in S \qquad (因\ R\subseteq S)$$
$$\Leftrightarrow \langle x,\ y\rangle \in S^{-1}$$

所以 $R^{-1}\subseteq S^{-1}$。

若 $R^{-1}\subseteq S^{-1}$，对任意 $x\in A$，$y\in B$，

$$\langle x,\ y\rangle \in R \Leftrightarrow \langle y,\ x\rangle \in R^{-1}$$
$$\Rightarrow \langle y,\ x\rangle \in S^{-1} \qquad (因\ R^{-1}\subseteq S^{-1})$$
$$\Leftrightarrow \langle x,\ y\rangle \in S$$

所以 $R\subseteq S$。

因此 $R\subseteq S$ 当且仅当 $R^{-1}\subseteq S^{-1}$。

（5）对任意 $y\in B$，

$$y\in \mathrm{Dom}(R^{-1}) \Leftrightarrow \exists x(\langle y,\ x\rangle \in R^{-1})$$
$$\Leftrightarrow \exists x(\langle x,\ y\rangle \in R)$$
$$\Leftrightarrow y\in \mathrm{Ran}(R)$$

因此 $\mathrm{Dom}(R^{-1})=\mathrm{Ran}(R)$。

（6）对任意 $x\in A$，

$$x\in \mathrm{Dom}(R) \Leftrightarrow \exists y(\langle x,\ y\rangle \in R)$$
$$\Leftrightarrow \exists y(\langle y,\ x\rangle \in R^{-1})$$
$$\Leftrightarrow x\in \mathrm{Ran}(R^{-1})$$

因此 $\mathrm{Ran}(R^{-1})=\mathrm{Dom}(R)$。

13. 设 $A=\{a,\ b,\ c,\ d\}$，A 上二元关系 R_1，R_2 分别为

$$R_1=\{\langle b,\ b\rangle,\ \langle b,\ c\rangle,\ \langle c,\ a\rangle\}$$
$$R_2=\{\langle b,\ a\rangle,\ \langle c,\ a\rangle,\ \langle c,\ d\rangle,\ \langle d,\ c\rangle\}$$

计算 $R_1\circ R_2$，$R_2\circ R_1$，R_1^2，R_2^2。

解
$$R_1\circ R_2=\{\langle b,\ a\rangle,\ \langle b,\ d\rangle\}$$
$$R_2\circ R_1=\{\langle d,\ a\rangle\}$$
$$R_1^2=\{\langle b,\ b\rangle,\ \langle b,\ c\rangle,\ \langle b,\ a\rangle\}$$
$$R_2^2=\{\langle c,\ c\rangle,\ \langle d,\ d\rangle,\ \langle d,\ a\rangle\}$$

14. 设 $A=\{0,\ 1,\ 2,\ 3\}$，R 和 S 均是 A 上的二元关系：

$$R=\{\langle x,\ y\rangle \mid (y=x+1)\vee (y=x/2)\}$$
$$S=\{\langle x,\ y\rangle \mid (x=y+2)\}$$

（1）用列举法表示 R，S；

（2）说明 R，S 所具有的性质；

（3）求 $R\circ S$。

解

(1) $R=\{\langle 0,1\rangle,\langle 1,2\rangle,\langle 2,3\rangle,\langle 0,0\rangle,\langle 2,1\rangle\}$

$\quad S=\{\langle 2,0\rangle,\langle 3,1\rangle\}$

(2) R 不具有任何性质；S 具有反自反性、反对称性和传递性。

(3) $R\circ S=\{\langle 1,0\rangle,\langle 2,1\rangle\}$

15. 证明定理 4.3.3 中的(2)、(3)、(6)。

证明

(2) 对任意 $x,y\in A$，

$$\langle x,y\rangle\in(S\cup T)\circ R$$

$$\Leftrightarrow\exists u(\langle x,u\rangle\in(S\cup T)\wedge\langle u,y\rangle\in R)$$

$$\Leftrightarrow\exists u(\langle x,u\rangle\in S\vee\langle x,u\rangle\in T)\wedge(\langle u,y\rangle\in R)$$

$$\Leftrightarrow\exists u((\langle x,u\rangle\in S\wedge\langle u,y\rangle\in R)\vee(\langle x,u\rangle\in T\wedge\langle u,y\rangle\in R))$$

$$\Leftrightarrow\exists u(\langle x,u\rangle\in S\wedge\langle u,y\rangle\in R)\vee\exists u(\langle x,u\rangle\in T\wedge\langle u,y\rangle\in R)$$

$$\Leftrightarrow\langle x,y\rangle\in S\circ R\vee\langle x,y\rangle\in T\circ R$$

$$\Leftrightarrow\langle x,y\rangle\in((S\circ R)\cup(T\circ R))$$

故 $(S\cup T)\circ R=(S\circ R)\cup(T\circ R)$。

(3) 对任意 $x,y\in A$，

$$\langle x,y\rangle\in R\circ(S\cap T)$$

$$\Leftrightarrow\exists u(\langle x,u\rangle\in R\wedge\langle u,y\rangle\in(S\cap T))$$

$$\Leftrightarrow\exists u(\langle x,u\rangle\in R\wedge\langle u,y\rangle\in S\wedge\langle u,y\rangle\in T)$$

$$\Leftrightarrow\exists u(\langle x,u\rangle\in R\wedge\langle u,y\rangle\in S\wedge\langle u,y\rangle\in T\wedge\langle x,u\rangle\in R)$$

$$\Rightarrow\exists u(\langle x,u\rangle\in R\wedge\langle u,y\rangle\in S)\wedge\exists u(\langle u,y\rangle\in T\wedge\langle x,u\rangle\in R)$$

$$\Leftrightarrow\langle x,y\rangle\in(R\circ S)\wedge\langle x,y\rangle\in(R\circ T)$$

$$\Leftrightarrow\langle x,y\rangle\in(R\circ S)\cap(R\circ T)$$

故 $R\circ(S\cap T)\subseteq(R\circ S)\cap(R\circ T)$。

(6) 对任意 $x,y\in A$，

$$\langle x,y\rangle\in(R\circ S)^{-1}$$

$$\Leftrightarrow\langle y,x\rangle\in(R\circ S)$$

$$\Leftrightarrow\exists u(\langle y,u\rangle\in R\wedge\langle u,x\rangle\in S)$$

$$\Leftrightarrow\exists u(\langle x,u\rangle\in S^{-1}\wedge\langle u,y\rangle\in R^{-1})$$

$$\Leftrightarrow\langle x,y\rangle\in S^{-1}\circ R^{-1}$$

故 $(R\circ S)^{-1}=S^{-1}\circ R^{-1}$。

16. 设 R_1,R_2,R_3,R_4,R_5 都是整数集上的关系，且

$$xR_1y\Leftrightarrow|x-y|=1$$

$$xR_2y\Leftrightarrow x\cdot y<0$$

$$xR_3y\Leftrightarrow x|y(x\ 整除\ y)$$

$$xR_4y\Leftrightarrow x+y=5$$

$$xR_5y\Leftrightarrow x=y^n(n\ 是任意整数)$$

请用 T(True) 和 F(False) 填写表 4.1。

表 4.1　题 16 的表

关系	自反	反自反	对称	反对称	传递
R_1					
R_2					
R_3					
R_4					
R_5					

解

表 4.2　题 16 的解答表

关系	自反	反自反	对称	反对称	传递
R_1	F	T	T	F	F
R_2	F	T	T	F	F
R_3	F	F	F	F	T
R_4	F	T	T	F	F
R_5	T	F	F	T	T

17. 证明定理 4.4.2 和定理 4.4.6。

证明　(1) 证明定理 4.4.2。

设 R_1、R_2 是 A 上的自反关系。

为证 R_1^{-1} 自反，设任意 $x \in A$，由 R_1 是 A 上的自反关系，则 $\langle x, x \rangle \in R_1$，从而 $\langle x, x \rangle \in R_1^{-1}$。$R_1^{-1}$ 自反证完。

为证 $R_1 \cap R_2$，$R_1 \cup R_2$，$R_1 \circ R_2$ 自反，设任意 $x \in A$，由 R_1、R_2 是 A 上的自反关系，则 $\langle x, x \rangle \in R_1$，$\langle x, x \rangle \in R_2$，从而 $\langle x, x \rangle \in R_1 \cap R_2$，$\langle x, x \rangle \in R_1 \cup R_2$，$\langle x, x \rangle \in R_1 \circ R_2$。$R_1 \cap R_2$，$R_1 \cup R_2$，$R_1 \circ R_2$ 自反性证完。

(2) 证明定理 4.4.6。

为证 R_1^{-1} 反自反，设任意 $x \in A$，由 R_1 是 A 上的反自反关系，则 $\langle x, x \rangle \notin R_1$，从而 $\langle x, x \rangle \notin R_1^{-1}$。$R_1^{-1}$ 反自反证完。

为证 $R_1 \cap R_2$，$R_1 \cup R_2$，$R_1 - R_2$ 反自反，设任意 $x \in A$，，由 R_1、R_2 是 A 上的反自反关系，则 $\langle x, x \rangle \notin R_1$，$\langle x, x \rangle \notin R_2$，从而 $\langle x, x \rangle \notin R_1 \cap R_2$，$\langle x, x \rangle \notin R_1 \cup R_2$，$\langle x, x \rangle \notin R_1 - R_2$。$R_1 \cap R_2$，$R_1 \cup R_2$，$R_1 - R_2$ 反自反性证完。

18. 设 $A = \{0, 1, 2, 3\}$，$R \subseteq A \times A$ 且 $R = \{\langle x, y \rangle | x = y \lor x + y \in A\}$。

(1) 画出 R 的关系图；

(2) 写出关系矩阵 $\boldsymbol{M}_R$；

(3) R 具有什么性质？

解

(1) R 的关系图见图 4.10。

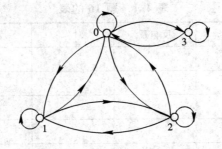

图 4.10

(2) R 的关系矩阵为

$$M_R = \begin{bmatrix} 1 & 1 & 1 & 1 \\ 1 & 1 & 1 & 0 \\ 1 & 1 & 1 & 0 \\ 1 & 0 & 0 & 1 \end{bmatrix}$$

(3) R 具有自反性、对称性。

19. 设 A 为一集合，$|A|=n$，试计算

(1) A 上有多少种不同的自反的(反自反的)二元关系？

(2) A 上有多少种不同的对称的二元关系？

(3) A 上有多少种不同的反对称的二元关系？

解

(1) A 上有 $2^{n(n-1)}$ 种不同的自反的(反自反的)二元关系。

(2) A 上有 $2^{n(n+1)/2}$ 种不同的对称的二元关系。

(3) A 上有 $2^n 3^{n(n-1)/2}$ 种不同的反对称的二元关系。

20. 设 R 为 A 上的自反关系，证明：R 是传递的 iff $R \circ R = R$。并举例说明其逆不真。

证明 "⇒"(必要性)：

$$\forall \langle x, y \rangle \in R \circ R \Leftrightarrow \exists t(\langle x, t \rangle \in R \wedge \langle t, y \rangle \in R)$$
$$\Rightarrow \langle x, y \rangle \in R \quad \text{(因 R 是传递的)}$$

即 $R \circ R \subseteq R$。

$$\forall \langle x, y \rangle \in R \Rightarrow \langle x, y \rangle \in R \wedge \langle y, y \rangle \in R \quad \text{(因 R 是自反的)}$$
$$\Rightarrow \langle x, y \rangle \in R \circ R \quad \text{(因 R 是传递的)}$$

即 $R \subseteq R \circ R$。

故 $R \circ R = R$。

"⇐"(充分性)：

$$\forall \langle x, y \rangle, \forall \langle y, z \rangle$$
$$\langle x, y \rangle \in R \wedge \langle y, z \rangle \in R \Rightarrow \langle x, z \rangle \in R \circ R$$
$$\Rightarrow \langle x, z \rangle \in R \quad \text{(因 $R \circ R = R$)}$$

即 R 是传递的。

反例：$A = \{a, b, c\}$，A 上关系 $R = \{\langle a, a \rangle, \langle a, b \rangle\}$，则 $R \circ R = R$，但是，R 不是自反的。

21. 下述的结论和理由正确吗？请说明理由。

(1) 如果 R 对称且传递，那么 R 必自反，因为由 R 对称可知 xRy 蕴含 yRx，而由 R 传递及 xRy，yRx，可知 xRx。

(2) 如果 R 反自反且传递，那么 R 必定是反对称的，因为若 R 对称可知 xRy 蕴含 yRx，而由 R 传递及 xRy，yRx，可导出 xRx，从而产生矛盾。

解

(1) 不正确。例如，$A=\{a, b, c\}$，$R=\{\langle a, b\rangle, \langle b, a\rangle, \langle a, a\rangle, \langle b, b\rangle\}$，则 R 对称且传递，但 R 不自反，因为 $\langle c, c\rangle\notin R$。

(2) 结论正确，理由不正确。

理由不正确：若用反证法，是对反对称的否定，应是"若不反对称"，而不是对称。

结论正确的证明：反证，若不反对称，则有一对双向边，由传递，则有环。

22. 证明：当关系 R 传递且自反时，$R^2=R$。

证明 $\forall \langle x, y\rangle\in R^2 \Leftrightarrow \exists t(\langle x, t\rangle\in R \wedge \langle t, y\rangle\in R)$
$$\Rightarrow \langle x, y\rangle\in R \qquad （因 R 是传递的）$$

即 $R^2\subseteq R$。

$$\forall \langle x, y\rangle\in R \Rightarrow \langle x, y\rangle\in R \wedge \langle y, y\rangle\in R \qquad （因 R 是自反的）$$
$$\Rightarrow \langle x, y\rangle\in R^2$$

即 $R\subseteq R\circ R$。

故 $R\circ R=R$。

23. 设 R、S、T 均是集合 A 上的二元关系，证明：若 $R\subseteq S$，则 $T\circ R\subseteq T\circ S$。

证明 $\langle x, y\rangle\in T\circ R \Leftrightarrow \exists u(\langle x, u\rangle\in T \wedge \langle u, y\rangle\in R)$
$$\Rightarrow \exists u(\langle x, u\rangle\in T \wedge \langle u, y\rangle\in S) \qquad （因 R\subseteq S）$$
$$\Leftrightarrow \langle x, y\rangle\in T\circ S$$

故 $T\circ R\subseteq T\circ S$。

24. 设 R 为集合 A 上的任一关系，求证对一切正整数 n 有

$$(I_A\cup R)^n=I_A\cup\bigcup_{i=1}^{n}R^i$$

证明 用数学归纳法，

当 $n=1$ 时，结论显然为真。

假设结论对 $n\leqslant k$ 时均成立，当 $n=k+1$ 时，

$$(I_A\cup R)^{k+1}=(I_A\cup R)\circ(I_A\cup R)^k=(I_A\cup R)\circ(I_A\cup\bigcup_{i=1}^{k}R^i)=I_A\cup R\cup\bigcup_{i=1}^{k}R^i\cup(R\circ\bigcup_{i=1}^{k}R^i)$$
$$=I_A\cup R\cup\bigcup_{i=1}^{k}R^i\cup\bigcup_{i=1}^{k+1}R^i=I_A\cup\bigcup_{i=1}^{k+1}R^i$$

因此，当 $n=k+1$ 时，结论也成立。由数学归纳法可知命题成立。

25. 设 R 是集合 A 上的二元关系，R 在 A 上是反传递的定义为：若 $\langle x, y\rangle\in R$，$\langle y, z\rangle\in R$，则 $\langle x, z\rangle\notin R$，即 $\forall x\forall y\forall z(xRy\wedge yRz\rightarrow\neg xRz)$。证明：$R$ 是反传递的，当且仅当 $(R\circ R)\bigcap R=\varnothing$。

证明 "$\Rightarrow$"（必要性）：

反证：设 $(R\circ R)\bigcap R\neq\varnothing$，则必存在序偶 $\langle x, y\rangle\in(R\circ R)\bigcap R$，即

$$\langle x, y\rangle \in R \circ R \wedge \langle x, y\rangle \in R \Rightarrow \exists t(\langle x, t\rangle \in R \wedge \langle t, y\rangle \in R) \wedge \langle x, y\rangle \in R$$
$$\Rightarrow \langle x, y\rangle \notin R \wedge \langle x, y\rangle \in R \qquad (因 R 是反传递的)$$

矛盾,所以 $(R \circ R) \bigcap R = \varnothing$。

"$\Leftarrow$"(充分性):

$$\forall \langle x, y\rangle, \forall \langle y, z\rangle$$
$$\langle x, y\rangle \in R \wedge \langle y, z\rangle \in R \Rightarrow \langle x, z\rangle \in R \circ R$$

因为 $(R \circ R) \bigcap R = \varnothing$,所以 $\langle x, z\rangle \notin R$。

故 R 是反传递的。

26. 证明定理 4.5.1 中的(2)。

证明 $R \cup R^{-1}$ 对称且 $R \subseteq R \cup R^{-1}$ 是显然的。为证 $R \cup R^{-1}$ 为对称闭包,还需证它的"最小性"。为此,令 R' 对称,且 $R \subseteq R'$,欲证 $R \cup R^{-1} \subseteq R'$。由于 R' 对称,设对任意 $x, y \in A$,若

$$\langle x, y\rangle \in R^{-1} \Rightarrow \langle y, x\rangle \in R \Rightarrow \langle x, y\rangle \in R' \qquad (因 R \subseteq R')$$
$$\Rightarrow \langle x, y\rangle \in R' \qquad (因 R' 对称)$$

连同 $R \subseteq R'$,即得 $R \cup R^{-1} \subseteq R'$。

因此 $s(R) = R \cup R^{-1}$。

27. 证明定理 4.5.2 中的(1)、(3)。

证明

(1) 充分性由 $r(R)$ 的定义立得。

为证必要性,设 R 自反,那么 $I_A \subseteq R$(据定理 4.4.1)。

另一方面,$r(R) = I_A \cup R \subseteq R \cup R = R$,故 $r(R) = R$。

(3) 充分性由 $t(R)$ 的定义立得。

为证必要性,设 R 传递,那么 $R \circ R \subseteq R$(据定理 4.4.1)。

另一方面,$t(R) = \bigcup_{i=1}^{\infty} R^i \subseteq R \cup R = R$,故 $t(R) = R$。

28. 证明定理 4.5.3 中的(1)、(2)。

证明

(1) 因为 $r(R_2)$ 自反,且 $R_2 \subseteq r(R_2)$,但 $R_1 \subseteq R_2$,故

$$R_1 \subseteq r(R_2)$$

因 $r(R_1)$ 是包含 R_1 的最小自反关系,所以

$$r(R_1) \subseteq r(R_2)$$

(2) 因为 $s(R_2)$ 对称,且 $R_2 \subseteq s(R_2)$,但 $R_1 \subseteq R_2$,故

$$R_1 \subseteq s(R_2)$$

因 $s(R_1)$ 是包含 R_1 的最小对称关系,所以

$$s(R_1) \subseteq s(R_2)$$

29. 证明定理 4.5.4 中的(1)、(2)及对(3)$t(R_1 \bigcup R_2) = t(R_1) \bigcup t(R_2)$ 举出反例。

证明

(1) 因为

$$r(R_1) \bigcup r(R_2) = (I_A \bigcup R_1) \bigcup (I_A \bigcup R_2) = I_A \bigcup R_1 \bigcup R_2$$
$$r(R_1 \bigcup R_2) = I_A \bigcup R_1 \bigcup R_2$$

所以 $r(R_1) \bigcup r(R_2) = r(R_1 \bigcup R_2)$。

（2）因为

$$s(R_1) \bigcup s(R_2) = (R_1 \bigcup R_1^{-1}) \bigcup (R_2 \bigcup R_2^{-1})$$

$$s(R_1 \bigcup R_2) = R_1 \bigcup R_2 \bigcup (R_1 \bigcup R_2)^{-1}$$

$$= R_1 \bigcup R_2 \bigcup R_1^{-1} \bigcup R_2^{-1} \quad （据定理 4.3.1 之（3)）$$

所以 $s(R_1) \bigcup s(R_2) = s(R_1 \bigcup R_2)$。

（3）例如，设 $A = \{1, 2, 3\}$，$R_1 = \{\langle 1, 2 \rangle\}$，$R_2 = \{\langle 2, 1 \rangle\}$，故

$$R_1 \bigcup R_2 = \{\langle 1,2 \rangle, \langle 2,1 \rangle\}, \ t(R_1 \bigcup R_2) = \{\langle 1,2 \rangle, \langle 2,1 \rangle, \langle 1,1 \rangle, \langle 2,2 \rangle\}$$

$$t(R_1) = \{\langle 1, 2 \rangle\}, \ t(R_2) = \{\langle 2, 1 \rangle\}, \ t(R_1) \bigcup t(R_2) = \{\langle 1, 2 \rangle, \langle 2, 1 \rangle\}$$

所以 $t(R_1 \bigcup R_2) \neq t(R_1) \bigcup t(R_2)$。

30．证明定理 4.5.5 中的（3）。

证明　因为 $rt(R) = tr(R)$，R 是传递的，据定理 4.5.2，有 $R = t(R)$，所以 $r(R) = rt(R) = tr(R)$，而 $tr(R)$ 显然传递。故 $r(R)$ 传递。

31．设 R 是 $X = \{1, 2, 3, 4, 5\}$ 上的二元关系，$R = \{\langle 1, 2 \rangle, \langle 2, 1 \rangle, \langle 1, 5 \rangle, \langle 5, 1 \rangle, \langle 2, 5 \rangle, \langle 5, 2 \rangle, \langle 3, 4 \rangle, \langle 4, 3 \rangle\} \bigcup I_A$。请给出关系矩阵并画出关系图；若 R 是等价关系，则求出等价类。

解　R 的关系矩阵为

$$M_R = \begin{bmatrix} 1 & 1 & 0 & 0 & 1 \\ 1 & 1 & 0 & 0 & 1 \\ 0 & 0 & 1 & 1 & 0 \\ 0 & 0 & 1 & 1 & 0 \\ 1 & 1 & 0 & 0 & 1 \end{bmatrix}$$

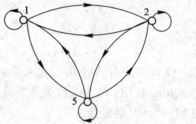

图 4.11

R 的关系图见图 4.11。

等价类：$[1]_R = [2]_R = [5]_R = \{1, 2, 5\}$

$\qquad\qquad [3]_R = [4]_R = \{3, 4\}$

32．若 $\{\{a, c, e\}, \{b, d, f\}\}$ 是集合 $A = \{a, b, c, d, e, f\}$ 的一个划分，求其等价关系 R。

解　等价关系 $R = \{a, c, e\} \times \{a, c, e\} \bigcup \{b, d, f\} \times \{b, d, f\}$

$\qquad = \{\langle a, a \rangle, \langle a, c \rangle, \langle a, e \rangle, \langle c, a \rangle, \langle c, c \rangle, \langle c, e \rangle,$

$\qquad\quad \langle e,a \rangle, \langle e,c \rangle, \langle e,e \rangle, \langle b,b \rangle, \langle b,d \rangle, \langle b,f \rangle,$

$\qquad\quad \langle d,b \rangle, \langle d,d \rangle, \langle d,f \rangle, \langle f,b \rangle, \langle f,d \rangle, \langle f,f \rangle\}$

33．若 $\{\{1, 3, 5\}, \{2, 4\}\}$ 是集合 $A = \{1, 2, 3, 4, 5\}$ 的一个划分，求其等价关系 R。

解　等价关系 $R = \{1, 3, 5\} \times \{1, 3, 5\} \bigcup \{2, 4\} \times \{2, 4\}$

$\qquad = \{\langle 1, 1 \rangle, \langle 1, 3 \rangle, \langle 1, 5 \rangle, \langle 3, 1 \rangle, \langle 3, 3 \rangle, \langle 3, 5 \rangle, \langle 5, 1 \rangle, \langle 5, 3 \rangle,$

$\qquad\quad \langle 5, 5 \rangle, \langle 2, 2 \rangle, \langle 2, 4 \rangle, \langle 4, 2 \rangle, \langle 4, 4 \rangle\}$

34．设 $S = \{1, 2, 3, 4, 5\}$ 且 $A = S \times S$，在 A 上定义关系 R：$\langle a, b \rangle R \langle a', b' \rangle$ 当且仅当 $ab' = a'b$。

（1）证明 R 是一个等价关系。

（2）计算 A/R。

证明

(1) $\forall x, y \in S$，$\langle x, y\rangle \in A$，因为 $xy=xy$，所以
$$\langle\langle x, y\rangle, \langle x, y\rangle\rangle \in R$$
故 R 是自反的。
$$\forall \langle\langle x, y\rangle, \langle u, v\rangle\rangle \in R \Rightarrow xv=uy$$
$$\Rightarrow uy=xv$$
$$\Rightarrow \langle\langle u, v\rangle, \langle x, y\rangle\rangle \in R$$
故 R 是对称的。
$$\forall \langle\langle x, y\rangle, \langle u, v\rangle\rangle, \forall \langle\langle u, v\rangle, \langle w, z\rangle\rangle$$
$$\langle\langle x,y\rangle, \langle u,v\rangle\rangle \in R \wedge \langle\langle u,v\rangle, \langle w,z\rangle\rangle \in R$$
$$\Rightarrow xv=uy \wedge uz=wv$$
$$\Rightarrow xz=xvv^{-1}z=uyv^{-1}z=uzyv^{-1}=wvyv^{-1}=wy$$
$$\Rightarrow \langle\langle x, y\rangle, \langle w, z\rangle\rangle \in R$$
故 S 是传递的。

因此，R 是等价关系。

(2) $A/R=I_A=\{\{\langle 1, 1\rangle, \langle 2, 2\rangle, \langle 3, 3\rangle, \langle 4, 4\rangle, \langle 5, 5\rangle\}, \{\langle 1, 2\rangle\}, \{\langle 1, 3\rangle\},$
$\{\langle 1, 4\rangle\}, \{\langle 1, 5\rangle\}, \{\langle 2, 1\rangle\}, \{\langle 2, 3\rangle\}, \{\langle 2, 4\rangle\}, \{\langle 2, 5\rangle\},$
$\{\langle 3, 1\rangle\}, \{\langle 3, 2\rangle\}, \{\langle 3, 4\rangle\}, \{\langle 3, 5\rangle\}, \{\langle 4, 1\rangle\}, \{\langle 4, 2\rangle\},$
$\{\langle 4, 3\rangle\}, \{\langle 4, 5\rangle\}, \{\langle 5, 1\rangle\}, \{\langle 5, 2\rangle\}, \{\langle 5, 3\rangle\}, \{\langle 5, 4\rangle\}\}$

35. 设 R 是集合 A 上的二元关系，R 在 A 上是循环的充分必要条件是：若 aRb 并且 bRc，则 cRa。证明：R 为等价关系当且仅当 R 是自反的和循环的。

证明 "$\Rightarrow$"(必要性)：

设 $\langle a, b\rangle \in R \wedge \langle b, c\rangle \in R$，因为 R 是等价关系，所以 R 是自反、传递且对称的，故
$$\langle a, b\rangle \in R \wedge \langle b, c\rangle \in R \Rightarrow \langle a, c\rangle \in R \Rightarrow \langle c, a\rangle \in R$$
因此 R 在 A 上是循环的。

"$\Leftarrow$"(充分性)：

$\forall \langle a, b\rangle \in R$，因为 R 是自反的，所以 $\langle b, b\rangle \in R$，故由条件可得 $\langle b, a\rangle \in R$，故 R 是对称的。
$$\forall \langle a, b\rangle, \forall \langle b, c\rangle$$
$$\langle a, b\rangle \in R \wedge \langle b, c\rangle \in R \Rightarrow \langle c, a\rangle \in R \quad \text{(由条件)}$$
$$\Rightarrow \langle a, c\rangle \in R \quad \text{(因 } R \text{ 对称已证)}$$
即 R 是传递的。

因此，R 是等价关系。

36. 设 R, S 为 A 上的两个等价关系，且 $R \subseteq S$。定义 A/R 上的关系 R/S：
$$\langle [x], [y]\rangle \in R/S \text{ 当且仅当} \langle x, y\rangle \in S$$
证明：R/S 为 A/R 上的等价关系。

证明

$\forall [x] \in A/R$，因为 S 是自反的，所以 $\langle x, x\rangle \in S$，即 $\langle [x], [x]\rangle \in R/S$，故 R/S 是自反的。

$$\forall \langle [x], [y] \rangle \in R/S$$
$$\langle [x], [y] \rangle \in R/S$$
$$\Rightarrow \langle x, y \rangle \in S$$
$$\Rightarrow \langle y, x \rangle \in S \quad (因 S 是对称的)$$
$$\Rightarrow \langle [y], [x] \rangle \in R/S$$

故 R/S 是对称的。

$$\forall \langle [x], [y] \rangle \in R/S, \ \forall \langle [y], [z] \rangle \in R/S$$
$$\Rightarrow \langle x, y \rangle \in S \wedge \langle y, z \rangle \in S$$
$$\Rightarrow \langle x, z \rangle \in S \quad (因 S 是传递的)$$
$$\Rightarrow \langle [x], [z] \rangle \in R/S$$

故 R/S 是传递的。

因此，R/S 为 A/R 上的等价关系。

37. 设 $\{A_1, A_2, \cdots, A_m\}$ 为集合 A 的划分，证明：对任意集合 B，$\{A_1 \cap B, A_2 \cap B, \cdots, A_m \cap B\} - \{\varnothing\}$ 必为集合 $A \cap B$ 的划分。

证明 对任意集合 B，设
$$X = \{A_1, A_2, \cdots, A_m\}$$
$$Y = \{A_1 \cap B, A_2 \cap B, \cdots, A_m \cap B\} - \{\varnothing\} = \{C_1, C_2, \cdots, C_p\}$$

则因为 X 是 A 的划分，所以
$$A = \bigcup_{i=1}^{m} A_i, \ A_i \cap A_j = \varnothing (i \neq j)$$

(1) $A \cap B = \bigcup_{i=1}^{m} A_i \cap B = \bigcup_{i=1}^{m} (A_i \cap B)$

(2) $C_i \cap C_j = \begin{cases} (A_i \cap B) \cap (A_j \cap B) = \varnothing & i \neq j \\ (A_i \cap B) \cap (A_j \cap B) = (A_i \cap B) = C_i & i = j \end{cases}$

(3) 由题设可知 Y 中的元素 C_i 非空，且 $C_i = A_i \cap B \subseteq A \cap B$，所以 $\{A_1 \cap B, A_2 \cap B, \cdots, A_m \cap B\} - \{\varnothing\}$ 必为集合 $A \cap B$ 的划分。

38. 设 R_1 表示整数集上模 m_1 相等关系，R_2 表示模 m_2 相等关系，π_1, π_2 分别是 R_1，R_2 对应的划分。证明：π_1 细分于 π_2 当且仅当 m_1 是 m_2 的倍数。

证明 由题设
$$R_1 = \{\langle x, y \rangle \mid x \equiv y (\bmod m_1)\}, \ R_2 = \{\langle x, y \rangle \mid x \equiv y (\bmod m_2)\}$$
故
$$\langle x, y \rangle \in R_1 \Leftrightarrow x - y = k m_1 (对某个 \ k \in \mathbf{Z})$$
$$\langle x, y \rangle \in R_2 \Leftrightarrow x - y = h m_2 (对某个 \ h \in \mathbf{Z})$$

"⇒"（必要性）：

$\forall \langle x, y \rangle \in R_1$，因为 π_1 是对应于 R_1 的划分，所以必 $\exists A_i \in \pi_1$，使得 $x \in A_i$，$y \in A_i$。

因为 π_1 细分于 π_2，$\exists B_j \in \pi_2$，使得 $A_i \subseteq B_j$，所以有 $x \in B_j$，$y \in B_j$，因此 $\langle x, y \rangle \in R_2$，即 $R_1 \subseteq R_2$，即 $\langle x, y \rangle \in R_1 \Rightarrow \langle x, y \rangle \in R_2$。取 $x = m_1$，$y = 0$，则有 $\langle m_1, 0 \rangle \in R_1 \Rightarrow \langle m_1, 0 \rangle \in R_2$，$m_1 - 0 = h m_2 \Rightarrow m_2 \mid m_1$，因此 m_1 是 m_2 的倍数。

"⇐"（充分性）：

$\forall A_i \in \pi_1, i = 1, 2, \cdots, n$，必存在 $x \in A$，使得 $x \in A_i$，所以 $\forall y \in A_i$，$x \in A_i \wedge y \in A_i \Rightarrow$

$\langle x , y \rangle \in R_1 \Rightarrow \exists k \in \mathbf{Z}$，使 $x-y=km_1$，因为 $m_2 \mid m_1$，所以 $\exists h \in \mathbf{Z}$，使 $m_1 = hm_2 \Rightarrow x-y=$
$km_1 = khm_2 \Rightarrow \langle x , y \rangle \in R_2$。

因而 $\exists B_j \in \pi_2$，使得 $x \in B_j \wedge y \in B_j$，故 $A_i \subseteq B_j$。

因此 π_1 细分于 π_2。

39. 确定下面集合 A 上的关系 R 是不是偏序关系。

(1) $A=\mathbf{Z}$, $aRb \Leftrightarrow a=2b$

(2) $A=\mathbf{Z}$, $aRb \Leftrightarrow b^2 \mid a$

(3) $A=\mathbf{Z}$, $aRb \Leftrightarrow$ 存在 $k \in \mathbf{Z}$ 使 $a=b^k$

(4) $A=\mathbf{Z}$, $aRb \Leftrightarrow a \leqslant b$

解

(1) R 不是偏序关系。

(2) R 不是偏序关系。

(3) R 是偏序关系。

① $\forall a \in A$, $a=a$，所以 $\langle a , a \rangle \in R$，故 R 是自反的。

② $\forall \langle a , b \rangle \in R$, $\langle b , a \rangle \in R \Rightarrow a=b^k \wedge b=a^m$
$$\Rightarrow a=a^{km} \Rightarrow km=1$$
$$\Rightarrow k=m=1 \Rightarrow a=b$$

故 R 是反对称的。

③ $\forall \langle a , b \rangle \in R$, $\langle b , c \rangle \in R \Rightarrow a=b^k \wedge b=c^m$
$$\Rightarrow a=c^{km} \Rightarrow \langle a , c \rangle \in R$$

故 R 是传递的。

因此，R 是偏序关系。

(4) R 是偏序关系。

① $\forall a \in A$, $a \leqslant a$，所以 $\langle a , a \rangle \in R$，故 R 是自反的。

② $\forall \langle a , b \rangle \in R$, $\langle b , a \rangle \in R \Rightarrow a \leqslant b \wedge b \leqslant a$
$$\Rightarrow a=b$$

故 R 是反对称的。

③ $\forall \langle a , b \rangle \in R$, $\langle b , c \rangle \in R \Rightarrow a \leqslant b \wedge b \leqslant c$
$$\Rightarrow a \leqslant c \Rightarrow \langle a , c \rangle \in R$$

故 R 是传递的。

因此，R 是偏序关系。

40. 设 $A=\{a, b, c, d, e\}$，A 上的偏序关系 $R=\{\langle c , a \rangle, \langle c , d \rangle\} \bigcup I_A$。

(1) 画出 R 的哈斯图；

(2) 求 A 关于 R 的极大元和极小元。

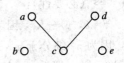

图 4.12

解

(1) R 的哈斯图见图 4.12。

(2) 极大元：a, b, d, e；

极小元：c, b, e。

41. 偏序集$\langle A, \leqslant \rangle$的哈斯图如图 4.13 所示。

(1) 用列举元素法求 R；

(2) 求 A 关于 R 的最大元和最小元；

(3) 求子集$\{c, d, e\}$的上界和上确界；

(4) 求子集$\{a, b, c\}$的下界和下确界。

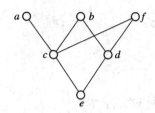

图 4.13

解

(1) $R = \{\langle e, c \rangle, \langle e, a \rangle, \langle e, b \rangle, \langle e, d \rangle, \langle e, f \rangle, \langle c, a \rangle, \langle c, b \rangle, \langle c, f \rangle, \langle d, b \rangle, \langle d, f \rangle\} \bigcup I_A$

(2) 最大元：无；最小元：e。

(3) 上界：b, f；上确界：无。

(4) 下界：c, e；下确界：c。

42. 图 4.14 为一偏序集$\langle A, R \rangle$的哈斯图。

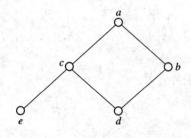

图 4.14

(1) 下列命题哪些为真？

   aRb, dRa, cRd, cRb, bRe, aRa, eRa

(2) 画出 R 的关系图。

(3) 指出 A 的最大、最小元(如果有的话)，极大、极小元。

(4) 求出子集 $B_1 = \{c, d, e\}$，$B_2 = \{b, c, d\}$，$B_3 = \{b, c, d, e\}$的上界、下界，上确界、下确界(如果有的话)。

解

(1) 真命题：dRa, aRa, eRa；假命题：aRb, cRd, cRb, bRe。

(2) R 的关系图见图 4.15。

(3) A 的最大元：a；最小元：无；极大元：a；极小元：e, d。

(4) B_1 的上界：a, c；下界：无；上确界：c；下确界：无。

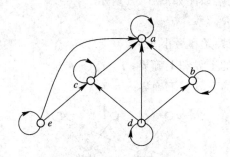

图 4.15

B_2 的上界：a；下界：d；上确界：a；下确界：d。

B_3 的上界：a；下界：无；上确界：a；下确界：无。

43. 设 R 是集合 $A = \{a, b, c, d\}$ 上的偏序关系，关系矩阵为

$$\begin{bmatrix} 1 & 0 & 1 & 1 \\ 0 & 1 & 1 & 1 \\ 0 & 0 & 1 & 0 \\ 0 & 0 & 0 & 1 \end{bmatrix}$$

(1) 写出 R 的表达式。

(2) 画出 R 的哈斯图。

(3) 求子集 $B = \{a, b\}$ 关于 R 的上界和上确界。

解

(1) $R = \{\langle a, a \rangle, \langle a, c \rangle, \langle a, d \rangle, \langle b, b \rangle, \langle b, c \rangle, \langle b, d \rangle, \langle c, c \rangle, \langle d, d \rangle\}$

(2) R 的哈斯图见图 4.16。

(3) B 的上界：c, d；上确界：无。

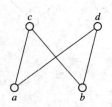

图 4.16

44. 对下列每一条件构造满足该条件的有限集和无限集各一个。

(1) 非空偏序集，其中有子集没有最大元素。

(2) 非空偏序集，其中有子集有下确界，但它没有最小元素。

(3) 非空偏序集，其中有一子集存在上界，但它没有上确界。

解

(1) 有限集：$A = \{1, 2, 5, 10\}$，R 是整除关系 $|$，$\langle A, | \rangle$ 是偏序集。其中子集 $\{1, 2, 5\}$ 没有最大元素。

无限集：正实数集 $\mathbf{R}_+$ 上的小于等于关系，$\langle \mathbf{R}_+, \leqslant \rangle$ 是非空偏序集。其中 $[1, 5)$ 子集没有最大元素。

(2) 有限集：$A=\{1,2,5,10\}$，R 是整除关系 $|$，$\langle A,|\rangle$ 是偏序集。其中子集 $\{2,5\}$ 有下确界，但它没有最小元素。

无限集：正实数集 $\mathbf{R}_+$ 上的小于等于关系，$\langle \mathbf{R}_+,\leqslant\rangle$ 是非空偏序集。其中 $(1,5)$ 子集没有最小元素，但有下确界 1。

(3) 有限集：$A=\{1,2,3,4\}$，$R=\{\langle 1,1\rangle,\langle 2,2\rangle,\langle 3,3\rangle,\langle 4,4\rangle,\langle 1,3\rangle,\langle 1,4\rangle,$ $\langle 2,3\rangle,\langle 2,4\rangle\}$，$\langle A,R\rangle$ 是偏序集。其中子集 $\{1,2\}$ 存在上界 3，4，但它没有上确界。

无限集：大于等于 1 的实数集 $\mathbf{R}'$ 上的整除关系 $|$，$\langle \mathbf{R}',|\rangle$ 是非空偏序集。其中 $(1,5)$ 子集存在上界，但它没有上确界。

45. 图 4.17 给出了集合 $S=\{a,b,c,d\}$ 上的四个关系图。请指出哪些是偏序关系图，哪些是全序关系图，哪些是良序关系图，并对偏序关系图画出对应的哈斯图。

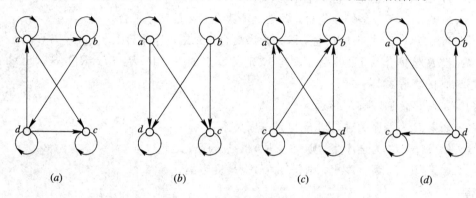

图 4.17

解 设 $S=\{a,b,c,d\}$，四个关系为 R_1,R_2,R_3,R_4，其中

(a) 不是偏序关系。因为 $\langle d,a\rangle\in R_1$，$\langle a,b\rangle\in R_1 \not\Rightarrow \langle d,b\rangle\in R_1$。

(b)，(c)，(d) 为偏序关系，其相对应的哈斯图分别如图 4.18(a)、(b)、(c) 所示。

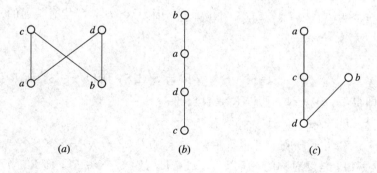

图 4.18

$R_2=\{\langle a,a\rangle,\langle b,b\rangle,\langle c,c\rangle,\langle d,d,\rangle,\langle a,c\rangle,\langle a,d\rangle,\langle b,c\rangle,\langle b,d\rangle\}$

$\mathrm{cov}(A)=\{\langle a,c\rangle,\langle a,d\rangle,\langle b,c\rangle,\langle b,d\rangle\}$

$R_3=\{\langle a,a\rangle,\langle b,b\rangle,\langle c,c\rangle,\langle d,d,\rangle,\langle c,a\rangle,\langle c,d\rangle,\langle c,b\rangle,\langle a,b\rangle,$ $\langle d,b\rangle,\langle d,a\rangle\}$

$\mathrm{cov}(A)=\{\langle a,b\rangle,\langle c,d\rangle,\langle d,a\rangle\}$

R_3 是全序关系，也是良序关系。

$R_4 = \{\langle a, a \rangle, \langle b, b \rangle, \langle c, c \rangle, \langle d, d, \rangle, \langle c, a \rangle, \langle d, c \rangle, \langle d, a \rangle, \langle d, b \rangle\}$

$cov(A) = \{\langle c, a \rangle, \langle d, c \rangle, \langle d, b \rangle\}$

46. 下列集合中哪些是偏序集合，哪些是全序集合，哪些是良序集合？

(1) $\langle P(\mathbf{N}), \subseteq \rangle$

(2) $\langle P(\mathbf{N}), \subset \rangle$

(3) $\langle P(\{a\}), \subseteq \rangle$

(4) $\langle P(\varnothing), \subseteq \rangle$

解

(1) $\langle P(\mathbf{N}), \subseteq \rangle$是偏序集合。

(2) $\langle P(\mathbf{N}), \subset \rangle$不是偏序集合。

(3) $\langle P(\{a\}), \subseteq \rangle$是偏序集合，既是全序集合，又是良序集合。

(4) $\langle P(\varnothing), \subseteq \rangle$是偏序集合，既是全序集合，又是良序集合。

47. 设 R 是集合 S 上的关系，$S' \subseteq S$，定义 S' 上的关系 R' 为：$R' = R \cap (S' \times S')$。确定下述各断言的真假：

(1) 如果 R 传递，则 R' 传递。

(2) 如果 R 为偏序关系，则 R' 也是偏序关系。

(3) 如果 $\langle S, R \rangle$ 为全序集，则 $\langle S', R' \rangle$ 也是全序集。

(4) 如果 $\langle S, R \rangle$ 为良序集，则 $\langle S', R' \rangle$ 也是良序集。

解

(1) 真。$\forall \langle x, y \rangle, \langle y, z \rangle$

$\langle x, y \rangle \in R' \wedge \langle y, z \rangle \in R'$

$\Leftrightarrow \langle x, y \rangle \in R \wedge \langle x, y \rangle \in (S' \times S') \wedge \langle y, z \rangle \in R \wedge \langle y, z \rangle \in (S' \times S')$

$\Leftrightarrow (\langle x, y \rangle \in R \wedge \langle y, z \rangle \in R) \wedge (\langle x, y \rangle \in (S' \times S') \wedge \langle y, z \rangle \in (S' \times S'))$

$\Rightarrow \langle x, z \rangle \in R \wedge \langle x, z \rangle \in (S' \times S')$ （因为 R、$S' \times S'$ 均是传递的）

$\Rightarrow \langle x, z \rangle \in R'$

即 R' 是传递的。

(2) 真。$\forall x \in S'$，$\langle x, x \rangle \in S' \times S'$，又因为 $S' \subset S$，所以 $x \in S$，而 R 是自反的，故 $\langle x, x \rangle \in R$，即得 $\langle x, x \rangle \in R'$，所以 R' 是自反的。

$\forall \langle x, y \rangle \in R'$，且 $x \neq y$，有

$\langle x, y \rangle \in R \cap (S' \times S') \Rightarrow \langle x, y \rangle \in R \wedge \langle x, y \rangle \in S' \times S'$

因为 R 是偏序，是反对称的，所以 $\langle y, x \rangle \notin R$，故 $\langle y, x \rangle \notin R'$，即 R' 是反对称的。

由(1)可知 R' 是传递的。

综上可得，R' 也是偏序关系。

(3) 真。设 $x, y \in S'$，如果 R 是 S 上的全序关系，故必有

$\langle x, y \rangle \in R \vee \langle y, x \rangle \in R \Rightarrow \langle x, y \rangle \in R \cap (S' \times S')$，$\langle y, x \rangle \in R \cap (S' \times S')$

即 $\langle x, y \rangle \in R'$ 或 $\langle y, x \rangle \in R'$，所以 R' 是 S' 上的全序关系，故 $\langle S', R' \rangle$ 是全序集。

(4) 真。设 $\langle S, R \rangle$ 为良序集，若 $\langle S', R' \rangle$ 不是良序集，则必有 $S'' \subseteq S'$ 且 $S'' \neq \varnothing$，使得 $\langle S'', R' \rangle$ 中不存在最小元，即对任意 $x \in S''$ 必有 $y \in S''$ 使得 $\langle x, y \rangle \in S'' \times S''$，即 $\langle x, y \rangle \in$

$S' \times S'$，但 $\langle x, y \rangle \notin R'$。因为 $R' = R \cap (S' \times S')$，故 $\langle x, y \rangle \notin R$，但 $S'' \subseteq S' \subseteq S$，这说明在 S 中存在非空子集 S''，对所有 $x \in S''$ 都存在 $y \in S''$，使 $\langle x, y \rangle \notin R$，这与 $\langle S, R \rangle$ 是良序集矛盾。于是证得 $\langle S', R' \rangle$ 是良序集。

48. 设 $\langle A, \leqslant \rangle$ 为一有限全序集，$|A| \geqslant 2$，R 是 $A \times A$ 上的关系，根据 R 下列各定义，确定 $\langle A \times A, R \rangle$ 是否为偏序集、全序集或良序集。设 x, y, u, v 为 A 中任意元素。

(1) $\langle x, y \rangle R \langle u, v \rangle \Leftrightarrow x \leqslant u \wedge y \leqslant v$

(2) $\langle x, y \rangle R \langle u, v \rangle \Leftrightarrow x \leqslant u \wedge x \neq u \vee (x = u \wedge y \leqslant v)$

(3) $\langle x, y \rangle R \langle u, v \rangle \Leftrightarrow x \leqslant u$

(4) $\langle x, y \rangle R \langle u, v \rangle \Leftrightarrow x \leqslant u \wedge x \neq u$

解

(1) $\langle A \times A, R \rangle$ 是偏序集，因为

① 对于任意的 $\langle x, y \rangle \in A \times A$，因为 $\langle A, \leqslant \rangle$ 为一有限全序集，故 $x = x \wedge y = y$，由题设可知 $\langle x, y \rangle R \langle x, y \rangle$，因此 R 是自反的。

② 对于任意的 $\langle x, y \rangle, \langle u, v \rangle \in A \times A$，若

$$\langle x, y \rangle R \langle u, v \rangle \text{ 且 } \langle u, v \rangle R \langle x, y \rangle$$
$$\Rightarrow x \leqslant u \wedge y \leqslant v \wedge u \leqslant x \wedge v \leqslant y \Rightarrow x = u \wedge y = v \Rightarrow \langle x, y \rangle = \langle u, v \rangle$$

因此 R 是反对称的。

③ 对于任意的 $\langle x, y \rangle, \langle u, v \rangle, \langle w, z \rangle \in A \times A$，若

$$\langle x, y \rangle R \langle u, v \rangle \wedge \langle u, v \rangle R \langle w, z \rangle$$
$$\Rightarrow x \leqslant u \wedge y \leqslant v \wedge u \leqslant w \wedge v \leqslant z \Rightarrow x \leqslant w \wedge y \leqslant z \Rightarrow \langle x, y \rangle R \langle w, z \rangle$$

因此 R 是传递的。

故 R 是偏序关系。

(2) $\langle A \times A, R \rangle$ 是偏序集。因为

① 对于任意的 $\langle x, y \rangle \in A \times A$，因为 $\langle A, \leqslant \rangle$ 为一有限全序集，故 $x = x \wedge y = y$，由题设可知 $\langle x, y \rangle R \langle x, y \rangle$，因此 R 是自反的。

② 对于任意的 $\langle x, y \rangle, \langle u, v \rangle \in A \times A$，若

$$\langle x, y \rangle R \langle u, v \rangle \text{ 且 } \langle u, v \rangle R \langle x, y \rangle$$
$$\Rightarrow (x \leqslant u \wedge x \neq u \vee (x = u \wedge y \leqslant v)) \wedge (u \leqslant x \wedge x \neq u \vee (x = u \wedge v \leqslant y))$$
$$\Rightarrow x = u \wedge y = v \Rightarrow \langle x, y \rangle = \langle u, v \rangle$$

因此 R 是反对称的。

③ 对于任意的 $\langle x, y \rangle, \langle u, v \rangle, \langle w, z \rangle \in A \times A$，若

$$\langle x, y \rangle R \langle u, v \rangle \wedge \langle u, v \rangle R \langle w, z \rangle$$
$$\Rightarrow (x \leqslant u \wedge x \neq u) \vee (x = u \wedge y \leqslant v) \wedge (u \leqslant w \wedge u \neq w \vee (u = w \wedge v \leqslant w))$$
$$\Rightarrow x < u \vee (x = u \wedge y \leqslant v) \wedge u < w \vee (u = w \wedge v \leqslant w)$$
$$\Rightarrow x < w \wedge x \neq w \vee (x = w \wedge y \leqslant z) \Rightarrow \langle x, y \rangle R \langle w, z \rangle$$

因此 R 是传递的。

故 R 是偏序关系。

(3) $\langle A\times A,R\rangle$ 不是偏序集。例如：$A=\{1,2,3,4\}$，对于 $\langle 1,2\rangle,\langle 1,3\rangle\in A\times A$，显然 $\langle 1,2\rangle R\langle 1,3\rangle$ 且 $\langle 1,3\rangle R\langle 1,2\rangle$，但 $\langle 1,2\rangle\neq\langle 1,3\rangle$，因此 R 不是反对称的。

(4) R 不具有自反性质，因此 R 不是偏序关系。

49. 指出下列各关系是否为 A 到 B 的函数：

(1) $A=B=\mathbf{N}$，$R=\{\langle x,y\rangle\mid x\in A\wedge y\in B\wedge x+y<100\}$

(2) $A=B=\mathbf{R}$(实数集)，$S=\{\langle x,y\rangle\mid x\in A\wedge y\in B\wedge y=x^2\}$

(3) $A=\{1,2,3,4\}$，$B=A\times A$，$R=\{\langle 1,\langle 2,3\rangle\rangle,\langle 2,\langle 3,4\rangle\rangle,\langle 3,\langle 1,4\rangle\rangle,\langle 4,\langle 2,3\rangle\rangle\}$

(4) $A=\{1,2,3,4\}$，$B=A\times A$，$S=\{\langle 1,\langle 2,3\rangle\rangle,\langle 2,\langle 3,4\rangle\rangle,\langle 3,\langle 2,3\rangle\rangle\}$

解

(1) 关系 R 不是函数。因为定义域不满且函数值不唯一。

(2) 关系 S 是函数。因为对于定义域 $\mathbf{R}$ 中任意的值 x，均有唯一的函数值 $y=x^2$。

(3) 关系 R 是函数。因为对于定义域 A 中任意的值均有唯一的函数值。$R(1)=\langle 2,3\rangle$，$R(2)=\langle 3,4\rangle$，$R(3)=\langle 1,4\rangle$，$R(4)=\langle 2,3\rangle$。

(4) 关系 S 不是函数。因为对于定义域 A 中的值 4，没有定义。

50. 设 $f:X\to Y$，$g:X\to Y$，求证：

(1) $f\cap g$ 为 X 到 Y 的函数当且仅当 $f=g$。

(2) $f\cup g$ 为 X 到 Y 的函数当且仅当 $f=g$。

证明

(1) $f\cap g=\{\langle x,y\rangle\mid x\in \mathrm{Dom}f\wedge x\in \mathrm{Dom}g\wedge y=f(x)\wedge y=g(x)\}$

$\qquad =\{\langle x,y\rangle\mid x\in(\mathrm{Dom}f\cap \mathrm{Dom}g)\wedge y=f(x)=g(x)\}$

令 $h=f\cap g$，则

"$\Rightarrow$"(必要性)：若 $f\cap g$ 为 X 到 Y 的函数，则

$$\mathrm{Dom}h=\{x\mid x\in \mathrm{Dom}f\cap \mathrm{Dom}g\wedge f(x)=g(x)\}$$

因为 $\mathrm{Dom}h$ 存在，且 $y_1\neq y_2$ 时，$x_1\neq x_2$，即

$$h=\{\langle x,y\rangle\mid x\in \mathrm{Dom}h\wedge y=h(x)=f(x)=g(x)\}$$

因此 $f=g$。

"$\Leftarrow$"(充分性)：若 $f=g$，$f\cap g=f$，因为 f 是函数，故必有 $y_1=f(x_1)$，$y_2=f(x_2)$，且 $x_1\neq x_2$，因此 $f\cap g$ 为 X 到 Y 的函数。

(2) $f\cup g=\{\langle x,y\rangle\mid(x\in \mathrm{Dom}f\vee x\in \mathrm{Dom}g)\wedge y=f(x)\wedge y=g(x)\}$

$\qquad =\{\langle x,y\rangle\mid x\in(\mathrm{Dom}f\cup \mathrm{Dom}g)\wedge y=f(x)=g(x)\}$

令 $h=f\cup g$，则

"$\Rightarrow$"(必要性)：若 $f\cup g$ 为 X 到 Y 的函数，则

$$\mathrm{Dom}h=\{x\mid x\in(\mathrm{Dom}f\cup \mathrm{Dom}g)\wedge f(x)=g(x)\}$$

因为 $\mathrm{Dom}h$ 存在，且 $y_1\neq y_2$ 时，$x_1\neq x_2$，即

$$h=\{\langle x,y\rangle\mid x\in \mathrm{Dom}h\wedge y=h(x)=f(x)=g(x)\}$$

因此 $f=g$。

"$\Leftarrow$"(充分性)：若 $f=g$，且 $y_1\neq y_2$ 时，因为 f 是函数，故必有 $y_1=f(x_1)$，$y_2=f(x_2)$，且 $x_1\neq x_2$，因此 $f\cup g$ 为 X 到 Y 的函数。

51. 设 f 和 g 为函数，且有 $f\subseteq g$ 和 $\mathrm{Dom}(g)\subseteq \mathrm{Dom}(f)$。证明 $f=g$。

证明 因为
$$f = \{\langle x, f(x)\rangle \mid x \in \mathrm{Dom} f\}$$
$$g = \{\langle x, g(x)\rangle \mid x \in \mathrm{Dom} g\}$$

只需证 $g \subseteq f$。对任意 $\langle x, y \rangle \in g$，$x \in \mathrm{Dom} g \subseteq \mathrm{Dom}(f)$，因此 $\exists y_1$ 有 $\langle x, y_1 \rangle \in f \subseteq g$，因为 g 是函数，所以 $y = y_1$，$\langle x, y \rangle \in f$，故 $f = g$。

52. 证明定理 4.8.2 的 (2)、(3)。

证明

(2) 对任一 $y \in Y$，
$$y \in f(A \cap B) \Leftrightarrow \exists x (x \in A \cap B \wedge y = f(x))$$
$$\Leftrightarrow \exists x ((x \in A \wedge y = f(x)) \wedge (x \in B \wedge y = f(x)))$$
$$\Rightarrow \exists x (x \in A \wedge y = f(x)) \wedge \exists x (x \in B \wedge y = f(x))$$
$$\Leftrightarrow y \in f(A) \wedge y \in f(B)$$
$$\Leftrightarrow y \in f(A) \cap f(B)$$

因此 $f(A \cap B) \subseteq f(A) \cap f(B)$。

(3) $\forall y \in (f(A) - f(B)) \Rightarrow y \in f(A) \wedge y \notin f(B)$，故必有 $x \in A$，使得 $f(x) = y$，且若 $x \in B$，则有 $f(x) \neq y$，因为 $A \subseteq X$，$B \subseteq X$，所以若 $f(x) = y$，必有 $x \in A \wedge x \notin B$，即 $x \in A - B$，因此，$y \in f(A - B)$。

故 $f(A) - f(B) \subseteq f(A - B)$。

53. 设 $f : X \to Y$，$A \subseteq B \subseteq X$，求证 $f(A) \subseteq f(B)$。

证明 $\forall y \in f(A)$，故必有 $x \in A$，使得 $f(x) = y$，因为 $A \subseteq B$，所以必有 $x \in B$ 且 $f(x) = y$，即 $y \in f(B)$。

因此 $f(A) \subseteq f(B)$。

54. 令 $f = \{\langle \varnothing, \{\varnothing, \{\varnothing\}\}\rangle, \langle\{\varnothing\}, \varnothing\rangle\}$ 为一函数。计算 $f(\varnothing)$，$f(\{\varnothing\})$，$f(\{\varnothing, \{\varnothing\}\})$。

解
$$f(\varnothing) = \{\varnothing, \{\varnothing\}\}$$
$$f(\{\varnothing\}) = \{\varnothing\}$$
$$f(\{\varnothing, \{\varnothing\}\}) \text{无定义}$$

55. 设 X，Y 均是有穷集合，$|X| = n$，$|Y| = m$，分别找出从 X 到 Y 存在单射、满射、双射的必要条件。试计算集合 X 到集合 Y 有多少个不同的单射函数和多少个不同的满射函数及多少个不同的双射函数。

解 由 X 到 Y 存在单射的必要条件为 $|X| \leqslant |Y|$。

由 X 到 Y 存在满射的必要条件为 $|X| \geqslant |Y|$。

由 X 到 Y 能产生双射的必要条件是 $|X| = |Y|$。

集合 X 到集合 Y 有 $C_m^n n!$ 个不同的单射函数、$\sum_{k=0}^{m-1} (-1)^k C_m^k (m-k)^n$ 个不同的满射函数和 $m!(m = n)$ 个不同的双射函数。

56. 考虑下列实数集上的函数：
$$f(x) = 2x^2 + 1, \quad g(x) = -x + 7, \quad h(x) = 2^x, \quad k(x) = \sin x$$
求 $g \circ f$，$f \circ g$，$f \circ f$，$g \circ g$，$f \circ h$，$f \circ k$，$k \circ h$。

解 $g \circ f(x) = f(g(x)) = f(-x + 7) = 2(-x + 7)^2 + 1 = 2x^2 - 28x + 99$

$$g \circ f = \{\langle x, 2x^2 - 28x + 99 \rangle \mid x \in \mathbf{R}\}$$

$$f \circ g(x) = g(f(x)) = g(2x^2 + 1) = -(2x^2 + 1) + 7 = -2x^2 + 6$$

$$f \circ g = \{\langle x, -2x^2 + 6 \rangle \mid x \in \mathbf{R}\}$$

$$f \circ f(x) = f(f(x)) = f(2x^2 + 1) = 2(2x^2 + 1)^2 + 1 = 8x^4 + 8x^2 + 3$$

$$f \circ f = \{\langle x, 8x^4 + 8x^2 + 3 \rangle \mid x \in \mathbf{R}\}$$

$$g \circ g(x) = g(g(x)) = g(-x + 7) = -(-x + 7) + 7 = x$$

$$g \circ g = \{\langle x, x \rangle \mid x \in \mathbf{R}\}$$

$$f \circ h(x) = h(f(x)) = h(2x^2 + 1) = 2^{2x^2 + 1}$$

$$f \circ h = \{\langle x, 2^{2x^2 + 1} \rangle \mid x \in \mathbf{R}\}$$

$$f \circ k(x) = k(f(x)) = k(2x^2 + 1) = \sin(2x^2 + 1)$$

$$f \circ k = \{\langle x, \sin(2x^2 + 1) \rangle \mid x \in \mathbf{R}\}$$

$$k \circ h(x) = h(k(x)) = h(\sin x) = 2^{\sin x}$$

$$k \circ h = \{\langle x, 2^{\sin x} \rangle \mid x \in \mathbf{R}\}$$

57. 设 $X = \{1, 2, 3\}$，请找出 X^X 中满足下列各式的所有函数。

(1) $f^2(x) = f(x)$（f 等幂）

(2) $f^2(x) = x$（f^2 为恒等函数）

(3) $f^3(x) = x$（f^3 为恒等函数）

解 设 f_i 是 X 到 X 的函数，则

(1) $f_1 = \{\langle 1, 1 \rangle, \langle 2, 2 \rangle, \langle 3, 3 \rangle\}$ 满足 $f^2(x) = f(x)$（f 等幂）。

(2) $f_1 = \{\langle 1, 1 \rangle, \langle 2, 2 \rangle, \langle 3, 3 \rangle\}$，$f_2 = \{\langle 1, 2 \rangle, \langle 2, 1 \rangle, \langle 3, 3 \rangle\}$，$f_3 = \{\langle 1, 3 \rangle, \langle 2, 2 \rangle, \langle 3, 1 \rangle\}$，$f_4 = \{\langle 1, 1 \rangle, \langle 2, 3 \rangle, \langle 3, 2 \rangle\}$ 满足 $f^2(x) = x$（f^2 为恒等函数）。

(3) $f_1 = \{\langle 1, 1 \rangle, \langle 2, 2 \rangle, \langle 3, 3 \rangle\}$，$f_5 = \{\langle 1, 2 \rangle, \langle 2, 3 \rangle, \langle 3, 1 \rangle\}$，$f_6 = \{\langle 1, 3 \rangle, \langle 2, 1 \rangle, \langle 3, 2 \rangle\}$ 满足 $f^3(x) = x$（f^3 为恒等函数）。

58. 设 $A \neq \varnothing$，A, B, C 为集合。

(1) 求 $A^{\varnothing}$，$\varnothing^A$，$\varnothing^{\varnothing}$。

(2) 若 $A \subseteq B$，则 $A^C \subseteq B^C$。

解

(1) $A^{\varnothing} = \{\varnothing\}$，$\varnothing^A = \varnothing$，$\varnothing^{\varnothing} = \varnothing$

(2) 证明：设 $f \in A^C$，则 $f \subseteq C \times A$，而 $C \times A \subseteq C \times B$，故 $f \subseteq C \times B$。

对任意的 $x \in C$，都有一个 $y \in A$（即 $y \in B$），使得 $\langle x, y \rangle \in f$，因为 f 是函数，故

$$\langle x, y_1 \rangle \in f \wedge \langle x, y_2 \rangle \in f \Rightarrow y_1 = y_2$$

故 f 也是从 C 到 B 的一个函数，即 $f \in B^C$。

因此 $A^C \subseteq B^C$。

59. 设 h 为 X 上的函数，证明下列条件中(1)与(2)等价，(3)与(4)等价。

(1) h 为一单射。

(2) 对任意 X 上的函数 f, g，$f \circ h = g \circ h$ 蕴含 $f = g$。

(3) h 为一满射。

(4) 对任意 X 上的函数 f, g，$h \circ f = h \circ g$ 蕴含 $f = g$。

证明

(1)⇒(2)(用反证法)：

对 X 上的任意函数 f, g, 设 $f \circ h = g \circ h$ 且 h 是一个单射。

反设 $f \neq g$, 即存在 $x \in X$ 使得 $f(x) \neq g(x)$, 但 $f \circ h(x) = g \circ h(x)$, 这导致 $f(x) \neq g(x)$ 时, $h(f(x)) = h(g(x))$, 与 h 是单射矛盾。因此 $f = g$。

(2)⇒(1)(用反证法)：

对 X 上的任意函数 f, g, 设 $f \circ h = g \circ h$ 且 $f = g$。

反设 h 不是单射, 则必有 x_1, $x_2 \in X$, 使 $h(x_1) = h(x_2)$ 且 $x_1 \neq x_2$。

定义两个函数 g, f 如下：

$\quad\quad g: X \to X$, 使对所有的 $x \in X$ 有 $g(x) = x_1$

$\quad\quad f: X \to X$, 使对所有的 $x \in X$ 有 $f(x) = x_2$

因此, f, $g \in X^X$, 且 $f \circ h = g \circ h$, 但 $f(x) \neq g(x)$, 与题设 $f = g$ 矛盾。故 h 是单射。

(3)⇒(4)(用反证法)：

对 X 上的任意函数 f, g, 设 $h \circ f = h \circ g$ 且 h 是一个满射。

反设 $f \neq g$, 则对某个 $x' \in X$ 有 $f(x') \neq g(x')$, 断言：对所有的 $x \in X$, 有 $h(x) \neq x'$, 否则有 $f(h(x)) \neq g(h(x))$, 即 $h \circ f(x) \neq h \circ g(x)$, 这与题设 $h \circ f = h \circ g$ 矛盾。但对所有 $x \in X$, $h(x) \neq x'$, 与 h 是满射矛盾。因此 $f = g$。

(4)⇒(3)(用反证法)：

对 X 上的任意函数 f, g, 设 $h \circ f = h \circ g$ 且 $f = g$。

若 h 不是满射, 则必有 $x_1 \in X$ 使得对所有的 $x \in X$, 有 $h(x) \neq x_1$, 因为 $h \in X^X$, 所以 $X \neq \{x_1\}$, 故必有 $x_2 \in X$ 且 $x_1 \neq x_2$。

定义两个函数 f, g 如下：

$\quad\quad f: X \to X$, 使得

$$f(x) = \begin{cases} x_2 & x \in X \text{ 且 } x \neq x_1 \\ x_1 & x \in X \text{ 且 } x = x_1 \end{cases}$$

$\quad\quad g: X \to X$, 使对所有的 $x \in X$ 有 $g(x) = x_2$

从而知 $f(h(x)) = g(h(x))$ 且 $f \neq g$, 与题设相矛盾。故 h 是满射。

60. 设 $A = \{1, 2, 3\}$, 作出全部 A 上的置换, 并以三个函数值组成的字的字典序排列这些置换。试计算 $p_2 \circ p_3$, $p_3 \circ p_3$, $p_3 \circ p_2$, 并求 x, 使得 $p_3 \circ p_x = p_x \circ p_3 = i$。

解 A 上的置换：

$$p_1 = \begin{pmatrix} 1 & 2 & 3 \\ 1 & 2 & 3 \end{pmatrix} = (1) \quad\quad p_2 = \begin{pmatrix} 1 & 2 & 3 \\ 1 & 3 & 2 \end{pmatrix} = (23)$$

$$p_3 = \begin{pmatrix} 1 & 2 & 3 \\ 2 & 1 & 3 \end{pmatrix} = (12) \quad\quad p_4 = \begin{pmatrix} 1 & 2 & 3 \\ 2 & 3 & 1 \end{pmatrix} = (123)$$

$$p_5 = \begin{pmatrix} 1 & 2 & 3 \\ 3 & 1 & 2 \end{pmatrix} = (132) \quad\quad p_6 = \begin{pmatrix} 1 & 2 & 3 \\ 3 & 2 & 1 \end{pmatrix} = (13)$$

$$p_2 \circ p_3 = \begin{pmatrix} 1 & 2 & 3 \\ 1 & 3 & 2 \end{pmatrix} \circ \begin{pmatrix} 1 & 2 & 3 \\ 2 & 1 & 3 \end{pmatrix} = \begin{pmatrix} 1 & 2 & 3 \\ 2 & 3 & 1 \end{pmatrix} = p_4$$

$$p_3 \circ p_3 = \begin{pmatrix} 1 & 2 & 3 \\ 2 & 1 & 3 \end{pmatrix} \circ \begin{pmatrix} 1 & 2 & 3 \\ 2 & 1 & 3 \end{pmatrix} = \begin{pmatrix} 1 & 2 & 3 \\ 1 & 2 & 3 \end{pmatrix} = p_1 = i$$

$$p_3 \circ p_2 = \begin{pmatrix} 1 & 2 & 3 \\ 2 & 1 & 3 \end{pmatrix} \circ \begin{pmatrix} 1 & 2 & 3 \\ 1 & 3 & 2 \end{pmatrix} = \begin{pmatrix} 1 & 2 & 3 \\ 3 & 1 & 2 \end{pmatrix} = p_5$$

由上面的计算可知，$p_3 \circ p_3 = i$。因此 $x = 3$ 满足 $p_3 \circ p_x = p_x \circ p_3 = i$。

61. 下列函数为实数集上的函数，如果它们可逆，请求出它们的反函数。

(1) $y = 3x + 1$

(2) $y = x^2 - 1$

(3) $y = x^2 - 2x$

(4) $y = \tan x + 1$

解

(1) 可逆。反函数为 $y = (x-1)/3$。

(2) 不可逆。

(3) 不可逆。

(4) 可逆。反函数为 $y = \arctan(x-1)$。

62. 根据自然数集合的定义计算：

(1) $4 \cup 7$，$3 \cap 5$

(2) $6 - 5$，$4 \oplus 2$

(3) 2×5

解

(1) $4 \cup 7 = 7$，$3 \cap 5 = 3$

(2) $6 - 5 = \{0, 1, 2, 3, 4, 5\} - \{0, 1, 2, 3, 4\} = \{5\}$

$4 \oplus 2 = \{0, 1, 2, 3\} \oplus \{0, 1\} = \{2, 3\}$

(3) $2 \times 5 = \{0, 1\} \times \{0, 1, 2, 3, 4\} = \{\langle 0, 0 \rangle, \langle 0, 1 \rangle, \langle 0, 2 \rangle, \langle 0, 3 \rangle, \langle 0, 4 \rangle, \langle 1, 0 \rangle, \langle 1, 1 \rangle, \langle 1, 2 \rangle, \langle 1, 3 \rangle, \langle 1, 4 \rangle\}$

63. 证明：$\{1, 3, 5, \cdots, 2n+1, \cdots\}$ 是可数集。

证明 设 $A = \{1, 3, 5, \cdots, 2n+1, \cdots\}$，作函数 $f: A \to \mathbf{N}$ 如下：

$$f(a) = (a-1)/2, \quad \forall a \in A$$

显然 f 是一个 A 到 $\mathbf{N}$ 上的双射函数。

因此 $\{1, 3, 5, \cdots, 2n+1, \cdots\}$ 是可数集。

64. 设 A，B 为可数集，证明：$A \times B$ 为可数集。

证明 设集合 A，B 为可数集，则有

$$A = \{a_0, a_1, a_2, \cdots\}, B = \{b_0, b_1, b_2, \cdots\}$$

作函数 $f: A \times B \to \mathbf{N} \times \mathbf{N}$ 如下：

$$f(\langle a_m, b_n \rangle) = \langle m, n \rangle$$

则 f 是一个双射。又因为 $g: \mathbf{N} \times \mathbf{N} \to \mathbf{N}$ 为双射，

$$g(\langle m, n \rangle) = (m+n)(m+n+1)/2 + m$$

所以 $A \times B$ 为可数集。

65. 设 $f: A \to B$ 为一满射。

(1) A 为无限集时，B 是否一定为无限集？

(2) A 为可数集时，B 是否一定为可数集？

解

(1) A 为无限集时，B 不一定为无限集。

(2) A 为可数集时，B 一定为可数集。

66. 设 $f: A \rightarrow B$ 为一单射。

(1) A 为无限集时，B 是否一定为无限集？

(2) A 为可数集时，B 是否一定为可数集？

解

(1) A 为无限集时，B 一定为无限集。

(2) A 为可数集时，B 不一定为可数集。

67. 证明定理 4.10.12。

证明

(1) 对任意集合 A，$|A| \leqslant |A|$。

显然 $f(x) = x$ 为 A 上的单射，因此 $|A| \leqslant |A|$。

(2) 若 $|A| \leqslant |B|$，$|B| \leqslant |C|$，则 $|A| \leqslant |C|$。

设 $|A| \leqslant |B|$，$|B| \leqslant |C|$，则有单射 $f: A \rightarrow B$，单射 $g: B \rightarrow C$。由于 $f \circ g$ 为 A 到 C 的单射，因此有 $|A| \leqslant |C|$。

68. 若 $|A| = |B|$，$|C| = |D|$，则 $|A \times C| = |B \times D|$。

证明 因为 $|A| = |B|$，所以存在双射函数 $f: A \rightarrow B$。

因为 $|C| = |D|$，所以存在双射函数 $g: C \rightarrow D$。

再定义 h 为：$A \times C \rightarrow B \times D$，使得

$$h(\langle x, y \rangle) = \langle f(x), g(y) \rangle$$

若

$$h(\langle x_1, y_1 \rangle) = h(\langle x_2, y_2 \rangle)$$
$$\Rightarrow \langle f(x_1), g(y_1) \rangle = \langle f(x_2), g(y_2) \rangle$$
$$\Rightarrow f(x_1) = f(x_2) \wedge g(y_1) = g(y_2)$$
$$\Rightarrow x_1 = x_2 \wedge y_1 = y_2 \quad (\text{因为 } f \text{ 是双射，} g \text{ 也是双射})$$
$$\Rightarrow \langle x_1, y_1 \rangle = \langle x_2, y_2 \rangle$$

因此 h 是单射函数。

对任意的 $\langle b, d \rangle$，$\langle b, d \rangle \in B \times D \Rightarrow b \in B \wedge d \in D$
$$\Rightarrow \exists a(a \in A \wedge f(a) = b) \wedge \exists c(c \in C \wedge g(c) = d) \quad (f, g \text{ 是满射})$$
$$\Rightarrow \exists a \exists c(a \in A \wedge c \in C \wedge \langle f(a), g(c) \rangle \in B \times D)$$

因此 h 是满射函数。

故 h 是 $A \times C$ 到 $B \times D$ 的双射函数。于是，$|A \times C| = |B \times D|$。

补 充 题 二

2.1　判断题

(1) 空集是任何集合的子集。（　　）

(2) $A \subseteq B \Leftrightarrow \forall x(x \in A \rightarrow x \in B) \land \exists x(x \in B \rightarrow x \notin A)$。（　　）

(3) 区间 $(0, 3)$ 与区间 $(\sqrt{2}, 10)$ 是等势的。（　　）

(4) $|A| = n$，$P(A)$ 上基数相等的关系 R 是等价关系。（　　）

(5) 设 $A \neq \varnothing$，A 上的恒等关系 I_A 既是 A 上的等价关系，又是 A 上的偏序关系。（　　）

(6) 设 $A \neq \varnothing$，则 A 上不存在既自反又反自反的二元关系。（　　）

(7) 设 $A \neq \varnothing$，则 A 上不存在既对称又反对称的二元关系。（　　）

(8) 非空关系 R 是对称的、反自反的，则 R 必不是传递的。（　　）

(9) 如 R 是传递关系，则其对称闭包 $s(R)$ 也传递。（　　）

(10) 若 f、g 均是单射函数，则 $f \circ g$ 也是单射函数。（　　）

(11) 若 f、g 均是满射函数，则 $f \circ g$ 也是满射函数。（　　）

(12) 若 f、g 均是双射函数，则 $f \circ g$ 也是双射函数。（　　）

(13) $|A| = m$，$|B| = n$，则 A 到 B 有 $n!$ 个双射。（　　）

(14) 若 $A \nsubseteq B$ 且 $B \nsubseteq C$，则 $A \nsubseteq C$。（　　）

(15) 若 $A \in B$ 且 $B \subseteq C$，则 $A \in C$。（　　）

(16) 若 $A \subseteq B$ 且 $B \subseteq C$，则 $A \subseteq C$。（　　）

(17) $A \subseteq B \Leftrightarrow A \cap (\sim B) = \varnothing$。（　　）

(18) 若 $A \oplus B = A \oplus C$，则 $B = C$。（　　）

(19) $A - (B \cup C) = (A - B) - C$。（　　）

(20) $(A \times B) \times C = A \times (B \times C)$。（　　）

(21) $(R \circ S) \circ T = R \circ (S \circ T)$。（　　）

(22) $(A \oplus B) \times (C \oplus D) = (A \times C) \oplus (B \times D)$。（　　）

(23) $A \cup (B - C) = (A \cup B) - (A \cup C)$。（　　）

(24) $(A \cup B) \times (C \cup D) = (A \times C) \cup (B \times C)$。（　　）

(25) 若 $A \subseteq B$ 且 $B \subseteq C$ 且 $C \subseteq A$，则 $A = B = C$。（　　）

(26) $P(\varnothing) = \varnothing$。（　　）

(27) $A = B \Leftrightarrow A \times B = B \times C$。（　　）

(28) 若 $A \in B$ 且 $B \subseteq C$，则 $A \subseteq C$。（　　）

(29) 若 $A \subseteq B$，则 $(B - A) \cup A = B$。（　　）

(30) 若 $A \cup B = A \cup C$，则 $B = C$。（　　）

(31) $A \cap (B \oplus C) = (A \cap B) \oplus (A \cap C)$。（　　）

(32) $(A \oplus B) \oplus C = A \oplus (B \oplus C)$。（　）

(33) $(A \cap B) \times (C \cap D) = (A \times C) \cap (B \times D)$。（　）

(34) $A \cap (B - C) = (A \cap B) - (A \cap C)$。（　）

(35) $(A - B) \times C = (A \times C) - (B \times C)$。（　）

(36) $(A \oplus B) \times C = (A \times C) \oplus (B \times C)$。（　）

(37) $\{\varnothing\} \times A = \varnothing$，其中，$A \neq \varnothing$。（　）

(38) 若 $A \times A = B \times B$，则 $A = B$。（　）

(39) $(R - S)^{-1} = R^{-1} - S^{-1}$。（　）

(40) $P(A \cup B) = P(A) \cup P(B)$。（　）

(41) $A \cup B = (A^{-1} \cup B^{-1})^{-1}$。（　）

(42) R 是自反的 $\Leftrightarrow R$ 不是反自反的。（　）

(43) 有可能 $R^2 = R$。（　）

(44) 一个关系有可能是对称的且反对称的，且传递的，且反自反的。（　）

(45) 一个关系有可能是对称的且反对称的，且传递的，且自反的。（　）

(46) 一个关系有可能是对称的且反对称的，且传递的，且不是反自反的。（　）

(47) $R \circ (S \cap T) = (R \circ S) \cap (R \circ T)$。（　）

(48) R 是传递的 $\Rightarrow R^{-1}$ 是传递的。（　）

(49) $t(R_1 \cup R_2) \subseteq t(R_1) \cup t(R_2)$。（　）

(50) 有可能 R 既不是对称的又不是反对称的。（　）

(51) R 和 S 都是传递的 $\Rightarrow R \circ S$ 是传递的。（　）

(52) R 是传递的 $\Leftrightarrow R^2 \subseteq R$。（　）

(53) $tr(R) \subseteq rt(R)$。（　）

(54) $ts(R) \subseteq st(R)$。（　）

(55) 若 A 为无限集，R 是 A 上的等价关系，则 A/R 仍为无限集。（　）

(56) 无限多个可列集的并仍为无限集。（　）

2.2　单项选择题

(1) 下列命题中为假的是（　）。

A) $\{a\} \in \{\{a\}\}$ 　　　　　　　B) $\{a\} \subseteq \{\{a\}\}$

C) $\{a\} \in \{a, \{a\}\}$ 　　　　　　D) $\{a\} \subseteq \{a, \{a\}\}$

(2) 设集合 $A = \{a, \{a\}\}$，则其幂集 $P(A) = （　）$。

A) $\{\{a\}, \{\{a\}\}\}$ 　　　　　　B) $\{\varnothing, a, \{a\}\}$

C) $\{\{\varnothing\}, \{a\}, \{\{a\}\}, A\}$ 　　D) $\{\varnothing, \{a\}, \{\{a\}\}, A\}$

(3) 设 A、B 均是有穷集合，则 $|A| \leqslant |B|$ 是由 A 到 B 存在单射的（　）。

A) 充分必要条件 　　　　　　B) 充分非必要条件

C) 必要非充分条件 　　　　　　D) 非必要非充分条件

(4) 设 R、S 均是集合 A 上的二元关系，则下列命题中为真的是（　）。

A) 若 R、S 均自反，则 $R \circ S$ 也自反 　　B) 若 R、S 均对称，则 $R \circ S$ 也对称

C) 若 R、S 均反对称，则 $R \circ S$ 也反对称 D) 若 R、S 均传递，则 $R \circ S$ 也传递

(5) 设集合 $A = \{a, b, c\}$ 中有下列关系，则其中不具有传递性的是( )。

A) $\{\langle a, b \rangle, \langle a, a \rangle\}$ B) $\{\langle a, a \rangle, \langle a, b \rangle, \langle c, a \rangle, \langle c, b \rangle\}$

C) $\{\langle b, a \rangle\}$ D) $\{\langle a, b \rangle, \langle a, c \rangle\}$

E) $\{\langle a, a \rangle, \langle a, b \rangle, \langle b, a \rangle, \langle c, c \rangle\}$ F) $\{\langle a, b \rangle\}$

(6) 下列关系中能构成函数的是( )。

A) $\{\langle x, y \rangle \mid x, y \in \mathbf{N}, x + y < 10\}$ B) $\{\langle x, y \rangle \mid x, y \in \mathbf{R}, |x| = |y|\}$

C) $\{\langle x, y \rangle \mid x, y \in \mathbf{R}, x = |y|\}$ D) $\{\langle x, y \rangle \mid x, y \in \mathbf{R}, |x| = y\}$

(7) 下列函数中非单非满映射是( )。

A) $f: \mathbf{N} \to \mathbf{N}, f(n) = n^2 + 2$ B) $f: \mathbf{N} \to \mathbf{N}, f(n) = n \pmod 3$

C) $f: \mathbf{R} \to \mathbf{R}, f(x) = x^3 + 1$ D) $f: \mathbf{R} \to [-1, 1], f(x) = \sin 2x$

(8) 设 f、g 均是 $\mathbf{R}$ 到 $\mathbf{R}$ 的函数，$f(x) = x^2 - 2$，$g(x) = 2x + 1$，则复合函数 $f \circ g = $ ( )。

A) $4x^2 + 4x - 1$ B) $2x^2 - 3$

C) $\{\langle x, 4x^2 + 4x - 1 \rangle \mid x \in \mathbf{R}\}$ D) $\{\langle x, 2x^2 - 3 \rangle \mid x \in \mathbf{R}\}$

(9) 设 A、B、C 为任意集合，$\varnothing$ 是空集，E 是全集，下列命题中正确的是( )。

A) $A \oplus A = A$。 B) 若 $\sim A \cup B = E$，则 $A \subseteq B$。

C) 若 $A - B = \varnothing$，则 $A = B$。 D) 若 $A \cup B = A \cup C$，则 $B = C$。

(10) $\mathbf{Z}$ 是整数集合，设 $\mathbf{Z}^+ = \{x \mid x \in \mathbf{Z}, 且\ x > 0\}$，则对应于划分 $\pi = \{\{x\} \mid x \in \mathbf{Z}^+\}$ 的是( )。

A) $\mathbf{Z}^+$ 上的全域关系 B) $\mathbf{Z}^+$ 上的恒等关系

C) $\mathbf{Z}^+$ 上的整除关系 D) $\mathbf{Z}^+$ 上的小于等于关系

2.3 填空题

(1) 设全集 $E = \{a, b, c, d, e, f, g\}$，$A = \{a, b, c, d, e\}$，$B = \{c, d, e, f, g\}$，则 $\sim(A \oplus B) = $ _____。

(2) $A = \{\varnothing, \{\varnothing\}\}$，则 $P(A) \times A = $ _____。

(3) $A = \{1, 4\}$，$B = \{2, 4\}$，则幂集 $P(A) \bigcup P(B) = $ _____，幂集 $P(A \oplus B) = $ _____，幂集 $P(A) \oplus P(B) = $ _____。

(4) 设有集合 A、B。$|A| = m$，$|B| = n$，$|A \bigcap B| = k$，$m \leqslant n$。$|A \oplus B| = $ _____；$|P(A)| = $ _____；A 到 B 不同的二元关系有 _____ 个；A 到 B 不同的函数有 _____ 个；A 到 B 不同的单射函数有 _____ 个；A 到 B 不同的双射函数有 _____ 个。

(5) 设 $|A| = m$，$|B| = n$，则由 A 到 B 共有 _____ 个二元关系。

(6) $A = \{1, 2, 3, 4\}$，其中关系 $R = \{\langle 1, 2 \rangle, \langle 2, 4 \rangle, \langle 3, 1 \rangle\}$，$S = \{\langle 1, 3 \rangle, \langle 2, 4 \rangle, \langle 4, 2 \rangle\}$，则 $\mathrm{Dom}(R \circ S) = $ _____；$\mathrm{Ran}(R \circ S) = $ _____。

(7) $A = \{a, b, c, d\}$，$R \subseteq A \times A$，且 $R = \{\langle a, b \rangle, \langle b, b \rangle, \langle c, a \rangle, \langle c, b \rangle, \langle d, a \rangle, \langle d, b \rangle, \langle d, c \rangle, \langle d, d \rangle\}$，则 R 具有 _____ 性，且 $r(R) = $ _____；$s(R) = $ _____；$t(R) = $ _____；$\mathbf{M}_R = $ _____。

(8) 设 A 是由实数轴上所有两两不相交的有限开区间组成的集合，则基数 $|A|=$ _____。

(9) 设 $A=\{x \mid x$ 是单词"yesterday"中的字母$\}$，A 的基数 $|A|=$ _____。

(10) 集合 $A=\{\langle p, q\rangle \mid p, q$ 均为有理数$\}$，则其基数 $|A|=$ _____。

(11) 集合 $A=\{a, b, c\}$，则 A 上共有_____个等价关系，_____个偏序关系，其中的 $R=$ _____既是等价关系又是偏序关系。

(12) 设集合族 $S=\{\{a\}, \{c\}, \{b, d\}\}$ 是集合 $A=\{a, b, c, d\}$ 的划分，则 S 确定的等价关系 $R=$ _____。

(13) 设 $A=\{a, b, c, d, e\}$，A 上的等价关系 $R=\{\langle a, b\rangle, \langle b, a\rangle, \langle c, d\rangle, \langle d, c\rangle\} \bigcup I_A$，则 R 诱导的划分为_____。

(14) 设 $R=\{\langle 0, 1\rangle, \langle 0, 2\rangle, \langle 0, 3\rangle, \langle 1, 2\rangle, \langle 2, 2\rangle, \langle 2, 3\rangle\}$，则 $\operatorname{Dom}R^{-1}=$ _____，复合关系 $R \circ R=$ _____。

(15) $A=\{a, b, c\}$，I_A 是 A 上的恒等关系，则 I_A 的传递闭包 $t(I_A)=$ _____。

(16) 设 $A=\{a, b, c\}$，$R=\{\langle a, c\rangle, \langle c, a\rangle\}$，则 R 的传递闭包 $t(R)=$ _____。

(17) 设 $A=\{a, b, c\}$，$R=\{\langle a, c\rangle, \langle a, b\rangle\}$，则 R 的传递闭包 $t(R)=$ _____。

(18) 设 $f: \mathbf{Z} \rightarrow \mathbf{Z}$，$f(x)=x \bmod n$，在 $\mathbf{Z}$ 上定义等价关系 $R: xRy \Leftrightarrow f(x)=f(y)$，则商集 $\mathbf{Z}/R=$ _____。

(19) 设 A 是有穷集合，$P(A)$ 上的偏序关系是 $\subseteq$，则 $P(A)$ 关于 $\subseteq$ 的最大元为 _____。$P(A)$ 关于 $\subseteq$ 的最小元为 _____。

(20) 设 $f: \mathbf{R} \rightarrow \mathbf{R}$，$f(x)=x^4+5$，$A=\{-1, 0, 1\}$，则 $f(A)=$ _____。

■ 补充题二答案

2.1

(1) √	(2) ×	(3) √	(4) √	(5) √	(6) √	(7) ×
(8) √	(9) ×	(10) √	(11) √	(12) √	(13) ×	(14) ×
(15) √	(16) √	(17) √	(18) √	(19) √	(20) ×	(21) √
(22) ×	(23) ×	(24) √	(25) √	(26) √	(27) ×	(28) ×
(29) √	(30) √	(31) √	(32) √	(33) √	(34) √	(35) √
(36) √	(37) ×	(38) √	(39) √	(40) ×	(41) ×	(42) ×
(43) √	(44) √	(45) √	(46) √	(47) √	(48) √	(49) √
(50) √	(51) ×	(52) √	(53) √	(54) ×	(55) ×	(56) ×

2.2

(1) B)	(2) D)	(3) C)	(4) A)	(5) E)
(6) D)	(7) B)	(8) D)	(9) B)	(10) B)

2.3

(1) $\{c, d, e\}$

(2) $\{\langle \varnothing, \varnothing \rangle, \langle \varnothing, \{\varnothing\} \rangle, \langle \{\varnothing\}, \varnothing \rangle, \langle \{\varnothing\}, \{\varnothing\} \rangle, \langle \{\{\varnothing\}\}, \varnothing \rangle, \langle \{\{\varnothing\}\},$
$\{\varnothing\} \rangle, \langle \{\varnothing, \{\varnothing\}\}, \varnothing \rangle, \langle \{\varnothing, \{\varnothing\}\}, \{\varnothing\} \rangle\}$

(3) $\{\varnothing, \{1\}, \{2\}, \{4\}, \{1, 4\}, \{2, 4\}\}, \{\varnothing, \{1\}, \{2\}, \{1, 2\}\}, \{\{1\}, \{2\},$
$\{1, 4\}, \{2, 4\}\}$

(4) $m+n-2k, 2^m, 2^{mn}, n^m, C_n^m m!, m! \ (m=n)$

(5) 2^{mn}

(6) $\{1, 2, 3\}, \{2, 3, 4\}$

(7) 反对称、传递，$R \cup I_A$，$R \cup \{\langle b, a \rangle, \langle a, c \rangle, \langle b, c \rangle, \langle a, d \rangle, \langle b, d \rangle, \langle c, d \rangle\}$，$R$，

$$\begin{bmatrix} 0 & 1 & 0 & 0 \\ 0 & 1 & 0 & 0 \\ 1 & 1 & 0 & 0 \\ 1 & 1 & 1 & 1 \end{bmatrix}$$

(8) $\aleph_0$

(9) 7

(10) $\aleph_0$

(11) 5, 19, I_A

(12) $\{\langle a, a \rangle, \langle b, b \rangle, \langle b, d \rangle, \langle c, c \rangle, \langle d, b \rangle, \langle d, d \rangle\}$

(13) $\{\{a, b\}, \{c, d\}, \{e\}\}$

(14) $\{1, 2, 3\}, \{\langle 0, 2 \rangle, \langle 0, 3 \rangle, \langle 1, 2 \rangle, \langle 1, 3 \rangle, \langle 2, 2 \rangle, \langle 2, 3 \rangle\}$

(15) I_A

(16) $\{\langle a, c \rangle, \langle c, a \rangle, \langle a, a \rangle, \langle c, c \rangle\}$

(17) $\{\langle a, c \rangle, \langle a, b \rangle\}$

(18) $\{0, 1, 2, \cdots, n-1\}$

(19) $A, \varnothing$

(20) $\{5, 6\}$

第三篇

代数结构

第五章　代数系统的基本概念

5.1　概　　述

■ 二元运算及其性质
■ 代数系统
■ 代数系统的同态与同构

【学习基本要求】

1. 了解代数系统的定义，会判断给定集合和运算是否构成代数系统。
2. 掌握集合上的二元运算及性质。会使用函数表达式定义运算并能判断运算的封闭性，对封闭运算会判断并证明该运算是否具有结合律、交换律、幂等律、分配律、吸收律。
3. 对给定集合和集合上的运算，能求幺元、零元及所有可逆元素的逆元。
4. 理解同态与同构的概念，知道同态像、同态核。

【内容提要】

1. 二元运算及其性质

代数运算(operators)　设 A 是集合，函数 $f: A^n \rightarrow A$ 称为集合 A 上的 n 元代数运算，整数 n 称为运算的阶(order)。

当 $n=1$ 时，$f: A \rightarrow A$ 称为集合 A 中的一元运算。

当 $n=2$ 时，$f: A \times A \rightarrow A$ 称为集合 A 中的二元运算。

一般地，二元运算用算符 $\circ$，$*$，$\cdot$，$\triangle$，$\diamondsuit$ 等表示，并将其写于两个元素之间，如 $\mathbf{Z} \times \mathbf{Z} \rightarrow \mathbf{Z}$ 的加法：$F(\langle 2,3 \rangle)=+(\langle 2,3 \rangle)=2+3=5$。

运算定律　设 $*$，$\circ$ 均为集合 S 上的二元运算。

(1) 若 $\forall x \forall y \forall z(x, y, z \in S \rightarrow x*(y*z)=(x*y)*z)$，则称 $*$ 运算满足结合律。

(2) 若 $\forall x \forall y(x, y \in S \rightarrow x*y=y*x)$，则称 $*$ 运算满足交换律。

(3) 若 $\forall x \forall y \forall z(x, y, z \in S \rightarrow x*(y \circ z)=(x*y) \circ (x*z))$，则称 $*$ 运算对 $\circ$ 运算满足左分配律；若 $\forall x \forall y \forall z(x, y, z \in S \rightarrow (y \circ z)*x=(y*x) \circ (z*x))$，则称 $*$ 运算对 $\circ$ 运算满足右分配律。若二者均成立，则称 $*$ 运算对 $\circ$ 运算满足分配律。

（4）设 $*$，$\circ$ 均可交换，若 $\forall x$，$\forall y \in A$，有 $x * (x \circ y) = x$，$x \circ (x * y) = x$，则称运算 $*$ 和 $\circ$ 满足吸收律。

（5）若 $\forall x \in A$，$x * x = x$，则称 $*$ 运算满足幂等律。

右幺元（左幺元） 设 $*$ 是集合 S 中的二元运算，如果存在 $e_r \in S(e_l \in S)$ 且对任意元素 $x \in S$ 均有 $x * e_r = x(e_l * x = x)$，则称元素 e_r，(e_l) 为 S 中关于运算 $*$ 的右幺元（左幺元）或右单位元（左单位元）。

右零元（左零元） 设 $*$ 是集合 S 中的二元运算，如果存在 $\theta_r \in S(\theta_l \in S)$ 且对任意元素 $x \in S$ 均有 $x * \theta_r = \theta_r(\theta_l * x = \theta_l)$，则称元素 $\theta_r(\theta_l)$ 为 S 中关于运算 $*$ 的右零元（左零元）。

左（右）逆元 设 $*$ 是集合 S 中的二元运算，且 S 中对于 $*$ 有 e 为幺元，x，y 为 S 中的元素，若 $x * y = e$，那么称 x 为 y 的左逆元，y 为 x 的右逆元。若 x 对于 $*$ 运算既有左逆元又有右逆元，则称 x 是左、右可逆的。若 x 左右均可逆，称 x 可逆。

可约的（cancelable） 设 $*$ 是集合 S 中的二元运算，$a \in S$，$a \neq \theta$，如果 a 满足：对任意 x，$y \in S$ 均有

（1）$a * x = a * y \Rightarrow x = y$

（2）$x * a = y * a \Rightarrow x = y$

则称元素 a 对 $*$ 可约（可消去）的。当 a 满足（1）时，也称 a 是左可约（左可消去）的，当 a 满足（2）时，也称 a 是右可约（右可消去）的。

特别地，若对任意 x，y，$z \in S$，有

$$(x * y = x * z) \wedge x \neq \theta \Rightarrow y = z$$
$$(y * x = z * x) \wedge x \neq \theta \Rightarrow y = z$$

则称运算 $*$ 满足消去律（可约律）。

定理 5.1 设 $*$ 是 S 中的二元运算，且 e_r 与 e_l 分别是对于 $*$ 的右幺元和左幺元，则 $e_r = e_l = e$，使对任意元素 $x \in S$ 有 $x * e = e * x = x$，称元素 e 为关于运算 $*$ 的幺元（identity elements）且唯一。

定理 5.2 设 $*$ 是 S 中的二元运算，且 θ_r 与 θ_l 分别是对于 $*$ 的右零元和左零元，则 $\theta_r = \theta_l = \theta$，使对任意元素 $x \in S$ 有 $x * \theta = \theta * x = \theta$，称元素 θ 是 S 中关于运算 $*$ 的零元（zero）且唯一。

定理 5.3 设 $*$ 是集合 S 中的一个可结合的二元运算，且 S 中对于 $*$ 有 e 为幺元，若 $x \in S$ 是可逆的，则其左、右逆元相等，记作 x^{-1}，称为元素 x 对运算 $*$ 的逆元（inverse elements）且是唯一的。（x 的逆元通常记为 x^{-1}，但当运算被称为"加法运算"（记为 $+$）时，x 的逆元可记为 $-x$。）

定理 5.4 设 $*$ 是集合 S 中的一个可结合的二元运算，且 e 为 S 中对于 $*$ 的幺元，x 有逆元 x^{-1}，则 $(x^{-1})^{-1} = x$。

定理 5.5 设 $*$ 是 S 上的二元运算，e 为幺元，θ 为零元，并且 $|S| \geqslant 2$，那么 θ 无左（右）逆元。

定理 5.6 若 $*$ 是 S 中满足结合律的二元运算，且元素 a 有逆元（左逆元，右逆元），则 a 必定是可约的（左可约的，右可约的）。

2. 代数系统

代数系统 代数结构是由以下三个部分组成的数学结构：

（1）非空集合 S。

（2）集合 S 上的若干运算。

（3）一组刻画集合上各运算所具有的性质。

代数结构常用一个多元序组 $\langle S, \Delta, *, \cdots \rangle$ 来表示，其中 S 是集合，$\Delta, *, \cdots$ 为各种运算。S 称为基集，各运算组成的集合称为运算集，代数结构也称为代数系统。

同类型的代数系统　如果两个代数系统中运算的个数相同，对应的阶数也相同，且代数常数的个数也相同，则称这两个代数系统具有相同的构成成分，也称它们是同类型的代数系统。

封闭（closed）　设 $*$ 是 S 上的 n 元运算（$n=1, 2, \cdots$），$T \subseteq S$，如果对任意元素 $x_1, x_2, \cdots, x_n \in T$，$*(x_1, x_2, \cdots, x_n) \in T$，称 $*$ 运算对 T 封闭。

子代数（subalgebra）　设 $\langle S, * \rangle$ 是代数系统，如果有非空集合 T 满足

（1）$T \subseteq S$，

（2）运算 $*$ 对 T 封闭，

则称 $\langle T, * \rangle$ 为代数系统 $\langle S, * \rangle$ 的子代数系统，或子代数。

3. 代数系统的同态与同构

同态（homomorphism）与同构（isomorphism）　设 $\langle S, * \rangle$ 及 $\langle T, \circ \rangle$ 均为代数系统，如果函数 $f: S \to T$ 对 S 中任何元素 a, b，有

$$f(a * b) = f(a) \circ f(b)$$

称函数 f 为（代数系统 S 到 T 的）同态映射或同态。当同态 f 为单射时，又称 f 为单一同态；当 f 为满射时，又称 f 为满同态；当 f 为双射时，又称 f 为同构映射或同构。当两个代数系统间存在同构映射时，也称这两个代数系统同构，记为 $S \cong T$。当 f 为 $\langle S, * \rangle$ 到 $\langle S, * \rangle$ 的同态（同构）时，称 f 为 S 的自同态（自同构）。

同态像（image under homomorphism）　设 f 为代数系统 $\langle S, * \rangle$ 到 $\langle T, \circ \rangle$ 的同态映射，那么称 $f(S)$ 为 f 的同态像。

同态核（kernel of homomorphism）　如果 f 为代数系统 $\langle S, * \rangle$ 到 $\langle T, \circ \rangle$ 的同态，并且 T 中有幺元 e'，那么称下列集合为同态 f 的核，记为 $K(f)$。

$$K(f) = \{x \mid x \in S \wedge f(x) = e'\}$$

定理 5.7　设 f 为代数系统 $\langle S, * \rangle$ 到 $\langle T, \circ \rangle$ 的同态，那么同态像 $f(S)$ 与 $\circ$ 构成 $\langle T, \circ \rangle$ 的一个子代数。

定理 5.8　设 f 是代数系统 $\langle S, * \rangle$ 到 $\langle T, \circ \rangle$ 的满同态（这里 $*, \circ$ 均为二元运算），那么

（1）当运算 $*$ 满足结合律、交换律时，T 中运算 $\circ$ 也满足结合律、交换律。

（2）如果 $\langle S, * \rangle$ 关于 $*$ 有幺元 e，那么 $f(e)$ 是 $\langle T, \circ \rangle$ 中关于 $\circ$ 的幺元。

（3）如果 x^{-1} 是 $\langle S, * \rangle$ 中元素 x 关于 $*$ 的逆元，那么 $f(x^{-1}) = (f(x))^{-1}$ 是 $\langle T, \circ \rangle$ 中元素 $f(x)$ 关于 $\circ$ 的逆元。

（4）如果 $\langle S, * \rangle$ 关于 $*$ 有零元 θ，那么 $f(\theta)$ 是 $\langle T, \circ \rangle$ 中关于 $\circ$ 的零元。

定理 5.9　设 f 为代数系统 $\langle S, * \rangle$ 到 $\langle T, \circ \rangle$ 的同态，如果 $K(f) \neq \varnothing$，那么 $\langle K(f), * \rangle$ 为 $\langle S, * \rangle$ 的子代数。

5.2　例　题　选　解

【例 5.1】　判断下列运算是否为给定集合上封闭的二元运算。

(1) 自然数集合与普通加法、减法。

(2) 整数集合与普通加法、减法。

(3) A 上所有双射函数的集合与函数的复合运算。

(4) 非零实数集合与普通加法、减法、乘法和除法。

分析　判断运算 f 是否为给定集合 A 上封闭的二元运算(或一元运算)，主要考虑下面条件：一方面，对于任意的 $x,y\in A$，x 与 y 进行该运算(或对于任意 $x\in A$，x 进行该运算)的结果都是唯一确定的，即 A 中没有不能进行该运算的元素，且运算结果是唯一的；另一方面，运算结果属于 A。

解

(1) 加法封闭，减法不封闭，因为两个自然数相减可以为负数。

(2) 加法、减法均封闭。

(3) 运算封闭。

(4) 加法、减法不封闭，因为两个数相加或相减可以为 0，乘法和除法封闭。

【例 5.2】　在正整数集合 $\mathbf{Z}_+$ 上定义两个二元运算：对任意 $a,b\in\mathbf{Z}_+$，$a*b=a^b$ 和 $a\circ b=ab$。证明 $*$ 对 $\circ$ 是不可分配的。

证明　因为

$$a*(b\circ c)=a*(bc)=a^{bc}$$
$$(a*b)\circ(a*c)=a^b\circ a^c=a^{b+c}$$

bc 不一定等于 $b+c$，所以 $*$ 对 $\circ$ 是不可分配的。

【例 5.3】　设 $G=\{2^m 3^n\,|\,m,n\in\mathbf{Z}\}$，· 是普通乘法，并设 $f:2^m 3^n\to 2^m$，证明 f 是 G 上的自同态，找出 f 的同态像 $f(G)$ 和同态核 $K(f)$。

证明　对任意 $x,y\in G$，则存在 $m_1,n_1\in\mathbf{Z}$，$m_2,n_2\in\mathbf{Z}$，使

$$x=2^{m_1}3^{n_1},\quad y=2^{m_2}3^{n_2}$$
$$f(x\cdot y)=f(2^{m_1}3^{n_1}\cdot 2^{m_2}3^{n_2})=f(2^{m_1+m_2}3^{n_1+n_2})$$
$$=2^{m_1+m_2}=2^{m_1}\cdot 2^{m_2}=f(2^{m_1}3^{n_1})\cdot f(2^{m_2}3^{n_2})=f(x)\cdot f(y)$$

所以 f 是 G 上的自同态。

$$f(G)=\{2^m\,|\,m\in\mathbf{Z}\}\quad(\text{因为 1 是}\langle G,\cdot\rangle\text{的幺元})$$
$$K(f)=\{2^m 3^n\,|\,2^m=1,m\in\mathbf{Z}\}$$
$$=\{3^n\,|\,n\in\mathbf{Z}\}$$

5.3　习　题　与　解　答

1. 设集合 $S=\{1,2,3,4,5,6,7,8,9,10\}$，问下面定义的二元运算 $*$ 关于集合 S

是否封闭？

(1) $x * y = x - y$

(2) $x * y = x + y - xy$

(3) $x * y = \dfrac{x+y}{2}$

(4) $x * y = 2^{xy}$

(5) $x * y = \min(x, y)$

(6) $x * y = \max(x, y)$

(7) $x * y = x$

(8) $x * y = GCD(x, y)$，$GCD(x, y)$ 是 x 与 y 的最大公约数

(9) $x * y = LCM(x, y)$，$LCM(x, y)$ 是 x 与 y 的最小公倍数

(10) $x * y = $ 质数 p 的个数，其中 $x \leqslant p \leqslant y$

解

(1) 不封闭，如 $9 * 10 = 9 - 10 = -1 \notin S$。

(2) 不封闭，如 $9 * 10 = 9 + 10 - 90 = -71 \notin S$。

(3) 不封闭，如 $9 * 10 = (9+10)/2 = 9.5 \notin S$。

(4) 不封闭，如 $9 * 10 = 2^{90} \notin S$。

(5) 封闭。

(6) 封闭。

(7) 封闭。

(8) 封闭。

(9) 不封闭，如 $LCM(9, 10) = 90 \notin S$。

(10) 不封闭，如 $9 \leqslant p \leqslant 10$，$9 * 10 = 0 \notin S$。

2. 已知 S 上运算 $*$ 满足结合律与交换律，证明：对 S 中任意元素 a, b, c, d 有

$$(a * b) * (c * d) = ((d * c) * a) * b$$

证明 　$(a * b) * (c * d) = (c * d) * (a * b)$ 　　　　　　　　　　　（交换律）

$$= (d * c) * (a * b)$$ 　　　　　　　　　　　（交换律）

$$= ((d * c) * a) * b$$ 　　　　　　　　　　　（结合律）

因此

$$(a * b) * (c * d) = ((d * c) * a) * b$$

3. 设 $*$ 是集合 S 上的可结合的二元运算。$\forall x, y \in S$，若 $x * y = y * x$，则 $x = y$。证明：$*$ 满足幂等律（对一切 $x \in S$ 有 $x * x = x$）。

证明 　$\forall x, y \in S$，因为 $*$ 可结合，所以

$$(x * x) * x = x * (x * x)$$

因此

$$x * x = x$$

故 $*$ 满足幂等律。

4. S 及其 S 上的运算 $*$ 如下定义，问各种定义下 $*$ 运算是否满足结合律、交换律，$\langle S, * \rangle$ 中是否有幺元、零元，S 中哪些元素有逆元，哪些元素没有逆元？

(1) S 为 $\mathbf{Z}$（整数集），$x * y = x - y$

(2) S 为 $\mathbf{Z}$（整数集），$x * y = x + y - xy$

(3) S 为 $\mathbf{Q}$（有理数集），$x * y = \dfrac{x + y}{2}$

(4) S 为 $\mathbf{N}$（自然数集），$x * y = 2^{xy}$

(5) S 为 $\mathbf{N}$（自然数集），$x * y = \max(x, y)(\min(x, y))$

(6) S 为 $\mathbf{N}$（自然数集），$x * y = x$

解

(1) $*$ 运算不满足结合律、交换律。$\langle S, * \rangle$ 中无幺元、零元，S 中所有元素没有逆元。

(2) 因为

$$(x * y) * z = (x + y - xy) * z = x + y - xy + z - (x + y - xy)z$$
$$= x + y + z - xy - xz - yz + xyz$$
$$x * (y * z) = x * (y + z - yz) = x + y + z - yz - x(y + z - yz)$$
$$= x + y + z - xy - xz - yz + xyz$$

所以

$$(x * y) * z = x * (y * z)$$

又

$$x * y = x + y - xy, \quad y * x = y + x - yx = x * y$$

所以 $*$ 运算满足结合律、交换律。

0 是幺元，1 是零元，0 的逆元是 0，2 的逆元是 2，其他元素没有逆元。

(3) 因为

$$(x * y) * z = \dfrac{x + y}{2} * z = \dfrac{\dfrac{x + y}{2} + z}{2} \neq \dfrac{x + \dfrac{(y + z)}{2}}{2} = x * (y * z)$$

所以 $*$ 运算不满足结合律。

因为

$$x * y = \dfrac{x + y}{2} = y * x$$

所以 $*$ 运算满足交换律。

无幺元，无零元，也没有逆元。

(4) 因为

$$(x * y) * z = 2^{xy} * z = 2^{2^{xy}z}$$
$$x * (y * z) = x * 2^{yz} = 2^{x2^{yz}} \neq (x * y) * z$$

所以 $*$ 运算不满足结合律。但显然满足交换律。

无幺元，无零元，也没有逆元。

(5) 因为

$$(x * y) * z = \max((x, y), z) = \max(x, (y, z)) = x * (y * z)$$
$$(x * y) * z = \min((x, y), z) = \min(x, (y, z)) = x * (y * z)$$

所以 $*$ 运算满足结合律。

因为

$$x * y = \max(x, y) = \max(y, x) = y * x$$

$$x * y = \min(x, y) = \min(y, x) = y * x$$

所以 $*$ 运算满足交换律。

$x * y = \max(x, y)$ 的幺元是 0，无零元，除 0 外无逆元。

$x * y = \min(x, y)$ 的零元是 0，无幺元，无逆元。

(6) 因为

$$(x * y) * z = x * z = x, \quad x * (y * z) = x * y = x$$

所以 $(x * y) * z = x * (y * z)$，$*$ 运算满足结合律。

因为

$$x * y = x \neq y = y * x$$

所以 $*$ 运算不满足交换律。

无幺元，无零元，也没有逆元。

5. 下列说法正确吗？为什么？

(1) 代数系统中的幺元与零元总不相等。

(2) 一代数系统中可能有三个右幺元，而只有一个左幺元。

(3) 代数系统中可能有一个元素，它既是左零元，又是右幺元。

(4) 幺元总有逆元。

解

(1) 不正确。如代数系统中只有一个元素，并且有零元和幺元，则它的幺元与零元相等。

(2) 正确。因为代数系统中若不满足结合律，则左、右幺元不相等，即可能有三个右幺元，而只有一个左幺元。

(3) 正确。代数系统中可能有一个元素，它既是左零元，又是右幺元。如在集合 A 上定义运算 $*$，其运算表如表 5.1 所示。其中 a 既是左零元，又是右幺元。

表 5.1　题 5(3) 的运算表

$*$	a	b	c
a	a	a	a
b	b	c	a
c	c	a	b

(4) 正确。因为对任意幺元 e，$e * e = e$，即幺元的逆元是它自己。

6. 设 $A = \{0, 1\}$，S 为 A^A，即 $S = \{f_1, f_2, f_3, f_4\}$，诸 f 由表 5.2 给出。

表 5.2　题 6 中的 f 值

x	$f_1(x)$	$f_2(x)$	$f_3(x)$	$f_4(x)$
0	0	0	1	1
1	0	1	0	1

(1) 给出 S 上函数复合运算 ∘ 的运算表。

(2) $\langle S, \circ \rangle$ 是否有幺元、零元？

(3) $\langle S, \circ \rangle$ 中哪些元素有逆元？逆元是什么？

解

(1) S 上函数复合运算 ∘ 的运算表如表 5.3 所示。

表 5.3 题 5(1) 的运算表

∘	f_1	f_2	f_3	f_4
f_1	f_1	f_1	f_4	f_4
f_2	f_1	f_2	f_3	f_4
f_3	f_1	f_3	f_2	f_4
f_4	f_1	f_4	f_1	f_4

(2) $\langle S, \circ \rangle$ 有幺元 f_2，右零元 f_1，f_4。

(3) $\langle S, \circ \rangle$ 中元素 f_2，f_3 有逆元，逆元分别是 f_2，f_3。

7. 下面各集合都是 $\mathbf{N}$ 的子集，它们能否构成代数系统 $\langle \mathbf{N}, + \rangle$ 的子代数？

(1) $\{x \mid x \in \mathbf{N} \wedge x$ 的某次幂可以被 16 整除$\}$

(2) $\{x \mid x \in \mathbf{N} \wedge x$ 与 5 互质$\}$

(3) $\{x \mid x \in \mathbf{N} \wedge x$ 是 30 的因子$\}$

(4) $\{x \mid x \in \mathbf{N} \wedge x$ 是 30 的倍数$\}$

解

(1) 构成子代数，因为对任意的 $x, y \in \{x \mid x \in \mathbf{N} \wedge x$ 的某次幂可以被 16 整除$\}$，$x+y$ 的某次幂可以被 16 整除，因而封闭。

(2) 不构成子代数，因为不封闭。如 $7, 8 \in \{x \mid x \in \mathbf{N} \wedge x$ 与 5 互质$\}$，$7+8=15$，但 15 不与 5 互质。

(3) 不构成子代数，因为不封闭。如 $5, 6 \in \{x \mid x \in \mathbf{N} \wedge x$ 是 30 的因子$\}$，但 11 不是 30 的因子。

(4) 构成子代数，因为对任意的 $x, y \in \{x \mid x \in \mathbf{N} \wedge x$ 是 30 的倍数$\}$，$x+y$ 必是 30 的倍数，因而封闭。

8. 证明：$f: \mathbf{R}_+ \to \mathbf{R}$，$f(x) = \mathrm{lb}\,x$ 为代数系统 $\langle \mathbf{R}_+, \cdot \rangle$ 到 $\langle \mathbf{R}, + \rangle$ 的同态（这里 $\mathbf{R}_+$ 为正实数集，$\mathbf{R}$ 为实数集，$\cdot$ 为数乘运算）。它是否为一同构映射？为什么？（$\mathrm{lb}\,x$ 表示以 2 为底的对数 $\log_2 x$）

解 对任意 $x, y \in \mathbf{R}_+$，有

$$f(x \cdot y) = \mathrm{lb}(x \cdot y) = \mathrm{lb}\,x + \mathrm{lb}\,y = f(x) + f(y)$$

所以 f 是 $\mathbf{R}_+$ 到 $\mathbf{R}$ 的同态映射，又因为 f 是 $\mathbf{R}_+$ 到 $\mathbf{R}$ 的双射函数，因此是同构映射。

9. 设 $f: \mathbf{N} \to \{0, 1\}$ 定义如下：

$$f(n) = \begin{cases} 1 & \text{当 } n = 2^k \ (k \text{ 是自然数}) \\ 0 & \text{否则} \end{cases}$$

证明：f 为代数系统 $\langle \mathbf{N}, \cdot \rangle$ 到 $\langle \{0, 1\}, \cdot \rangle$ 的同态。它是单一同态、满同态吗？

证明　对任意 n_1，$n_2 \in \mathbf{N}$，

$$f(n_1 \cdot n_2) = \begin{cases} 1 & n_1 = 2^k \text{ 且 } n_2 = 2^m \\ 0 & n_1 \neq 2^k \text{ 或 } n_2 \neq 2^m \end{cases}$$

$$f(n_1) \cdot f(n_2) = \begin{cases} 1 & n_1 = 2^k \text{ 且 } n_2 = 2^m \\ 0 & n_1 \neq 2^k \text{ 或 } n_2 \neq 2^m \end{cases}$$

所以 $f(n_1 \cdot n_2) = f(n_1) \cdot f(n_2)$，即 f 是代数系统 $\langle \mathbf{N}, \cdot \rangle$ 到 $\langle \{0,1\}, \cdot \rangle$ 的同态。

f 不是单一同态，因为 2，4 均对应 1。

f 是满同态。因为对 0，可找到像源 1，3，5 等，对 1 可找到像源 2，4 等。

10. 设 $A = \{a, b, c\}$。问代数系统 $\langle \{\varnothing, A\}, \bigcup, \bigcap \rangle$ 和 $\langle \{\{a, b\}, A\}, \bigcup, \bigcap \rangle$ 是否同构?

解　设 f：$\{\varnothing, A\} \rightarrow \{\{a, b\}, A\}$，

$$f(\varnothing) = \{a, b\}, \quad f(A) = A$$

显然 f 是双射。

$$f(\varnothing \bigcup A) = f(A) = A, \ f(\varnothing) \bigcup f(A) = \{a, b\} \bigcup A = A$$
$$f(\varnothing \bigcap A) = f(\varnothing) = \{a, b\}, \ f(\varnothing) \bigcap f(A) = \{a, b\} \bigcap A = \{a, b\}$$
$$f(\varnothing \bigcap \varnothing) = f(\varnothing) = \{a, b\}, \ f(\varnothing) \bigcap f(\varnothing) = \{a, b\} \bigcap \{a, b\} = \{a, b\}$$
$$f(A \bigcap A) = f(A) = A, \ f(A) \bigcap f(A) = A \bigcap A = A$$

因此代数系统 $\langle \{\varnothing, A\}, \bigcup, \bigcap \rangle$ 和 $\langle \{\{a, b\}, A\}, \bigcup, \bigcap \rangle$ 是同构的。

11. 假定 f 是 $\langle S, * \rangle$ 到 $\langle T, \circ \rangle$ 的同态，试举例说明：

(1) $\langle f(S), \circ \rangle$ 的幺元(零元)，可能不是 $\langle T, \circ \rangle$ 的幺元(零元)。

(2) $\langle f(S), \circ \rangle$ 的成员的逆元，可能不是它在 $\langle T, \circ \rangle$ 中的逆元。

解

(1) 设 $S = \{0, 1\}$，$T = \{1, 2, 3, 4\}$，$x * y = \min(x, y)$，$x \circ y = \min(x, y)$，并设 $f(x) = x + 2$，$f(S) = \{2, 3\}$，则 $\langle f(S), \circ \rangle$ 的幺元为 3，零元为 2。而 $\langle T, \circ \rangle$ 的幺元为 4，零元为 1。

(2) 取 $S = \{2^n | n \in \mathbf{I}_+\}$，$T = \{2^n | n \in \mathbf{N}\}$，定义 $x * y = \max(x, y)$，$x \circ y = \max(x, y)$，并设 $f(x) = x$，则 $\langle f(S), \circ \rangle$ 中 2 的逆元是 2(因为 $\langle f(S), \circ \rangle$ 中的幺元是 2)。而 $\langle T, \circ \rangle$ 中 2 没有逆元(因为 $\langle T, \circ \rangle$ 中的幺元是 1)。

12. 设 f，g 都是 $\langle S, * \rangle$ 到 $\langle T, \circ \rangle$ 的同态，并且 $*$ 与 $\circ$ 运算均满足交换律和结合律，证明：如下定义的函数 h：$S \rightarrow T$

$$h(x) = f(x) \circ g(x)$$

是 $\langle S, * \rangle$ 到 $\langle T, \circ \rangle$ 的同态。

证明　$\forall x, y \in S$，由题设知 $h(x * y) = f(x * y) \circ g(x * y)$，因为 f，g 都是 $\langle S, * \rangle$ 到 $\langle T, \circ \rangle$ 的同态，所以

$$f(x * y) = f(x) \circ f(y), \quad g(x * y) = g(x) \circ g(y)$$

利用 $\circ$ 运算满足交换律和结合律，故

$$h(x * y) = f(x * y) \circ g(x * y) = (f(x) \circ f(y)) \circ (g(x) \circ g(y))$$
$$= f(x) \circ g(x) \circ f(y) \circ g(y) = h(x) \circ h(y)$$

所以 h 是 $\langle S, * \rangle$ 到 $\langle T, \circ \rangle$ 的同态。

13. 设 f, g 分别是 $\langle S, * \rangle$ 到 $\langle T, \circ \rangle$ 的同态和 $\langle T, \circ \rangle$ 到 $\langle H, \oplus \rangle$ 的同态,证明:$f \circ g$ 是 $\langle S, * \rangle$ 到 $\langle H, \oplus \rangle$ 的同态。

证明 $\forall x, y \in S, f \circ g(x * y)$

$= g(f(x * y))$

$= g(f(x) \circ f(y))$ (因为 f 是 $\langle S, * \rangle$ 到 $\langle T, \circ \rangle$ 的同态)

$= g(f(x)) \oplus g(f(y))$ (因为 g 是 $\langle T, \circ \rangle$ 到 $\langle H, \oplus \rangle$ 的同态)

$= f \circ g(x) \oplus f \circ g(y)$

所以 $f \circ g$ 是 $\langle S, * \rangle$ 到 $\langle H, \oplus \rangle$ 的同态。

14. 设 f 是 $\langle \mathbf{R}, + \rangle$ 到 $\langle \mathbf{C}, \cdot \rangle$ 的映射(这里 $\mathbf{R}$ 为实数集,$\mathbf{C}$ 为复数集,$+$ 为普通加法运算,$\cdot$ 为数乘运算),且 $f: x \to e^{2\pi i x}$,$x \in \mathbf{R}$。问 f 是否同态?如果是,请写出同态像和同态核。

解 $\forall x, y \in R$,均有

$$f(x+y) = e^{2\pi i(x+y)} = e^{2\pi i x} \cdot e^{2\pi i y} = f(x) \cdot f(y)$$

所以 f 是 $\langle \mathbf{R}, + \rangle$ 到 $\langle \mathbf{C}, \cdot \rangle$ 的同态,同态像为 $\{e^{2\pi i x} \mid x \in \mathbf{R}\}$。

因为 $\langle \mathbf{C}, \cdot \rangle$ 的幺元是 1,而 $e^{2\pi i x} = \cos 2\pi x + i \sin 2\pi x$,令

$$1 = \cos 2\pi x + i \sin 2\pi x$$

即

$$\cos 2\pi x = 1, \ \sin 2\pi x = 0$$

有 $2\pi x = 2\pi k (k \in \mathbf{Z})$,得 x 是任意整数。

因此,同态核是整数集 $\mathbf{Z}$。

第六章　几个典型的代数系统

6.1　概　　述

【知识点】

- ■ 半群与群
- ■ 子群
- ■ 循环群和置换群
- ■ 陪集与拉格朗日定理
- ■ 正规子群、商群和同态基本定理
- ■ 环和域

【学习基本要求】

1. 理解半群、独异点、群、子群的概念，掌握其性质，掌握证明它们的方法。
2. 理解阿贝尔群、循环群的概念及性质，知道元素的阶。
3. 理解陪集的概念和 Lagrange 定理。
4. 理解正规子群、商群和同态基本定理。
5. 了解环与域的概念。

【内容提要】

1. 半群与群

半群(semigroups)　设 $\langle S, * \rangle$ 是代数系统，$*$ 是二元运算，如果 $*$ 运算满足结合律，则称它为半群。

交换半群(commutative semigroups)　如果半群 $\langle S, * \rangle$ 中二元运算 $*$ 是可交换的，则称 $\langle S, * \rangle$ 是可交换半群。

独异点(monoid)　含有关于 $*$ 运算的幺元的半群 $\langle S, * \rangle$ 称为独异点，或含幺半群，常记为 $\langle S, *, e \rangle$(e 是幺元)。

子半群　设 $\langle S, * \rangle$ 为一半群，若 $T \subseteq S$，$*$ 在 T 中封闭，则 $\langle T, * \rangle$ 称为子半群。

子独异点　设 $\langle S, * \rangle$ 为一独异点，若 $T \subseteq S$，$*$ 在 T 中封闭，且幺元 $e \in T$，则 $\langle T, *, e \rangle$ 称为子独异点。

群(groups)　如果代数系统 $\langle G, * \rangle$ 满足

(1) $\langle G, * \rangle$ 为一半群；

(2) $\langle G, * \rangle$ 中有幺元 e；

(3) $\langle G, * \rangle$ 中每一元素 $x \in G$ 都有逆元 x^{-1}，

则称代数系统 $\langle G, * \rangle$ 为群。或者说，群是每个元素都可逆的独异点。群的基集常用字母 G 表示，因而字母 G 也常用于表示群。

G 的阶数(order)　设 G 为有限集合时，称 G 为有限群(finite group)，此时 G 的元素个数也称 G 的阶数；否则，称 G 为无限群(infinite group)。

元素的阶(order)　设 $\langle G, * \rangle$ 为群，$a \in G$，满足等式 $a^n = e$ 的最小正整数 n 称为 a 的阶，记作 $|a| = n$。若不存在这样的正整数 n，称 a 是无限阶。

阿贝尔群(Abel group)　设 $\langle G, * \rangle$ 为一群，若 $*$ 运算满足交换律，则称 G 为交换群或阿贝尔群。阿贝尔群又称加群，常表示为 $\langle G, + \rangle$（这里的 $+$ 不是数加，而泛指可交换二元运算。$*$ 常被称为乘）。加群的幺元常用 0 来表示，常用 $-x$ 来表示 x 的逆元。

定理 6.1　若 $\langle S, * \rangle$ 是半群，S 是有限集合，则 S 中必含有幂等元。

定理 6.2　一个有限独异点，$\langle S, *, e \rangle$ 的运算表中，不会有任何两行或两列元素相同。

定理 6.3　设 $\langle S, * \rangle$，$\langle T, \circ \rangle$ 是半群，f 为 S 到 T 的同态，这时称 f 为半群同态。对半群同态，有

(1) 同态像 $\langle f(S), \circ \rangle$ 为一半群。

(2) 当 $\langle S, * \rangle$ 为独异点时，则 $\langle f(S), \circ \rangle$ 为一独异点。

定理 6.4　对群 $\langle G, * \rangle$ 的任意元素 a, b，有

(1) $(a^{-1})^{-1} = a$

(2) $(a * b)^{-1} = b^{-1} * a^{-1}$

(3) $(a^n)^{-1} = (a^{-1})^n$（记为 a^{-n}）(n 为整数)

定理 6.5　对群 $\langle G, * \rangle$ 的任意元素 a, b 及任何整数 m, n，有

(1) $a^m * a^n = a^{m+n}$

(2) $(a^m)^n = a^{mn}$

定理 6.6　设 $\langle G, * \rangle$ 为群，则

(1) G 有唯一的幺元，G 的每个元素恰有一个逆元。

(2) 方程 $a * x = b$，$y * a = b$ 都有解且有唯一解。

(3) 当 $G \neq \{e\}$ 时，G 无零元。

定理 6.7　设 $\langle G, * \rangle$ 为群，则 G 的所有元素都是可约的。因此，群中适合消去律，即对任意 $a, x, y \in S$，有

$$a * x = a * y \text{ 蕴含 } x = y$$
$$x * a = y * a \text{ 蕴含 } x = y$$

定理 6.8　设 $\langle G, * \rangle$ 为群，则幺元是 G 的唯一的幂等元。

定理 6.9　设 $\langle G, * \rangle$ 为群，a 为 G 中任意元素，那么 $aG = G = Ga$。

特别地，当 G 为有限群时，$*$ 运算的运算表的每一行(列)都是 G 中元素的一个全排列。

定理 6.10　有限群 G 的每个元素都有有限阶，且其阶数不超过群 G 的阶数 $|G|$。

定理 6.11　设 $\langle G, * \rangle$ 为群，G 中元素 a 的阶为 r，那么，$a^n = e$ 当且仅当 r 整除 n。

定理 6.12　设 $\langle G, * \rangle$ 为群，a 为 G 中任一元素，那么 $|a| = |a^{-1}|$。

定理 6.13　设 $\langle G, * \rangle$ 为一个群，$\langle G, * \rangle$ 为阿贝尔群的充分必要条件是对任意 $x, y \in G$，有 $(x * y) * (x * y) = (x * x) * (y * y)$。

2. 子群

子群（subgroups）　设 $\langle G, * \rangle$ 为群，$H \neq \varnothing$，如果 $\langle H, * \rangle$ 为 G 的子代数，且 $\langle H, * \rangle$ 为一群，称 $\langle H, * \rangle$ 为 G 的子群，记作 $H \leqslant G$。

定理 6.14　设 $\langle G, * \rangle$ 为群，那么 $\langle H, * \rangle$ 为 $\langle G, * \rangle$ 的子群的充分必要条件是

（1）G 的幺元 $e \in H$。

（2）若 $a, b \in H$，则 $a * b \in H$。

（3）若 $a \in H$，则 $a^{-1} \in H$。

定理 6.15　设 $\langle G, * \rangle$ 为群，H 为 G 的非空有限子集，且 H 对 $*$ 运算封闭，那么 $\langle H, * \rangle$ 为 $\langle G, * \rangle$ 的子群。

定理 6.16　设 $\langle G, * \rangle$ 为群，H 是 G 的非空子集，那么 $\langle H, * \rangle$ 为 $\langle G, * \rangle$ 的子群的充分必要条件是 $\forall a, b \in H$，有 $a * b^{-1} \in H$。

3. 循环群和置换群

循环群（cyclic group）　如果 G 为群，且 G 中存在元素 a，使 G 以 a 为生成元，称 $\langle G, * \rangle$ 为循环群，即 G 的任何元素都可表示为 a 的幂（约定 $e = a^0$）。

变换群　任意集合 A 上的双射函数称为变换。对任意集合 A 定义集合 G，即 $A \neq \varnothing$，$G = \{f \mid f$ 是 A 上的变换$\}$，。为函数的复合运算，$\langle G, \circ \rangle$ 是群，称为 A 的全变换群，记作 S_A，S_A 的子群称为 A 的变换群。

置换　有限集上的双射函数称为置换。

对称群（symmetric group）　将 n 个元素的集合 A 上的置换全体记为 S_n，那么称群 $\langle S_n, \circ \rangle$ 为 n 次对称群，它的子群又称为 n 次置换群（permutation group）。

轮换　设 σ 是 $S = \{1, 2, \cdots, n\}$ 上的 n 元置换。若 $\sigma(i_1) = i_2$，$\sigma(i_2) = i_3$，$\cdots$，$\sigma(i_{k-1}) = i_k$，$\sigma(i_k) = i_1$ 且保持 S 中的其它元素不变，则称 σ 为 S 上的 k 阶轮换，记作 $(i_1, i_2, \cdots, i_k)$。若 $k = 2$，这时也称 σ 为 S 上的对换。

定理 6.17　设 $\langle G, * \rangle$ 为循环群，a 为生成元，则 G 为阿贝尔群。

定理 6.18　G 为由 a 生成的有限循环群，则有

$$G = \{e, a, a^2, \cdots, a^{n-1}\}$$

其中 $n = |G|$，也是 a 的阶。从而 n 阶循环群必同构于 $\langle \mathbf{Z}, + \rangle$。

定理 6.19　设 $\langle G, * \rangle$ 为无限循环群且 $G = \langle a \rangle$，则 G 只有两个生成元 a 和 a^{-1}，且 $\langle G, * \rangle$ 同构于 $\langle \mathbf{Z}, + \rangle$。

定理 6.20　循环群的子群都是循环群。

定理 6.21　设 $\langle G, * \rangle$ 为 a 生成的循环群。

（1）若 G 为无限群，则 G 有无限多个子群，它们分别由 $a^0, a^1, a^2, a^3, \cdots$ 生成。

（2）若 G 为有限群，$|G| = n$，且 n 有因子 $k_1, k_2, k_3, \cdots, k_r$，那么 G 有 r 个循环子群，它们分别由 $a^{k_1}, a^{k_2}, a^{k_3}, \cdots$ 生成。（注意，这 r 个子群中可能有相同者。）

定理 6.22 每个群均同构于一个变换群。

4. 陪集与拉格朗日定理

集合乘积 设 $\langle G, * \rangle$ 为群，$A, B \subseteq G$，且 A, B 非空，则 $AB = \{a * b | a \in A, b \in B\}$ 称为 A, B 的乘积。

陪集(coset) 设 $\langle H, * \rangle$ 为 $\langle G, * \rangle$ 的子群，那么对任一 $g \in G$，称 gH 为 H 的左陪集(left coset)，称 Hg 为 H 的右陪集(right coset)。这里

$$gH = \{g * h | h \in H\}, \quad Hg = \{h * g | h \in H\}$$

定理 6.23 设 $\langle H, * \rangle$ 为 $\langle G, * \rangle$ 的子群，那么

(1) 对任意 $g \in G$，$|gH| = |H|(|Hg| = |H|)$。

(2) 当 $g \in H$ 时，$gH = H(Hg = H)$。

定理 6.24 设 $\langle H, * \rangle$ 为 $\langle G, * \rangle$ 的子群，有

(1) $a \in aH$。

(2) 若 $b \in aH$，则 $bH = aH$。

定理 6.25 任意两陪集或相同或不相交，即设 $\langle H, * \rangle$ 为 $\langle G, * \rangle$ 的子群，$\forall a, b \in G$，则或者 $aH = bH(Ha = Hb)$，或者 $aH \bigcap bH = \varnothing (Ha \bigcap Hb = \varnothing)$。

定理 6.26 设 $\langle H, * \rangle$ 为 $\langle G, * \rangle$ 的子群，$\forall a, b \in G$ 有 a, b 属于 H 的同一左陪集 $\Leftrightarrow a^{-1} * b \in H$。

定理 6.27 设 $\langle H, * \rangle$ 为群 $\langle G, * \rangle$ 的子群，则 $R = \{\langle a, b \rangle | a, b \in G, a^{-1} * b \in H\}$ 是 G 上的一个等价关系，且 $[a]_R = aH$，称 R 为群 G 上 H 的左陪集等价关系。

定理 6.28 设 $\langle G, * \rangle$ 为有限群，H 是 G 的子群，那么 $|H| | |G|$（H 的阶整除 G 的阶）。

推论 1 有限群 $\langle G, * \rangle$ 中任何元素的阶均为 G 的阶的因子。

推论 2 质数阶的群没有非平凡子群。

推论 3 设 $\langle G, * \rangle$ 是群且 $|G| = 4$，则 G 同构于 4 阶循环群 C_4 或 Klein 四元群 D_2。

5. 正规子群、商群和同态基本定理

正规子群(normal subgroup) 设 $\langle H, * \rangle$ 为群 $\langle G, * \rangle$ 的子群，如果对任一 $g \in G$，有

$$gH = Hg$$

则称 H 为正规子群。

商群 群 G 的正规子群 H 的所有陪集在运算 $g_1 H \odot g_2 H = (g_1 * g_2)H$ 下形成的群 G/H 称为 G 关于 H 的商群。

显然，当 G 为有限群时，有如下关系：

$$\frac{G \text{ 的阶}}{H \text{ 的阶}} = G/H \text{ 的阶}$$

定理 6.29 设 $\langle H, * \rangle$ 是群 $\langle G, * \rangle$ 的子群，$\langle H, * \rangle$ 是群 $\langle G, * \rangle$ 的正规子群当且仅当 $\forall g \in G$，$\forall h \in H$ 有 $g * h * g^{-1} \in H$。

定理 6.30 设 $\langle H, * \rangle$ 是群 $\langle G, * \rangle$ 的正规子群，群 G 的商代数系统 $\langle G/H, \odot \rangle$ 构成群。

定理 6.31 群 $\langle G, * \rangle$ 与它的每个商群 $\langle G/H, \odot \rangle$ 同态。

定理 6.32 设 φ 为群 $\langle G_1, *_1 \rangle$ 到群 $\langle G_2, *_2 \rangle$ 的同态映射，那么 φ 的核 $K(\varphi)$ 构成

$\langle G_1,*_1 \rangle$ 的正规子群。（为简明计，以下用 K 表示 $K(\varphi)$。）

定理 6.33　设 φ 为群 $\langle G_1,*_1 \rangle$ 到群 $\langle G_2,*_2 \rangle$ 的同态映射，$K = K(\varphi)$，那么商群 $\langle G/K,\odot \rangle$ 与同态像 $\langle \varphi(G_1),*_2 \rangle$ 同构。

6. 环和域

环(ring)　$\langle R,+,\cdot \rangle$ 是代数系统，$+,\cdot$ 是二元运算，如果满足

(1) $\langle R,+ \rangle$ 是阿贝尔群（或加群）；

(2) $\langle R,\cdot \rangle$ 是半群；

(3) 乘运算对加运算可分配，即对任意元素 $a,b,c \in R$，有

$$a \cdot (b+c) = a \cdot b + a \cdot c, \quad (b+c) \cdot a = b \cdot a + c \cdot a$$

则称 $\langle R,+,\cdot \rangle$ 为环。

设 $\langle R,+,\cdot \rangle$ 是环，若 $\cdot$ 运算可交换，称 R 为交换环(commutative rings)。当 $\cdot$ 运算有幺元时，称 R 为含幺环(ring with unity)。

无零因子环　设 $\langle R,+,\cdot \rangle$ 为环，若有非零元素 a,b 满足 $a \cdot b = 0$，则称 a,b 为 R 的零因子(divisor of 0)，并称 R 为含零因子环，否则称 R 为无零因子环。

整环(Integral domain)　设 $\langle R,+,\cdot \rangle$ 不是零环，如果 $\langle R,+,\cdot \rangle$ 满足含幺、交换、无零因子环，则称 R 为整环。

子环(subring)　设 $\langle R,+,\cdot \rangle$ 为环，如果有集合 S 满足

(1) $\langle S,+ \rangle$ 为 $\langle R,+ \rangle$ 的子群（正规子群）；

(2) $\langle S,\cdot \rangle$ 为 $\langle R,\cdot \rangle$ 的子半群，

称代数系统 $\langle S,+,\cdot \rangle$ 为 R 的子环。

域(fields)　如果 $\langle F,+,\cdot \rangle$ 是环，且令 $F^* = F - \{0\}$，$\langle F^*,\cdot \rangle$ 为阿贝尔群，则称 $\langle F,+,\cdot \rangle$ 为域。

子域(subfields)　设 $\langle F,+,\cdot \rangle$ 为域。$\langle S,+,\cdot \rangle$ 为 F 的子环，且 $\langle S,+,\cdot \rangle$ 为一域，那么称 S 为 F 的子域。

定理 6.34　设 $\langle R,+,\cdot \rangle$ 为环，0 为加法幺元，那么对任意 $a,b,c \in R$，有

(1) $0 \cdot a = a \cdot 0 = 0$　（加法幺元必为乘法零元）。

(2) $(-a) \cdot b = a \cdot (-b) = -(a \cdot b)$　（$-a$ 表示 a 的加法逆元，下同）。

(3) $(-a) \cdot (-b) = a \cdot b$。

(4) $(a-b) \cdot c = a \cdot c - b \cdot c, c \cdot (a-b) = c \cdot a - c \cdot b$。

定理 6.35　设 $\langle R,+,\cdot \rangle$ 为环，那么 R 中无零因子当且仅当 R 中乘运算满足消去律（即 R 中所有非零元素均可约）。

定理 6.36　有限整环都是域。

定理 6.37　设 $\langle F,+,\cdot \rangle$ 为域，那么 F 中的非零元素在 $\langle F,+ \rangle$ 中有相同的阶。

定理 6.38　设 $\langle F,+,\cdot \rangle$ 为域，$F' \subseteq F$，且 F' 至少有两个元素，那么 $\langle F',+,\cdot \rangle$ 为 $\langle F,+,\cdot \rangle$ 的子域当且仅当 F' 满足下列条件：

(1) 对任意 $a,b \in F'$，$a \neq b$，有 $a-b \in F'$（从而 $\langle F',+ \rangle$ 为 $\langle F,+ \rangle$ 的子群）。

(2) 对任意 $a,b \in F'$，$a \neq b$，有 $ab^{-1} \in F'$（从而 $\langle F'-\{0\},\cdot \rangle$ 为 $\langle F-\{0\},\cdot \rangle$ 的子群）。

6.2　例　题　选　解

【例 6.1】　判断下列命题是否为真。

(1) 自然数集合 **N** 关于数的加法构成群。　　　　　　　　　　　　（　）

(2) 整数集合 **Z** 对于减法构成群。　　　　　　　　　　　　　　　（　）

(3) 设 $\langle A, * \rangle$ 是群，$B \subseteq A$，若 $*$ 在 B 中封闭，则 $\langle B, * \rangle$ 是 $\langle A, * \rangle$ 的子群。　（　）

(4) $A = \{x \mid x = a + b\sqrt{5}, a, b$ 均为有理数$\}$，$+$、$\cdot$ 为普通加法和乘法，$\langle A, +, \cdot \rangle$ 是域。　（　）

(5) $A = \left\{ x \mid x = \dfrac{a}{b}, a, b \in \mathbf{Z}_+ \text{且} a = k \cdot b, k \in \mathbf{Z} \right\}$，$+$、$\cdot$ 为普通加法和乘法，$\langle A, +, \cdot \rangle$ 是域。　（　）

解

(1) 分析：除幺元 0 之外，其他元素均无逆元。因此答案为（×）。

(2) 分析：无幺元。因此答案为（×）。

(3) 分析：若 B 为有限集正确（此为定理），B 为无限集合时不一定正确。例如 $\langle \mathbf{Z}, + \rangle$ 是群，$\mathbf{N} \subseteq \mathbf{Z}$，$+$ 在 **N** 中封闭，但 $\langle \mathbf{N}, + \rangle$ 不是群。因此答案为（×）。

(4) 分析：易证 $\langle A, +, \cdot \rangle$ 是环，且 $a + b\sqrt{5}$ 的逆元为 $\dfrac{a - b\sqrt{5}}{a^2 - 5b^2}$。因此答案为（√）。

(5) 分析：没有乘法幺元 1。因此答案为（×）。

【例 6.2】　在下述群中，求 H 的左陪集。

(1) G 为非零有理数乘法群 $\langle \mathbf{Q}^*, * \rangle$，$H = \{1, -1\}$。

(2) G 为有理数加法群 $\langle \mathbf{Q}, + \rangle$，$H$ 为整数加法群 $\langle \mathbf{Z}, + \rangle$。

(3) G 为三次对称群 S_3，$H = \{(1), (12)\}$。

(4) $G = \left\{ \begin{pmatrix} r & s \\ 0 & 1 \end{pmatrix} \,\middle|\, r, s \in \mathbf{Q}, r \neq 0 \right\}$，$\mathbf{G}$ 关于矩阵乘法构成一个群，$H = \left\{ \begin{pmatrix} 1 & t \\ 0 & 1 \end{pmatrix} \,\middle|\, t \in \mathbf{Q} \right\}$。

解

(1) $\forall a \in \mathbf{Q}*$，$aH = \{a, -a\}$。

(2) 对于 $[0, 1]$ 内的有理数 a，$a + H = \{a + n \mid n \in \mathbf{Z}\}$。

(3) $(1)H = H = \{(1), (12)\}$　　　　$(12)H = \{(1), (12)\}$

　　$(13)H = \{(13), (132)\}$　　　　$(123)H = \{(123), (23)\}$

　　$(23)H = \{(23), (123)\}$　　　　$(132)H = \{(132), (13)\}$

所以 H 的左陪集为 H，$\{(13), (132)\}$，$\{(23), (123)\}$。

(4) 因为 $\begin{pmatrix} r & s \\ 0 & 1 \end{pmatrix} \begin{pmatrix} 1 & t \\ 0 & 1 \end{pmatrix} = \begin{pmatrix} r & rt + s \\ 0 & 1 \end{pmatrix}$，所以

$$\begin{pmatrix} r & s \\ 0 & 1 \end{pmatrix} H = \left\{ \begin{pmatrix} r & rt + s \\ 0 & 1 \end{pmatrix} \,\middle|\, t \in \mathbf{Q} \right\}$$

注意 $r \neq 0$，易知 $\{rt + s \mid t \in \mathbf{Q}\} = \mathbf{Q}$。故有

$$\begin{pmatrix} r & s \\ 0 & 1 \end{pmatrix} H = \begin{bmatrix} r_1 & s_1 \\ 0 & 1 \end{bmatrix} H \Leftrightarrow r = r_1$$

所以 G 中 H 的所有左陪集为：$\forall r \in \mathbf{Q}$, $r \neq 0$,

$$\begin{pmatrix} r & 0 \\ 0 & 1 \end{pmatrix} H = \left\{ \begin{pmatrix} r & t \\ 0 & 1 \end{pmatrix} \middle| t \in \mathbf{Q} \right\}$$

【例 6.3】 设 $A = \langle a \rangle$, $B = \langle b \rangle$ 是两个循环群, 试证明 A 到 B 的任一同态映射 f 总可以表示成 $f(a^t) = b^{kt}$, $\forall t \in \mathbf{Z}$, 其中 k 是一个确定的整数。

证明 设 $f(a) = b^k$, k 是一个确定的整数。因为 f 是 A 到 B 的同态映射, 所以对任意的 $t \in \mathbf{Z}$, 有

$$f(a^t) = f(a)^t = (b^k)^t = b^{kt}$$

【例 6.4】 设 $G = \langle a \rangle$ 是 n 阶循环群, $G' = \langle b \rangle$ 是 m 阶循环群。

(1) 证明存在 G 到 G' 的同态映射 f 且满足 $f(a) = b^k$ 当且仅当 $m \mid nk$。

(2) 若 $k \neq 0$ 且 $nk = mp$, 证明上述 f 是单同态的充分必要条件是 $(n, p) = 1$。

证明

(1) 必要性。设 f 是 G 到 G' 的同态映射且 $f(a) = b^k$, 则 $e' = f(a^n) = b^{nk}$, 其中 e' 是 G' 的单位元。所以 $m \mid nk$。

充分性。设 $m \mid nk$, 令 $f(a^t) = b^{kt}$, $\forall t \in \mathbf{Z}$。因 $\forall t_1, t_2 \in \mathbf{Z}$,

$$a^{t_1} = a^{t_2} \Rightarrow n \mid t_1 - t_2 \Rightarrow m \mid (t_1 - t_2)k \Rightarrow b^{kt_1} = b^{kt_2}$$

所以 f 是 G 到 G' 的映射, 易证 f 是 G 到 G' 的同态映射, 并且 $f(a) = b^k$。

(2) 若 $k \neq 0$ 且 $nk = mp$。

必要性。若 f 是单同态, 设 $(n, p) = r > 1$, 则 $n = rn_1$, $p = rp_1$, $0 < n_1 < n$。由于 $nk = mp$, 于是, $n_1 k = mp_1 \Rightarrow b^{n_1 k} = b^{mp_1} = er \Rightarrow f(a^{n_1}) = e'$。因 f 是单同态, 所以 $a^{n_1} = e$, 这与 a 的阶是 n 矛盾, 因为 $0 < n_1 < n$, 因此 $(n, p) = 1$。

充分性。已知 $(n, p) = 1$, $f(a^t) = b^{kt} = e'$, 则 $m \mid kt \Rightarrow pm \mid pkt \Rightarrow nk \mid pkt \Rightarrow n \mid pt$。因为 n, p 互素, 必有 $n \mid t$, 从而 $a^t = e$, 有 f 是单射。

【例 6.5】 求下面所有的同态映射：

(1) n 阶循环群到 n 阶循环群。

(2) 6 阶循环群到 18 阶循环群。

(3) 18 阶循环群到 6 阶循环群。

解 n 阶循环群 $\langle a \rangle$ 到 m 阶循环群 $\langle b \rangle$ 的同态映射可表示成 $f(a^t) = b^{kt}$, 其中 $k \in \mathbf{Z}$ 且 $m \mid nk$, 将这个同态映射记为 f_k, 显然有 $f_k = f_1 \Leftrightarrow m \mid (k-1)$, 因此, $\langle a \rangle$ 到 $\langle b \rangle$ 的全部同态映射为：$\{f_k \mid 0 \leqslant k \leqslant m-1$ 且 $m \mid nk\}$。因此可有下面的结果。

(1) n 阶循环群到 n 阶循环群的全部同态映射为：f_k, $k = 0, 1, \cdots, n-1$。

(2) 6 阶循环群到 18 阶循环群的全部同态映射为：f_{3k}, $k = 0, 1, 2, 3, 4, 5$。

(3) 18 阶循环群到 6 阶循环群的全部同态映射为：f_k, $k = 0, 1, 2, 3, 4, 5$。

6.3 习题与解答

1. 证明：含幺半群 $\langle S, * \rangle$ 的可逆元素集合 $\mathrm{inv}(S)$ 构成一子半群, 即 $\langle \mathrm{inv}(S), * \rangle$ 为半群 $\langle S, * \rangle$ 的子半群。

证明 设 e 是 $\langle S, * \rangle$ 中的幺元, 因 $e^{-1} = e$, 所以 $e \in \mathrm{inv}(S)$ 且 $\forall a \in \mathrm{inv}(S)$, 必有

$a \in S$，故
$$a * e = e * a = a \in \mathrm{inv}(S)$$
即 $\mathrm{inv}(S)$ 中有幺元 e。

$\forall a \in \mathrm{inv}(S)$，因 a 有逆元 a^{-1}，而 a 与 a^{-1} 互逆，所以 $a^{-1} \in \mathrm{inv}(S)$。

$\forall a, b \in \mathrm{inv}(S)$，因 $(a * b) * b^{-1} * a^{-1} = a * b * b^{-1} * a^{-1} = e$，所以 $a * b$ 有逆元 $b^{-1} * a^{-1}$，$a * b \in \mathrm{inv}(S)$。

故 $\langle \mathrm{inv}(S), * \rangle$ 为半群 $\langle S, * \rangle$ 的子半群。

2. 设 $\langle S, * \rangle$ 为一半群，$z \in S$ 为左（右）零元。证明：对任一 $x \in S$，$x * z(z * x)$ 亦为左（右）零元。

证明　因为 $z \in S$ 为左（右）零元，对任意的 $y \in S$，都有 $z * y = z(y * z = z)$，所以对任一 $x \in S$，因为 $\langle S, * \rangle$ 为一半群，$*$ 满足结合律，所以
$$(x * z) * y = x * (z * y) = x * z \quad (y * (z * x) = (y * z) * x = z * x)$$
故对任一 $x \in S$，$x * z(z * x)$ 亦为左（右）零元。

3. 设 $\langle S, * \rangle$ 为一半群，a, b, c 为 S 中给定元素。证明：若 a, b, c 满足
$$a * c = c * a, \quad b * c = c * b$$
那么，$(a * b) * c = c * (a * b)$。

证明
$$
\begin{aligned}
(a * b) * c &= a * (b * c) && \text{（半群满足结合律）}\\
&= a * (c * b) && \text{（已知 } b * c = c * b\text{）}\\
&= (a * c) * b && \text{（半群满足结合律）}\\
&= (c * a) * b && \text{（已知 } a * c = c * a\text{）}\\
&= c * (a * b) && \text{（半群满足结合律）}
\end{aligned}
$$
所以 $(a * b) * c = c * (a * b)$。

4. 设 $\langle \{a, b\}, * \rangle$ 为一半群，且 $a * a = b$。证明：

(1) $a * b = b * a$

(2) $b * b = b$

证明

(1)
$$
\begin{aligned}
a * b &= a * (a * a) && \text{（题设条件 } a * a = b\text{）}\\
&= (a * a) * a && \text{（半群满足结合律）}\\
&= b * a && \text{（题设条件 } a * a = b\text{）}
\end{aligned}
$$

(2) 采用反证法，设 $b * b = a$，不妨设 $a * b = a(a * b = b$ 同理可证$)$，则 $(a * a) * b = a$，$a * (a * b) = a * a = b$，不满足结合律，与半群矛盾。

5. 代数系统 $\langle \{a, b, c, d\}, * \rangle$ 中运算 $*$ 如表 6.1 规定。

表 6.1　题 5 的运算表

$*$	a	b	c	d
a	a	b	c	d
b	b	c	d	a
c	c	d	a	b
d	d	a	b	c

(1) 已知 $*$ 运算满足结合律，证明 $\langle \{a, b, c, d\}, * \rangle$ 为一独异点。

（2）把$\{a,b,c,d\}$中各元素写成生成元的幂。

解

（1）由运算表 6.1 可知，a 是幺元，又因为

$$b^2=c,\ b^3=b^2*b=c*b=d,\ b^4=b^3*b=d*b=a$$

故 b 为其生成元。由已知 $*$ 运算满足结合律，因此$\langle\{a,b,c,d\},*\rangle$为一独异点。

（2） $$c=b^2,\ a=c^2=b^4,\ d=b^{-1}=b^{-1}*b^4=b^3$$

6. 设$\langle S,*\rangle$为一半群，且对任意 $x,y\in S$，若 $x\neq y$，则 $x*y\neq y*x$。

（1）求证 S 中所有元素均为等幂元（a 称为等幂元，如果 $a*a=a$）。

（2）对任意元素 $x,y\in S$，有

$$x*y*x=x,\qquad y*x*y=y$$

证明

（1）对任意 $x,y\in S$，若 $x\neq y$，则 $x*y\neq y*x$ $\Leftrightarrow$ 若 $x*y=y*x$，则 $x=y$。

$\forall x,y\in S$，因为 $*$ 可结合，所以

$$(x*x)*x=x*(x*x)$$

故

$$x*x=x$$

故 $*$ 满足幂等律。

（2）对任意元素 $x,y\in S$，因为 $*$ 可结合，所以

$$(x*y*x)*x=(x*y)*(x*x)=x*y*x$$
$$x*(x*y*x)=(x*x)*(y*x)=x*y*x$$

故

$$(x*y*x)*x=x*(x*y*x)$$
$$x*y*x=x$$
$$(y*x*y)*y=(y*x)*(y*y)=y*x*y$$
$$y*(y*x*y)=(y*y)*(x*y)=y*x*y$$

故

$$(y*x*y)*y=y*(y*x*y)$$
$$y*x*y=y$$

7. 设$\mathbf{Z}_n=\{0,1,2,\cdots,n-1\}$，证明$\langle\mathbf{Z}_n,\oplus\rangle$为群，并称其为模 n 整数群。其中对任意 $a,b\in\mathbf{Z}_n$，有

$$a\oplus b=\begin{cases}a+b & a+b<n\\ a+b-n & a+b\geqslant n\end{cases}$$

证明

（1）由题设显然运算$\oplus$可封闭。

（2）对任意 $a,b,c\in\mathbf{Z}_n$，

$$(a\oplus b)\oplus c=\begin{cases}(a+b)\oplus c & a+b<n\\ (a+b-n)\oplus c & a+b\geqslant n\end{cases}$$
$$=\begin{cases}a+b+c & a+b+c<n\\ a+b+c-n & n\leqslant a+b+c<2n\\ a+b+c-2n & a+b+c\geqslant 2n\end{cases}$$

$$a\oplus(b\oplus c)=\begin{cases}a\oplus(b+c) & b+c<n\\ a\oplus(b+c-n) & b+c\geqslant n\end{cases}$$

$$=\begin{cases}a+b+c & a+b+c<n\\ a+b+c-n & n\leqslant a+b+c<2n\\ a+b+c-2n & a+b+c\geqslant 2n\end{cases}$$

故 $\oplus$ 满足结合律。

（3）对任意 $a\in \mathbf{Z}_n$，$a\oplus 0=0\oplus a=a$，故 0 是运算 $\oplus$ 的幺元。

（4）对任意 $a\in \mathbf{Z}_n$，则 $0\leqslant a<n$，若 $a=0$，则 a 的逆元是 a，否则 $n-a+a=a+n-a=0$，故 $n-a$ 是 a 的逆元。

综上可知 $\langle \mathbf{Z}_n,\oplus\rangle$ 为群。

8. 设 $\langle G,*\rangle$ 为群。若在 G 上定义运算 $\circ$，使得对任何元素 $x,y\in G$，$x\circ y=y*x$。证明 $\langle G,\circ\rangle$ 也是群。

证明　对任何元素 $x,y\in G$，$x\circ y=y*x$。因为 $\langle G,*\rangle$ 为群，所以 $y*x\in G$，故 $x\circ y\in G$，所以 $\circ$ 封闭。

$$(x\circ y)\circ z=z*(x\circ y)=z*(y*x)=(z*y)*x=x\circ(z*y)=x\circ(y\circ z)$$

所以 $\circ$ 满足结合律。

因为 $\langle G,*\rangle$ 为群，故设其幺元为 e，

$$x\circ e=e*x=x, \qquad e\circ x=x*e=x$$

故 $\circ$ 有幺元 e。

对任意元素 x，因为 $\langle G,*\rangle$ 为群，所以 x 有逆元 x^{-1}。

$$x\circ x^{-1}=x^{-1}*x=e, \qquad x^{-1}\circ x=x*x^{-1}=e$$

故 x^{-1} 是 x 关于 $\circ$ 运算的逆元。

所以 $\langle G,\circ\rangle$ 是群。

9. 设 $\langle S,*\rangle$ 是有限交换独异点，且 $*$ 满足消去律，即对任意 $a,b,c\in S$，$a*b=a*c$ 蕴含 $b=c$。证明 $\langle S,*\rangle$ 为一阿贝尔群。

证明　只需证任意元素 a 都可逆。

考虑因为 $\langle S,*\rangle$ 是交换独异点。$\forall a\in S$，有 $a^2,a^3,\cdots\in S$。因为 S 是有限集合，所以必定存在 $j>i$，使得 $a^i=a^j$。令 $p=j-i$，便有 $e*a^i=a^j=a^p*a^i$，因为 $*$ 满足消去律，所以 $e=a^p$。

当 $p=1$ 时，$a=e$，而 e 是可逆的。

当 $p>1$ 时，$a\circ a^{p-1}=a^{p-1}\circ a=e$。从而，$a$ 也是可逆的，其逆元为 a^{p-1}。

总之，a 是可逆的。因而 $\langle S,*\rangle$ 为一阿贝尔群。

10. 设 $\langle G,*\rangle$ 为一群，e 为幺元。证明：

(1) 若对任意 $x\in G$，有 $x^2=e$，则 G 为阿贝尔群。

(2) 若对任意 $x,y\in G$，有 $(x*y)^2=x^2*y^2$，则 G 为阿贝尔群。

证明

(1) 对任意 $a,b\in G$，有

$$a^2=b^2=e,(a*b)*(a*b)=(a*b)^2$$

所以

$$(a * a) * (b * b) = a^2 * b^2 = (a * b) * (a * b)$$

因为 $\langle G, * \rangle$ 为一群，故满足消去律 $a * b = b * a$。

因此 G 为阿贝尔群。

（2）若对任意 $x, y \in G$，有

$$(x * y)^2 = x^2 * y^2$$

$$(x * y)^2 = (x * y) * (x * y) = x * (y * x) * y$$

$$x^2 * y^2 = x * (x * y) * y$$

故　　　　　　　　$x * (y * x) * y = x * (x * y) * y$

利用群满足消去律有

$$x * y = y * x$$

因此 G 为阿贝尔群。

11. 设 $\langle G, * \rangle$ 为一群，$a, b \in G$ 且 $a * b = b * a$，如果 $|a| = n$，$|b| = m$，且 n 与 m 互质，证明：$|a * b| = mn$。

证明　设 $|a * b| = t$，又因为 $a * b = b * a$，故有

$$(a * b)^{mn} = a^{mn} * b^{mn} = e$$

由定理 6.1.11 必有 $t | mn$。

另一方面，因为 $|a * b| = t$，则有 $(a * b)^t = e$，则

$$e = (a * b)^{tm} = a^{tm} b^{tm} = a^{tm} \quad (因为 |b| = m) \Rightarrow n | tm$$

但 n 与 m 互质，所以 $n | t$。

同理可证 $m | t$。因为 n 与 m 互质，所以 $mn | t$。

$|a * b| = mn$ 得证。

12. 设 p 为素数。求证：在阿贝尔群中，若 a, b 的阶都是 p 的方幂，那么 $a * b$ 的阶也必是 p 的方幂。

证明　设 $|a * b| = n$，因为若 a, b 的阶都是 p 的方幂，不妨设 $|a| = p^{n_1}$，$|b| = p^{n_2}$，$n_1, n_2 \in \mathbf{Z}_+$，则有

$$a^{p^{n_1}} = e, \quad b^{p^{n_2}} = e$$

又因为阿贝尔群中运算 $*$ 可交换，即有 $a * b = b * a$，故有

$$(a * b)^{p^{n_1 + n_2}} = (a^{p^{n_1}})^{p^{n_2}} * (b^{p^{n_2}})^{p^{n_1}} = e^{p^{n_2}} * e^{p^{n_1}} = e$$

由定理 6.1.11 必有 $n | p^{n_1 + n_2}$，但 p 是质数。此时，$n = p^m$，故 $a * b$ 的阶是 p 的方幂。

13. 设 $\langle G, * \rangle$ 为群，定义集合 $S = \{x \mid x \in G \wedge \forall y (y \in G \to x * y = y * x)\}$。证明 $\langle S, * \rangle$ 为 $\langle G, * \rangle$ 的子群。

证明　$\forall a \in G$，由 $x * a = a * x$ 可得 $x = a * x * a^{-1}$，因此 $\forall x, y \in S$，$\forall a \in G$，因为

$$x * y^{-1} = (a * x * a^{-1}) * (a * y^{-1} * a^{-1}) = a * x * y^{-1} * a^{-1}$$

所以 $x * y^{-1} \in S$，故 $\langle S, * \rangle$ 是 G 的子群。

14. 设 $\langle H, * \rangle$ 是群 $\langle G, * \rangle$ 的子群，$\langle K, * \rangle$ 为 $\langle H, * \rangle$ 的子群，求证：

(1) $\langle K, * \rangle$ 为 $\langle G, * \rangle$ 的子群。

(2) $KH = HK = H$（这里 $KH = \{k * h \mid k \in K \wedge h \in H\}$）。

证明

(1) 对任意的 $x, y \in K$，因为 $\langle K, * \rangle$ 为 $\langle H, * \rangle$ 的子群，所以 $xy^{-1} \in K$，$K \subseteq H$，又因为 $\langle H, * \rangle$ 是群 $\langle G, * \rangle$ 的子群，所以 $H \subseteq G$，故 $K \subseteq G$，因此 $\langle K, * \rangle$ 为 $\langle G, * \rangle$ 的子群。

(2) ① 先证 KH 是 H 的子群。

$\forall k_1 * h_1, k_2 * h_2 \in KH$，有

$$(k_1 * h_1) * (k_2 * h_2)^{-1} = (k_1 * h_1) * (h_2^{-1} * k_2^{-1})$$
$$= k_1 * (h_1 * h_2^{-1}) * k_2^{-1}$$
$$= (k_1 * h_3) * k_2^{-1} \qquad (h_3 = h_1 * h_2^{-1} \in H)$$

由于 $\langle K, * \rangle$ 为 $\langle H, * \rangle$ 的子群，所以必有 $k_2^{-1} \in H$，$h_4 \in H$，使得 $h_3 * k_2^{-1} = h_4$。继续上面等式的变换：

$$= k_1 * (h_3 * k_2^{-1})$$
$$= k_1 * h_4 \in KH \qquad (h_4 = h_3 * k_2^{-1} \in H)$$

因此，KH 是 H 的子群。

② 任取 $h * k \in HK$，则 $(h * k)^{-1} = k^{-1} * h^{-1} \in KH$。因为 KH 是群，所以，KH 上的元素 $(k^{-1} * h^{-1})$ 的逆 $(k^{-1} * h^{-1})^{-1} \in KH$，而 $(k^{-1} * h^{-1})^{-1} = h * k \in HK$。证得 $HK \subseteq KH$。

③ 任取 $k * h \in KH$，因为 KH 是群，所以 $(k * h)^{-1} \in KH$，且必存在着 $k_1 \in K$，$h_1 \in H$，使得 $(k * h)^{-1} = k_1 * h_1 \in KH$。因为 KH 是群，所以，KH 上的元素 $(k_1 * h_1)$ 的逆 $(k_1 * h_1)^{-1} = h_1^{-1} * k_1^{-1} \in HK$，而 $k * h = (k_1 * h_1)^{-1}$，所以 $k * h \in HK$。证得 $KH \subseteq HK$。

④ 综上可得 $HK = KH$。

⑤ 因为 $\langle K, * \rangle$ 为 $\langle H, * \rangle$ 的子群，显然 $KH \subseteq H$。

另一方面，对任意 $h \in H$，因为 $HK = KH$，故存在 $k_1, k_2 \in K$，$h_1 \in H$ 使 $h * k_1 = k_2 * h_1$，所以 $h = k_2 * h_1 * k_1^{-1} = k_2 * h_2 \in KH(h_2 = h_1 * k_1^{-1})$，故 $H \subseteq KH$。因此 $KH = H$。

综上所述，$KH = HK = H$。

15. 设 $\langle H_1, * \rangle$，$\langle H_2, * \rangle$ 都是群 $\langle G, * \rangle$ 的子群。求证：

(1) $\langle H_1 \bigcap H_2, * \rangle$ 为 $\langle G, * \rangle$ 的子群。

(2) $\langle H_1 \bigcup H_2, * \rangle$ 为 $\langle G, * \rangle$ 的子群当且仅当 $H_1 \subseteq H_2$ 或 $H_2 \subseteq H_1$。

证明

(1) 对任意的 x, y

$\quad x, y \in H_1 \bigcap H_2$

$\Rightarrow x, y \in H_1 \wedge x, y \in H_2$

$\Rightarrow x * y^{-1} \in H_1 \wedge x * y^{-1} \in H_2$　（因为 $\langle H_1, * \rangle$，$\langle H_2, * \rangle$ 都是群 $\langle G, * \rangle$ 的子群）

$\Rightarrow x * y^{-1} \in H_1 \bigcap H_2$

所以 $\langle H_1 \bigcap H_2, * \rangle$ 为 $\langle G, * \rangle$ 的子群。

(2) "$\Leftarrow$"：若 $H_1 \subseteq H_2$ 或 $H_2 \subseteq H_1$，$H_1 \bigcup H_2 = H_1$ 或 $H_1 \bigcup H_2 = H_2$，因此 $\langle H_1 \bigcup H_2, * \rangle$ 是 $\langle G, * \rangle$ 的子群，

"$\Rightarrow$"：若 $\langle H_1 \bigcup H_2, * \rangle$ 是 $\langle G, * \rangle$ 的子群，显然 $H_1 \subseteq H_2 \bigcup H_1$ 或 $H_2 \subseteq H_1 \bigcup H_2$。

采用反证法，设 H_1 不是 H_2 的子集，且 H_2 不是 H_1 的子集，那么有 $h_1 \in H_1$，但 $h_1 \notin H_2$，同时有 $h_2 \in H_2$，但 $h_2 \notin H_1$。而此时 $h_1 \in H_1 \bigcup H_2$，$h_2 \in H_1 \bigcup H_2$，因为 $\langle H_1 \bigcup H_2, * \rangle$ 是 $\langle G, * \rangle$ 的子群，所以 $h_1 * h_2 \in H_1 \bigcup H_2$。于是 $h_1 * h_2 \in H_1$ 或 $h_1 * h_2 \in H_2$。

① 当 $h_1 * h_2 \in H_1$ 时，因为 $\langle H_1, * \rangle$ 是群 $\langle G, * \rangle$ 的子群，及 $h_1 \in H_1$，所以 $h_1^{-1} \in H_1$，于是 $h_1^{-1} * (h_1 * h_2) \in H_1$，而 $h_1^{-1} * (h_1 * h_2) = h_2$，即有 $h_2 \in H_1$ 与上面的 $h_2 \notin H_1$ 矛盾。

② 当 $h_1 * h_2 \in H_2$ 时，因为 $\langle H_2,*\rangle$ 是群 $\langle G,*\rangle$ 的子群，及 $h_2 \in H_2$，所以 $h_2^{-1} \in H_2$，于是 $(h_1 * h_2) * h_2^{-1} \in H_2$，而 $(h_1 * h_2) * h_2^{-1} = h_1$，即有 $h_1 \in H_2$ 与上面的 $h_1 \notin H_2$ 矛盾。

故有

$$H_1 \subseteq H_2 \text{ 或 } H_2 \subseteq H_1$$

16. 设有集合 $G=\{1,3,4,5,9\}$，$*$ 是定义在 G 上的模 11 乘法（即 $\forall a,b \in G$，有 $a*b=(a \times b)(\mathrm{mod}\,11)$，$\times$ 是普通乘法），问 $\langle G,*\rangle$ 是循环群吗？若是，试找出它的生成元。

解 运算表见表 6.2。

表 6.2 题 16 的运算表

$*$	1	3	4	5	9
1	1	3	4	5	9
3	3	9	1	4	5
4	4	1	5	9	3
5	5	4	9	3	1
9	9	5	3	1	4

由运算表可知：$*$ 在 G 上是封闭的。1 是幺元。3 与 4，5 与 9 是互逆的，1 自逆。

由 $*$ 的定义可知：$*$ 是可结合的。

因此，$\langle G,*\rangle$ 是群。

再由 $3^1=3$，$3^2=9$，$3^3=5$，$3^4=4$，$3^5=1$ 知，3 是 $\langle G,*\rangle$ 的一个生成元，故 $\langle G,*\rangle$ 是一个循环群。

17. 一个素数阶的群必定是循环群，并且它的不同于幺元的每个元素均可作生成元。

证明 设群 G 的阶为 p，p 为素数，由 $p \geq 2$，G 中必存在 $a \in G$，$a \neq e$。

令 $H=\langle a \rangle$，则 H 是 G 的子群。根据 Lagrange 定理，$|H|=1$ 或 $|H|=p$。

若 $|H|=1$，则 $|a|=|H|=1$，与 $a \neq e$ 矛盾，所以 $|H|=p$。又由于 $|G|=p$，必有 $H=G$，因此 G 是循环群，且它的不同于幺元的每个元素均可作生成元。

18. 设 G 是 6 阶循环群，找出 G 的所有生成元和 G 的所有子群。

解 因为 G 是循环群，不妨设 $G=\langle a \rangle$，$|G|=6$，所以 G 的生成元有 a，a^5。

由定理 6.3.5，只需考虑 a 的因数次幂生成的子群。

6 的因数有 1，2，3，6。所以 G 的所有子群是：$\langle a \rangle$，$\langle e \rangle$，$\langle a^2 \rangle$，$\langle a^3 \rangle$，其中 $\langle a^2 \rangle = \langle a^4 \rangle$。

19. 无限循环群的子群除 $\{e\}$ 外均为无限循环群。

证明 因为循环群的子群必是循环群（见定理 6.3.4）。

故只需证明除 e 外，任何元素的阶都是无限的。设 $G=\langle a \rangle$ 是一个无限循环群，则 a 的阶无限。假设 G 的非单位元 $x=a^k$ 的阶是有限数 s，则 $s>0$，又因为 a 的阶无限，还必有 $k \neq 0$，于是，$a^{ks}=e$ 且 $ks \neq 0$，这与 a 的阶是无限的相矛盾。

20. 设 G 是 n 阶循环群，d 整除 n。证明：必存在唯一 d 阶子群。

证明 设 G 是 a 生成的 n 阶循环群，又因为 d 整除 n，令 $n=dm$，$m \in \mathbf{N}$，于是

$\{a^m, a^{2m}, \cdots, a^{dm}=e\}$ 是群 G 的子群且其阶数为 d。故 d 整除 n 时，n 阶循环群必存在 d 阶子群 $\langle a^m \rangle$。

下证唯一性。又设 H 是 G 的一个 d 阶子群，因为循环群的子群是循环群（见定理 6.3.4），故可设 $G=\langle a^t \rangle$，a^t 是 H 的生成元，其阶为 d，从而 $a^{td}=e$。

设 $t=qm+r$，$0 \leqslant r < m$，于是，

$$td=qmd+rd=qn+rd, \quad e=a^{td}=a^{qn+rd}=a^{rd}$$

而

$$0 \leqslant rd < md=n$$

故

$$rd=0 \Rightarrow r=0$$

有

$$m \mid t \Rightarrow a^t \in \langle a^m \rangle \Rightarrow H \subseteq \langle a^m \rangle$$

而 H 和 $\langle a^m \rangle$ 都恰好含有 d 个元素，故 $H=\langle a^m \rangle$。

因此 G 的 d 阶子群是唯一的。

21. 设 G 是阿贝尔群，H, K 为 G 的有限子群，$|H|=p$，$|K|=q$。求证：当 p, q 互素时，G 有 pq 阶循环子群。

证明 因为 H, K 为 G 的有限子群，令

$$H=\{e, a, a^2, \cdots, a^{p-1}\}, \quad K=\{b, b^2, \cdots, b^{q-1}\}$$

设 $|a*b|=m$，考虑 $a*b$，因为 G 是阿贝尔群，

$$(a*b)^{pq}=a^{pq}*b^{pq}=e$$

由定理 6.1.11 必有 $m \mid pq$，又因为

$$e=(a*b)^{mq}=a^{mq}*b^{mq}=a^{mq}$$

a 的阶为 p，由定理 6.1.11 必有 $p \mid mq$，而 p 与 q 互素，因此 $p \mid m$。同理又因为

$$e=(a*b)^{mp}=a^{mp}*b^{mp}=b^{mp}$$

b 的阶为 q，由定理 6.1.11 必有 $q \mid mp$，而 p 与 q 互素，因此 $q \mid m$。故有 $pq \mid m$，于是，$pq=m$，即 $a*b$ 的阶为 pq。

从而 G 有 pq 阶循环子群：

$$\langle ab \rangle = \{ab, (ab)^2, \cdots, (ab)^{m-1}, (ab)^m=e\}$$

22. 设置换 $S=\begin{pmatrix} 1 & 2 & 3 & 4 & 5 \\ 2 & 4 & 3 & 5 & 1 \end{pmatrix}$，$T=\begin{pmatrix} 1 & 2 & 3 & 4 & 5 \\ 2 & 5 & 1 & 4 & 3 \end{pmatrix}$，求 S^2，$S \circ T$，$T \circ S$，$S^{-1} \circ T^2$。

解 该题是计算置换的合成。

$$S^2=\begin{pmatrix} 1 & 2 & 3 & 4 & 5 \\ 2 & 4 & 3 & 5 & 1 \end{pmatrix} \circ \begin{pmatrix} 1 & 2 & 3 & 4 & 5 \\ 2 & 4 & 3 & 5 & 1 \end{pmatrix} = \begin{pmatrix} 1 & 2 & 3 & 4 & 5 \\ 4 & 5 & 3 & 1 & 2 \end{pmatrix}$$

$$S \circ T=\begin{pmatrix} 1 & 2 & 3 & 4 & 5 \\ 2 & 4 & 3 & 5 & 1 \end{pmatrix} \circ \begin{pmatrix} 1 & 2 & 3 & 4 & 5 \\ 2 & 5 & 1 & 4 & 3 \end{pmatrix} = \begin{pmatrix} 1 & 2 & 3 & 4 & 5 \\ 5 & 4 & 1 & 3 & 2 \end{pmatrix}$$

$$T \circ S=\begin{pmatrix} 1 & 2 & 3 & 4 & 5 \\ 2 & 5 & 1 & 4 & 3 \end{pmatrix} \circ \begin{pmatrix} 1 & 2 & 3 & 4 & 5 \\ 2 & 4 & 3 & 5 & 1 \end{pmatrix} = \begin{pmatrix} 1 & 2 & 3 & 4 & 5 \\ 4 & 1 & 2 & 5 & 3 \end{pmatrix}$$

因为

$$S \circ S^{-1} = \begin{pmatrix} 1 & 2 & 3 & 4 & 5 \\ 2 & 4 & 3 & 5 & 1 \end{pmatrix} \circ S^{-1} = \begin{pmatrix} 1 & 2 & 3 & 4 & 5 \\ 1 & 2 & 3 & 4 & 5 \end{pmatrix}$$

所以

$$S^{-1} = \begin{pmatrix} 1 & 2 & 3 & 4 & 5 \\ 5 & 1 & 3 & 2 & 4 \end{pmatrix}$$

$$T^{2} = \begin{pmatrix} 1 & 2 & 3 & 4 & 5 \\ 2 & 5 & 1 & 4 & 3 \end{pmatrix} \circ \begin{pmatrix} 1 & 2 & 3 & 4 & 5 \\ 2 & 5 & 1 & 4 & 3 \end{pmatrix} = \begin{pmatrix} 1 & 2 & 3 & 4 & 5 \\ 5 & 3 & 2 & 4 & 1 \end{pmatrix}$$

$$S^{-1} \circ T^{2} = \begin{pmatrix} 1 & 2 & 3 & 4 & 5 \\ 5 & 1 & 3 & 2 & 4 \end{pmatrix} \circ \begin{pmatrix} 1 & 2 & 3 & 4 & 5 \\ 5 & 3 & 2 & 4 & 1 \end{pmatrix} = \begin{pmatrix} 1 & 2 & 3 & 4 & 5 \\ 1 & 5 & 2 & 3 & 4 \end{pmatrix}$$

23. 求$\langle S_3, \circ \rangle$中各元素的阶，并求出其所有的子群。

解　设$A = \{1, 2, 3\}$，A上有6个置换：

$$\sigma_1 = \begin{pmatrix} 1 & 2 & 3 \\ 1 & 2 & 3 \end{pmatrix} = (1) \qquad \sigma_2 = \begin{pmatrix} 1 & 2 & 3 \\ 2 & 1 & 3 \end{pmatrix} = (12) \qquad \sigma_3 = \begin{pmatrix} 1 & 2 & 3 \\ 3 & 2 & 1 \end{pmatrix} = (13)$$

$$\sigma_4 = \begin{pmatrix} 1 & 2 & 3 \\ 1 & 3 & 2 \end{pmatrix} = (23) \qquad \sigma_5 = \begin{pmatrix} 1 & 2 & 3 \\ 2 & 3 & 1 \end{pmatrix} = (123) \qquad \sigma_6 = \begin{pmatrix} 1 & 2 & 3 \\ 3 & 1 & 2 \end{pmatrix} = (132)$$

因此$S_3 = \{\sigma_1, \sigma_2, \sigma_3, \sigma_4, \sigma_5, \sigma_6\}$，则$\sigma_1$为幺元，其阶为1；$\sigma_2, \sigma_3, \sigma_4$的阶都为2，$\sigma_5, \sigma_6$的阶都为3。因为其所有的子群必包含有幺元，故有6个：

$$\{(1), (12)\}, \{(1), (23)\}, \{(1), (13)\}, \{(1), (123), (132)\}, \{(1)\}, S_3$$

其中$\{(1)\}$，S_3为平凡子群。

24. 证明：S上所有偶置换的集合$A_n (n = |S|)$与置换的合成运算构成一个置换群。

证明　显然，幺置换是偶置换，且偶置换对合成运算后仍是偶置换，满足运算封闭。又由于偶置换的集合$A_n (n = |S|)$为有限集合，因为合成运算满足结合律，而A_n为n阶对称群的子群，因此它是一个置换群。

25. 把置换$\sigma = (4 \quad 5 \quad 6)(5 \quad 6 \quad 7)(7 \quad 6 \quad 1)$写成不相交轮换的积。

解　$\sigma = (4 \quad 5 \quad 6)(5 \quad 6 \quad 7)(7 \quad 6 \quad 1)$

$$= \begin{pmatrix} 4 & 5 & 6 \\ 5 & 6 & 4 \end{pmatrix} \begin{pmatrix} 5 & 6 & 7 \\ 6 & 7 & 5 \end{pmatrix} \begin{pmatrix} 7 & 6 & 1 \\ 6 & 1 & 7 \end{pmatrix}$$

$$= \begin{pmatrix} 4 & 5 & 6 & 7 \\ 6 & 7 & 4 & 5 \end{pmatrix} \begin{pmatrix} 7 & 6 & 1 \\ 6 & 1 & 7 \end{pmatrix}$$

$$= \begin{pmatrix} 4 & 5 & 6 & 7 & 1 \\ 1 & 6 & 4 & 5 & 7 \end{pmatrix}$$

$$= (4 \quad 1 \quad 7 \quad 5 \quad 6)$$

26. 讨论置换$\sigma = \begin{pmatrix} 1 & 2 & \cdots & n \\ n & n-1 & \cdots & 1 \end{pmatrix}$的奇偶性。

解　$\sigma = \begin{pmatrix} 1 & 2 & \cdots & n \\ n & n-1 & \cdots & 1 \end{pmatrix} = (1 \quad n)(2 \quad n-1) \cdots (i \quad n-i+1) \cdots$

当n为偶数时，σ为偶置换。

当n为奇数，且$n = 4k+1$时，σ为偶置换。

当n为奇数，且$n \neq 4k+1$时，σ为奇置换。

27. 设有集合 $\mathbf{Z}_6 = \{[0], [1], [2], [3], [4], [5]\}$，$+_6$ 是定义在 $\mathbf{Z}_6$ 上的模 6 加法。

(1) 构造 $\langle \mathbf{Z}_6, +_6 \rangle$ 的运算表。

(2) 证明 $\langle \mathbf{Z}_6, +_6 \rangle$ 是一个循环群(写明幺元、逆元、生成元)。

(3) 找出 $\langle \mathbf{Z}_6, +_6 \rangle$ 的每一个非平凡子群，并给出其左陪集。

解

(1) 运算表见表 6.3。

表 6.3 题 27(1)的运算表

$+_6$	[0]	[1]	[2]	[3]	[4]	[5]
[0]	[0]	[1]	[2]	[3]	[4]	[5]
[1]	[1]	[2]	[3]	[4]	[5]	[0]
[2]	[2]	[3]	[4]	[5]	[0]	[1]
[3]	[3]	[4]	[5]	[0]	[1]	[2]
[4]	[4]	[5]	[0]	[1]	[2]	[3]
[5]	[5]	[0]	[1]	[2]	[3]	[4]

(2) 由 $+_6$ 的定义可知运算是可结合的；再由运算表可知 $+_6$ 是封闭的。

[0]是幺元。

[1]与[5]互逆，[2]与[4]互逆，[0]、[3]均自逆。

由于 $[1]^2 = [2]$，$[1]^3 = [3]$，$[1]^4 = [4]$，$[1]^5 = [5]$，所以[1]是生成元。

故 $\langle \mathbf{Z}_6, +_6 \rangle$ 是一个循环群。

(3) 非平凡子群：$\langle \{[0], [3]\}, +_6 \rangle$，对应的左陪集为：
$$\{[0], [3]\}, \{[1], [4]\}, \{[2], [5]\}$$

非平凡子群：$\langle \{[0], [2], [4]\}, +_6 \rangle$，对应的左陪集为：
$$\{[0], [2], [4]\}, \{[1], [3], [5]\}$$

28. 求不为零的复数所成的乘法群关于绝对值等于 1 的数的子群的陪集。

解 设 $\mathbf{C}$ 是不为零的复数所成的乘法群，D 是绝对值等于 1 的复数构成的 $\mathbf{C}$ 的子群。

对任意的 $r \in \mathbf{R}^+$，有
$$rD = \{z \mid c \in \mathbf{C} \text{ 且 } |z| = r\}$$

29. 设 p 为素数，证明 p^n 阶的群中必有 p 阶的元素，从而必有 p 阶的子群(n 为正整数)。

证明 设 p^n 阶的群为 G，e 为 G 的幺元。

对于任意的 $a \in G$，$a \neq e$，若 a 的阶为 m，即 $a^m = e$，则有 $m \mid p^n$。所以，$m = p^t$（$t \geq 1$，且 t 为正整数）。

若 $t = 1$，则 a 的阶为 p，于是，由 a 所生成的循环群就是 G 的一个 p 阶子群。

若 $t > 1$，则令 $b = a^{p^{t-1}}$，则有
$$b^p = (a^{p^{t-1}})^p = a^{p^t} = a^n = e$$

因此，b 是 p 阶元素。由 b 所生成的循环群就是 G 的一个 p 阶子群。

30. 设 $\langle H, * \rangle$ 是 $\langle G, * \rangle$ 的子群，试证明 H 在 G 中的所有陪集中有且只有一个子群。

证明 设 G 中的幺元是 e，因为 $eH = H$，所以 H 是一个陪集。

若另有一个陪集 aH 也是 G 的子群，那么 $e \in aH$，故必有 $h_1 \in H$，使得 $a * h_1 = e$，即有 $a = h_1^{-1}$。

一方面，对于任意的 $a * h \in aH$，有 $a * h = h_1^{-1} * h \in H$，所以，$aH \subseteq H$。

另一方面，对于任意的 $h \in H$，有

$$h = a * a^{-1} * h = a * (a^{-1} * h) = a * ((h_1^{-1})^{-1} * h) = a * (h_1 * h) \in aH$$

所以，$H \subseteq aH$，因此，$aH = H$。

这就表明，H 在 G 中的所有陪集中只有一个子群，即为 H 本身。

31．证明：对有限群 $\langle G, * \rangle$ 中任意元素 a，有 $a^{|G|} = e$，其中 e 为 G 的幺元。

证明　由定理 6.1.10 可知，有限群 G 中任意元素的阶一定有限。

设 a 的阶为 $t(t \in \mathbf{N})$，则 $a^t = e$，于是 $H = \{a, a^2, a^3, \cdots, a^{t-1}, a^t = e\}$ 为 G 的子群，其中 $a^{-1} = a^{t-1}$。

由 Lagrange 定理可知，$|H| = t$，且 $t \mid |G|$。不妨设 $|G| = t^m$，$m \in \mathbf{Z}_+$，于是有

$$a^{|G|} = a^{tm} = (a^t)^m = e^m = e$$

32．设 a 是群中的无限阶元素，证明：当 $m \neq n$ 时，$a^m \neq a^n$。

证明　用反证法。设 $m \neq n$ 时，$a^m = a^n$。不妨设 $m > n$，于是

$$a^{m-n} = a^m * a^{-n} = a^n * a^{-n} = e$$

从而元素 a 的阶不超过 $m - n$，这与 a 为无限阶元素矛盾。

故当 $m \neq n$ 时，$a^m \neq a^n$。

33．设 $G = \left\{ \begin{pmatrix} r & s \\ 0 & 1 \end{pmatrix} \middle| r, s \in \mathbf{Q}, r \neq 0 \right\}$，$G$ 关于矩阵乘法构成一个群。令 $H = \left\{ \begin{pmatrix} 1 & t \\ 0 & 1 \end{pmatrix} \middle| t \in \mathbf{Q} \right\}$，$K = \left\{ \begin{pmatrix} 1 & n \\ 0 & 1 \end{pmatrix} \middle| n \in \mathbf{Z} \right\}$，证明：$H$ 是 G 的正规子群，K 是 H 的正规子群。问 K 是 G 的正规子群吗？

证明　对于任意的 $\begin{pmatrix} r & s \\ 0 & 1 \end{pmatrix} \in G$，$\begin{pmatrix} 1 & t \\ 0 & 1 \end{pmatrix} \in H$，有

$$\begin{pmatrix} r & s \\ 0 & 1 \end{pmatrix} \begin{pmatrix} 1 & t \\ 0 & 1 \end{pmatrix} \begin{pmatrix} r & s \\ 0 & 1 \end{pmatrix}^{-1} = \begin{pmatrix} r & rt+s \\ 0 & 1 \end{pmatrix} \begin{pmatrix} r^{-1} & -r^{-1}s \\ 0 & 1 \end{pmatrix}$$

$$= \begin{pmatrix} 1 & rt \\ 0 & 1 \end{pmatrix} \in H$$

因此 H 是 G 的正规子群。

对于任意的 $\begin{pmatrix} 1 & t \\ 0 & 1 \end{pmatrix} \in H$，$\begin{pmatrix} 1 & n \\ 0 & 1 \end{pmatrix} \in K$，有

$$\begin{pmatrix} 1 & t \\ 0 & 1 \end{pmatrix} \begin{pmatrix} 1 & n \\ 0 & 1 \end{pmatrix} \begin{pmatrix} 1 & t \\ 0 & 1 \end{pmatrix}^{-1} = \begin{pmatrix} 1 & n+t \\ 0 & 1 \end{pmatrix} \begin{pmatrix} 1 & -t \\ 0 & 1 \end{pmatrix} = \begin{pmatrix} 1 & n \\ 0 & 1 \end{pmatrix} \in K$$

因此 K 是 H 的正规子群。

但 K 不是 G 的正规子群，例如，取 $\begin{pmatrix} 0.3 & 1 \\ 0 & 1 \end{pmatrix} \in G$，$\begin{pmatrix} 1 & 1 \\ 0 & 1 \end{pmatrix} \in K$，则有

$$\begin{pmatrix} 0.3 & 1 \\ 0 & 1 \end{pmatrix} \begin{pmatrix} 1 & 1 \\ 0 & 1 \end{pmatrix} \begin{pmatrix} 0.3 & 1 \\ 0 & 1 \end{pmatrix}^{-1} = \begin{pmatrix} 0.3 & 1.3 \\ 0 & 1 \end{pmatrix} \begin{pmatrix} \dfrac{10}{3} & -\dfrac{10}{3} \\ 0 & 1 \end{pmatrix} = \begin{pmatrix} 1 & 0.3 \\ 0 & 1 \end{pmatrix} \notin K \quad （因为 0.3 \notin \mathbf{Z}）$$

这说明，群 G 的正规子群的正规子群不一定是群 G 的正规子群。

34. 设 $\langle H, * \rangle$，$\langle K, * \rangle$ 都是群 $\langle G, * \rangle$ 的正规子群。证明：$\langle H \cap K, * \rangle$ 必定是群 $\langle G, * \rangle$ 的正规子群。

证明 由于 $\langle H, * \rangle$，$\langle K, * \rangle$ 都是群 $\langle G, * \rangle$ 的正规子群，故对于任意 $g \in G$，$gH = Hg$，$gK = Kg$。而

$$
\begin{aligned}
g(H \cap K) &= \{g * y \mid y \in H \cap K\} = \{g * y \mid y \in H \land y \in K\} \\
&= \{g * y \mid y \in H\} \cap \{g * y \mid y \in K\} = gH \cap gK \\
&= Hg \cap Kg = \{x * g \mid x \in H\} \cap \{x * g \mid x \in K\} \\
&= \{x * g \mid x \in H \land x \in K\} = \{x * g \mid x \in H \cap K\} \\
&= (H \cap K)g
\end{aligned}
$$

故 $\langle H \cap K, * \rangle$ 是群 $\langle G, * \rangle$ 的正规子群。

35. 设 $\langle H, * \rangle$ 是 $\langle G, * \rangle$ 的子群。证明：如果 H 的任意两个左陪集的乘积仍是一个左陪集，则 H 是 G 的正规子群。

证明 因为 $\langle H, * \rangle$ 是 $\langle G, * \rangle$ 的子群，先证对于任意的 g_1，$g_2 \in G$，有 $g_1 H * g_2 H = g_1 g_2 H$。

由题设，H 的任意两个左陪集的乘积仍是一个左陪集，故有 $g_3 \in G$，使 $g_1 H * g_2 H = g_3 H$，而

$$g_1 \in g_1 H \land g_2 \in g_2 H \Rightarrow g_1 g_2 \in g_1 H * g_2 H \Rightarrow g_1 g_2 \in g_3 H \Rightarrow g_1 g_2 H = g_3 H$$

故 $g_1 H * g_2 H = g_1 g_2 H$。

对任意的 $g \in G$，$h \in H$，$gh \in gH$，

$$gh \in gH \land g^{-1} \in g^{-1} H \Rightarrow ghg^{-1} \in gH * g^{-1} H = gg^{-1} H = H$$

因此 H 是 G 的正规子群。

36. 设 $\langle \mathbf{Z}, + \rangle$ 是整数加群，$H = \{8k \mid k \in \mathbf{Z}\}$，求商群 $\mathbf{Z}/H$ 及其运算表。

解 商群 $\mathbf{Z}/H = \{H, 1+H, 2+H, 3+H, 4+H, 5+H, 6+H, 7+H\}$，其中 $H = \{8k \mid k \in \mathbf{Z}\}$。

$$i + H = \{i + 8k \mid k \in \mathbf{Z}\}, \quad i = 0, 1, 2, 3, 4, 5, 6, 7$$

运算表如表 6.4 所示。

表 6.4 题 36 的运算表

+	H	$1+H$	$2+H$	$3+H$	$4+H$	$5+H$	$6+H$	$7+H$
H	H	$1+H$	$2+H$	$3+H$	$4+H$	$5+H$	$6+H$	$7+H$
$1+H$	$1+H$	$2+H$	$3+H$	$4+H$	$5+H$	$6+H$	$7+H$	H
$2+H$	$2+H$	$3+H$	$4+H$	$5+H$	$6+H$	$7+H$	H	$1+H$
$3+H$	$3+H$	$4+H$	$5+H$	$6+H$	$7+H$	H	$1+H$	$2+H$
$4+H$	$4+H$	$5+H$	$6+H$	$7+H$	H	$1+H$	$2+H$	$3+H$
$5+H$	$5+H$	$6+H$	$7+H$	H	$1+H$	$2+H$	$3+H$	$4+H$
$6+H$	$6+H$	$7+H$	H	$1+H$	$2+H$	$3+H$	$4+H$	$5+H$
$7+H$	$7+H$	H	$1+H$	$2+H$	$3+H$	$4+H$	$5+H$	$6+H$

37. 设 $\langle G, *\rangle$ 为循环群，$\langle H, *\rangle$ 为其正规子群。证明：商群 $\langle G/H, \odot\rangle$ 亦为一循环群。

证明 设群 G 为 a 生成的循环群，则对任意 $g \in G$，都有 $i \in \mathbf{Z}$，使 $g = a^i$，于是对任意 $gH \in G/H$，都有 $gH = a^i H$，分三种情况：

对 $i \in \mathbf{Z}^+$，

$$a^i H = \underbrace{(a * a * \cdots * a)}_{i\text{个}} H$$
$$= \underbrace{(aH \odot aH \odot \cdots \odot aH)}_{i\text{个}} = (aH)^i$$

对 $i = 0$，

$$a^i H = eH = (aH)^0$$

对 $i \in \mathbf{Z}^-$，

$$a^i H = \underbrace{(a^{-1} * a^{-1} * \cdots * a^{-1})}_{i\text{个}} H$$
$$= \underbrace{(a^{-1}H \odot a^{-1}H \odot \cdots \odot a^{-1}H)}_{i\text{个}} = (a^{-1}H)^{-i} = (aH)^i$$

故商群 $\langle G/H, \odot\rangle$ 为由 aH 生成的循环群。

38. 设 $\langle G, *\rangle$ 为群，$f: G \rightarrow G$ 为一同态映射。证明：对任一元素 $a \in G$，$f(a)$ 的阶不大于 a 的阶。

证明 对任一元素 $a \in G$，设 a 的阶为 $m(m \in \mathbf{N})$，群 $\langle G, *\rangle$ 的幺元为 e，于是 $a^m = e$。

因为 f 为同态映射，所以

$$(f(a))^m = f(a^m) = f(e) = e$$

这说明 $f(a)$ 的阶至多为 m，即 $f(a)$ 的阶不大于 a 的阶。

39. 设 $\langle H, *\rangle$ 和 $\langle K, *\rangle$ 都是群 $\langle G, *\rangle$ 的正规子群，且 $H \bigcap K = \{e\}$。证明：G 与 $G/H \times G/K$ 的一个子群同构。（其中 $\langle G_1 \times G_2, \circ\rangle$ 定义如下：$\forall \langle a_1, b_1\rangle \in G_1, \langle a_2, b_2\rangle \in G_2$，$*_1, *_2$ 分别为 G_1, G_2 上的二元运算，$\langle a_1, b_1\rangle \circ \langle a_2, b_2\rangle = \langle a_1 *_1 a_2, b_1 *_2 b_2\rangle$。）

证明 对任意 $x \in G$，令 $\varphi(x) = \langle xH, xK\rangle$。

先证 φ 是 G 到 $G/H \times G/K$ 的同态映射。对任意的 $g_1, g_2 \in G$，

$$\varphi(g_1 * g_2) = \langle (g_1 * g_2)H, (g_1 * g_2)K\rangle$$
$$\varphi(g_1) \circ \varphi(g_2) = \langle g_1 H, g_1 K\rangle \circ \langle g_2 H, g_2 K\rangle$$
$$= \langle g_1 H * g_2 K, g_1 H * g_2 K\rangle$$
$$= \langle (g_1 * g_2)H, (g_1 * g_2)K\rangle$$

因此 $\varphi(g_1 * g_2) = \varphi(g_1) \circ \varphi(g_2)$。

下证 φ 是 G 到 $G/H \times G/K$ 的单射。对任意的 $x, y \in G$，

$$\varphi(x) = \varphi(y) \Rightarrow \langle xH, xK\rangle = \langle yH, yK\rangle$$
$$\Rightarrow xH = yH \wedge xK = yK$$
$$\Rightarrow xy^{-1} \in H \wedge xy^{-1} \in K$$
$$\Rightarrow xy^{-1} \in H \bigcap K$$
$$\Rightarrow xy^{-1} = e \quad (因为 H \bigcap K = \{e\})$$
$$\Rightarrow x = y$$

得证 φ 是单射。又因为同态像是满射，因此 G 与 $G/H \times G/K$ 的一个子群同构。

40. 确定下列集合关于它们各自的运算是否构成环、整环和域。若不是，请说明理由。

(1) $R=\{a+b\sqrt{2} \mid a,b \in \mathbf{Z}\}$，其中运算为整数的加法和乘法。

(2) $R=\{a+bi \mid a,b \in \mathbf{Z}\}$，其中运算为复数的加法和乘法。

(3) $R=\{a+b\sqrt[3]{2} \mid a,b \in \mathbf{Z}\}$，其中运算为整数的加法和乘法。

(4) $R=\left\{\begin{pmatrix} a & b \\ 5b & a \end{pmatrix} \bigg| a,b \in \mathbf{Q}\right\}$，其中运算为矩阵的加法和乘法。

解

(1) 是整环，但不是域。因为不是每个元素都有逆元，如 $1+2\sqrt{2}$，无逆元。

(2) 是整环，但不是域。这个环称作高斯整环。

(3) 不是环。集合关于乘法不封闭。

(4) 是整环。

41. 设 $\mathbf{R}$ 是实数集，加法取普通数的加法，乘法 $*$ 定义为
$$a*b=|a| \cdot b$$
其中·为普通乘法运算。这时 $\mathbf{R}$ 是否构成环？

解　$\mathbf{R}$ 构成环。因为 $\langle \mathbf{R}, + \rangle$ 是阿贝尔群，运算 $*$ 显然满足封闭性。

对任意的 $a,b,c \in \mathbf{R}$，
$$(a*b)*c=(|a| \cdot b)*c=||a| \cdot b| \cdot c=|a| \cdot |b| \cdot c$$
$$a*(b*c)=a*(|b| \cdot c)=|a| \cdot (|b| \cdot c)=|a| \cdot |b| \cdot c$$

所以运算 $*$ 满足结合律。

故 $\langle \mathbf{R}, \cdot \rangle$ 构成半群，因此 $\langle \mathbf{R}, +, \cdot \rangle$ 构成环。

42. 设 $\langle R, + \rangle$ 为加群，R 上定义运算·，对任意 $a,b \in R$，$a \cdot b=\theta$，其中 θ 是加法幺元。证明：$\langle R, +, \cdot \rangle$ 为一环。

证明　由题设，对任意 $a,b \in R$，$a \cdot b=\theta$，其中 θ 是加法幺元。故运算·封闭。

对任意的 $a,b,c \in R$，
$$(a \cdot b) \cdot c=\theta \cdot c=\theta$$
而
$$a \cdot (b \cdot c)=a \cdot \theta=\theta$$
因此
$$(a \cdot b) \cdot c=a \cdot (b \cdot c)$$

于是运算·满足结合律。所以 $\langle R, \cdot \rangle$ 构成半群。故 $\langle R, +, \cdot \rangle$ 为一环。

43. 证明代数系统 $\langle \mathbf{Z}, \oplus, \otimes \rangle$ 是含幺交换环。其中运算 $\oplus, \otimes$ 分别定义如下：对任何整数 $a,b \in \mathbf{Z}$，有
$$a \oplus b=a+b-1, \quad a \otimes b=a+b-a \cdot b$$
这里 $+$，·分别是整数加和整数乘。

证明

(1) 先证 $\langle \mathbf{Z}, \oplus \rangle$ 是加群。

① 对任意 $a,b \in \mathbf{Z}$，因为 $a \oplus b=b \oplus a=a+b-1 \in \mathbf{Z}$，所以运算 $\oplus$ 在 $\mathbf{Z}$ 上封闭且满足交换律。

② 对任意的 $a,b,c \in \mathbf{Z}$，有

$$(a \oplus b) \oplus c = (a+b-1) \oplus c = (a+b-1)+c-1 = a+b+c-2$$
$$a \oplus (b \oplus c) = a \oplus (b+c-1) = a+(b+c-1)-1 = a+b+c-2$$

所以 $(a \oplus b) \oplus c = a \oplus (b \oplus c)$，即运算 $\oplus$ 满足结合律。

③ 因为对任意 $a \in \mathbf{Z}$，都有 $1 \oplus a = a+1-1 = a = a \oplus 1$，所以元素 1 为加法幺元。

④ 对任意 $a \in \mathbf{Z}$，有元素 $2-a$，满足 $a \oplus (2-a) = (2-a) \oplus a = a+(2-a)-1 = 1$。所以对任意 $a \in \mathbf{Z}$，都有加法逆元 $2-a$。

综上可知，$\langle \mathbf{Z}, \oplus \rangle$ 为加群。

（2）其次证 $\langle \mathbf{Z}, \otimes \rangle$ 是独异点。

① 对任意 $a, b \in \mathbf{Z}$，因为 $a \otimes b = b \otimes a = a+b-ab \in \mathbf{Z}$，所以运算 $\otimes$ 在 $\mathbf{Z}$ 上封闭且满足交换律。

② 对任意的 $a, b, c \in \mathbf{Z}$，有

$$(a \otimes b) \otimes c = (a+b-ab) \otimes c$$
$$= (a+b-ab)+c-(a+b-ab)c$$
$$= a+b+c-ab-ac-bc+abc$$
$$a \otimes (b \otimes c) = a \otimes (b+c-bc)$$
$$= a+(b+c-bc)-a(b+c-bc)$$
$$= a+b+c-bc-ab-ac+abc$$

所以 $(a \otimes b) \otimes c = a \otimes (b \otimes c)$，即运算 $\otimes$ 满足结合律。

③ 因为对任意 $a \in \mathbf{Z}$，都有 $0 \otimes a = 0+a-0 \cdot a = a = a \otimes 0$，所以元素 0 为乘法幺元。

综上可知，$\langle \mathbf{Z}, \otimes \rangle$ 为交换独异点。

（3）最后证运算 $\otimes$ 对运算 $\oplus$ 可分配。

对任意的 $a, b, c \in \mathbf{Z}$，有

$$a \otimes (b \oplus c) = a \otimes (b+c-1)$$
$$= a+(b+c-1)-a(b+c-1)$$
$$= 2a+b+c-ab-ac-1$$
$$(a \otimes b) \oplus (a \otimes c) = (a+b-ab) \oplus (a+c-ac)$$
$$= a+b-ab+a+c-ac-1$$
$$= 2a+b+c-ab-ac-1$$

所以
$$a \otimes (b \oplus c) = (a \otimes b) \oplus (a \otimes c)$$

因为 $\otimes$ 满足可交换，故有

$$(b \oplus c) \otimes a = (b \otimes a) \oplus (c \otimes a)$$

所以运算 $\otimes$ 对运算 $\oplus$ 可分配。

综上（1），（2），（3）可知，$\langle \mathbf{Z}, \oplus, \otimes \rangle$ 是含幺交换环。

44. 问 $\langle \{3x \mid x \in \mathbf{Z}\}, +, \cdot \rangle$ 是否为环？是否为整环？其中 $+$，$\cdot$ 分别为整数加和整数乘运算。

解 $\langle \{3x \mid x \in \mathbf{Z}\}, +, \cdot \rangle$ 是环，但不是整环。

因为对任意的 $3x, 3y, 3z \in \{3x \mid x \in \mathbf{Z}\}$，$x, y, z \in \mathbf{Z}$，

$3x+3y = 3(x+y) \in \{3x \mid x \in \mathbf{Z}\}$，$x+y \in \mathbf{Z}$，加法满足封闭性

$(3x+3y)+3z = 3x+3y+3z = 3x+(3y+3z)$，加法满足结合律

$$0+3x=3x+0=3x, 0 \text{ 为加法幺元}$$

$$-(3x)=-3x=3(-x), 3x \text{ 有加法逆元 } 3(-x), -x\in\mathbf{Z}$$

因此$\langle\{3x\,|\,x\in\mathbf{Z}\},+\rangle$是 Abel 群。

因为

$$3x\cdot3y=3(3xy), 3xy\in\mathbf{Z}$$

所以

$$3x\cdot3y\in\{3x\,|\,x\in\mathbf{Z}\}, \text{乘法满足封闭性}$$

$$(3x\cdot3y)\cdot3z=27xyz=3x\cdot(3y\cdot3z), \text{乘法满足结合律}$$

因此$\langle\{3x\,|\,x\in\mathbf{Z}\},\cdot\rangle$是半群。

同时，数乘对数加有分配律。因此，$\langle\{3x\,|\,x\in\mathbf{Z}\},+,\cdot\rangle$是环。

但$\langle\{3x\,|\,x\in\mathbf{Z}\},\cdot\rangle$无乘法幺元，故$\langle\{3x\,|\,x\in\mathbf{Z}\},+,\cdot\rangle$不是整环。

45. 若环$\langle R,+,\cdot\rangle$中每一元素 a 均满足 $a^2=a$，则称 R 为布尔环。证明：

(1) 布尔环是交换环。

(2) 对布尔环中每一元素 a，有 $a+a=\theta$。

(3) 当 $|R|>2$ 时布尔环不是整环。

证明

(1) 对任意的 $a,b\in R$，因为$\langle R,+,\cdot\rangle$是环，所以 $a+b\in R$。又由于$\langle R,+,\cdot\rangle$为布尔环，$(a+b)^2=a+b$。

另一方面，

$$(a+b)^2=(a+b)\cdot(a+b)=a^2+ab+ba+b^2=a+ab+ba+b$$

因此

$$ab+ba=0 \quad (0 \text{ 为加法幺元})$$

即有

$$ab=-ba=(-ba)^2=(ba)^2=ba$$

所以$\langle R,\cdot\rangle$可交换。故布尔环是交换环。

(2) 对任意的 $a\in R$，由运算的封闭性知，$a+a\in R$。

由题设$(a+a)\cdot(a+a)=a+a$，所以

$$(a\cdot a+a\cdot a)+(a\cdot a+a\cdot a)=a+a$$

即

$$(a+a)+(a+a)=a+a$$

因为$\langle R,+\rangle$是交换群，所以 $a+a$ 的逆元是$-(a+a)$，故

$$(a+a)+(a+a)-(a+a)=(a+a)-(a+a)=\theta$$

得

$$a+a=\theta$$

(3) 当 $|R|>2$ 时，可取元素 $a\in R$，$a\neq\theta$，$a\neq1$（θ 为加法幺元，1 为乘法幺元），则有 $a-1\neq\theta$，可是 $a(a-1)=a^2-a=\theta$（因为 $a^2=a$），即 R 含有零因子。所以当 $|R|>2$ 时，布尔环不是整环。

46. 设环$\langle R,+,\cdot\rangle$中$\langle R,+\rangle$为循环群。证明：R 是交换环。

证明　因为$\langle R,+\rangle$为循环群，设 r 为其生成元，则对 R 中任意元素 $mr,nr(m,n\in\mathbf{Z})$，由于$\langle R,+,\cdot\rangle$为环，于是有

$$mr \cdot nr = mnr^2 = nr \cdot mr$$

因此 R 是交换环。

47. 设 $\langle F, +, \cdot \rangle$ 是一个域，$F_1 \subseteq F$，$F_2 \subseteq F$，且 $\langle F_1, +, \cdot \rangle$，$\langle F_2, +, \cdot \rangle$ 都是域，证明：$\langle F_1 \cap F_2, +, \cdot \rangle$ 是一个域。

证明　由题设 $\langle F_1, +, \cdot \rangle$，$\langle F_2, +, \cdot \rangle$ 都是域且 $F_1 \subseteq F$，$F_2 \subseteq F$，故 $\langle F_1, + \rangle$，$\langle F_2, + \rangle$ 都是 $\langle F, + \rangle$ 的子群。

又因为 $\langle F_1, \cdot \rangle$，$\langle F_2, \cdot \rangle$ 都是 $\langle F, \cdot \rangle$ 的子群且都是阿贝尔群，所以 $\langle F_1 \cap F_2, + \rangle$，$\langle F_1 \cap F_2, \cdot \rangle$ 分别是 $\langle F, + \rangle$ 和 $\langle F, \cdot \rangle$ 的子群，且都是阿贝尔群。

因此 $\langle F_1 \cap F_2, +, \cdot \rangle$ 是一个域。

48. 设 $R = \langle N_5, +_5, \times_5 \rangle$，$f(x)$，$g(x) \in R[x]$，且
$$f(x) = 2x^3 + 2x - 3, \quad g(x) = x^2 + 4x - 2$$

计算

(1) $f(x)g(x)$。

(2) $(g(x))^2$。

(3) $f(x)$ 除以 $g(x)$ 的商式和余式。

解

(1)

$$
\begin{array}{r}
2x^3 + 2x - 3 \\
\cdot)\ \ x^2 + 4x - 2 \\
\hline
2x^5 + 2x^3 - 3x^2 \\
3x^4 + 3x^2 - 2x \\
+)\ -4x^3 - 4x + 1 \\
\hline
2x^5 + 3x^4 - 2x^3 - x + 1
\end{array}
$$

即
$$f(x)g(x) = 2x^5 + 3x^4 - 2x^3 - x + 1。$$

(2)

$$
\begin{array}{r}
x^2 + 4x - 2 \\
\cdot)\ \ x^2 + 4x - 2 \\
\hline
x^4 + 4x^3 - 2x^2 \\
4x^3 + x^2 - 3x \\
+)\ -2x^2 - 3x + 4 \\
\hline
x^4 + 3x^3 - 3x^2 - x + 4
\end{array}
$$

即
$$(g(x))^2 = x^4 + 3x^3 - 3x^2 - x + 4。$$

(3)

$$
\begin{array}{r}
2x - 3 \\
x^2 + 4x - 2 \overline{)\ 2x^3 + 0x^2 + 2x - 3} \\
2x^3 + 3x^2 - 4x \\
\hline
-3x^2 + x - 3 \\
-3x^2 - 2x + 1 \\
\hline
3x - 4
\end{array}
$$

因此，$f(x)$ 除以 $g(x)$ 的商式为 $2x-3$，余式为 $3x-4$。

49. 当 p 为质数时，计算域 $\langle \mathbf{Z}_p, +_p, \times_p \rangle$ 的特征数和域 $\langle \mathbf{Z}_p[x, n], +, \cdot \rangle$ 的特征数。

解　当 p 为质数时，域 $\langle \mathbf{Z}_p, +_p, x_p \rangle$ 的特征数为 p，域 $\langle \mathbf{Z}_p[x, n], +, \cdot \rangle$ 的特征数也为 p。

50. 证明：在特征数为 $p(p$ 为质数$)$ 的域里，对任何元素 a, b，有

(1) $(a+b)^p = a^p + b^p$

(2) $(a-b)^p = a^p - b^p$

(3) $(ne)^p = ne(e$ 为域的乘法幺元，n 为正整数$)$

证明　因为域的特征数为 p，则对任意元素 a, b，其阶数为 p，$pa=0$，$pb=0$。

(1) $(a+b)^p = \sum_{i=0}^{p} \mathrm{C}_p^i a^{p-i} b^i = a^p + \mathrm{C}_p^1 a^{p-1} b + \mathrm{C}_p^2 a^{p-2} b^2 + \cdots + b^p$

由于 $\mathrm{C}_p^i = \dfrac{p(p-1)\cdots(p-i+1)}{i(i-1)(i-2)\cdots 1} \in \mathbf{N}$　$(1 \leqslant i \leqslant p-1)$ 而 p 为质数，令

$$k = \frac{(p-1)\cdots(p-i+1)}{i(i-1)\cdots 1} \in \mathbf{N}$$

从而

$$\mathrm{C}_p^i = kp$$
$$\mathrm{C}_p^i a^{p-i} b^i = kpa \cdot a^{p-i-1} b^i = 0$$

因此

$$(a+b)^p = a^p + b^p$$

(2) $(a-b)^p = \sum_{i=0}^{p} (i-1)^i \mathrm{C}_p^i a^{p-i} b^i = a^p - \mathrm{C}_p^1 a^{p-1} b + \mathrm{C}_p^2 a^{p-2} b^2 - \cdots + (-1)^p b^p$ 由(1)知

$$\mathrm{C}_p^i a^{p-i} b^i = 0$$

又 p 为质数，$(-1)^p b^p = -b^p$，因此

$$(a-b)^p = a^p - b^p$$

(3) 由(1)知

$$(ne)^p = ((n-1)e + e)^p = ((n-1)e)^p + e^p = ((n-1)e)^p + e$$
$$= ((n-2)e)^p + e + e = ((n-2)e)^p + 2e = ((n-3)e)^p + 3e$$
$$= \cdots = e^p + (n-1)e = ne$$

51. 证明：域与其每个子域具有相等的特征数。

证明　设 $\langle S, +, \cdot \rangle$ 为域 $\langle F, +, \cdot \rangle$ 的任一子域，由定理，域 $\langle F, +, \cdot \rangle$ 的特征数或为质数，或为 $+\infty$，由于域的特征数即为非零元关于 $+$ 运算的共同阶数，因而 $\langle F, +, \cdot \rangle$ 的子域 $\langle S, +, \cdot \rangle$ 中任意非零元的阶数也为 p 或 p 或 ∞，即子域 $\langle S, +, \cdot \rangle$ 与域 $\langle F, +, \cdot \rangle$ 有相同的特征数。

第七章 格和布尔代数

7.1 概 述

【知识点】

■ 格与子格
■ 特殊格
■ 布尔代数

【学习基本要求】

1. 理解格(偏序和代数)的概念、性质,能证明格的一些简单关系式。
2. 了解分配格、有补格、子格的概念,会由 Hasse 图判别。
3. 了解布尔格和布尔代数,知道布尔表达式。

【内容提要】

1. 格与子格

格(lattice) 如果偏序集$\langle L, \leqslant \rangle$中的任何两个元素的子集都有上确界和下确界,则称偏序集$\langle L, \leqslant \rangle$为格。

格(代数系统) 设$\langle S, *, \circ \rangle$是代数系统,$*,\circ$是 S 上的二元运算,且 $*,\circ$ 满足交换律、结合律和吸收律,则$\langle S, *, \circ \rangle$构成格。

子格(Sublattice) 设$\langle L, \wedge, \vee \rangle$是一个格,$S$ 是非空集合且 $S \subseteq L$,若对任意的 $a, b \in S$,有 $a \wedge b \in S$,$a \vee b \in S$,则称$\langle S, \wedge, \vee \rangle$是$\langle L, \wedge, \vee \rangle$的子格。

显然子格必是格。而格的某个子集构成格,却不一定是子格。

格同构 设$\langle L, *, \oplus \rangle$,$\langle S, \wedge, \vee \rangle$是两个格,存在映射 $f: L \to S$,$\forall a, b \in L$ 满足 $f(a*b) = f(a) \wedge f(b)$,称 f 是交同态。若满足 $f(a \oplus b) = f(a) \vee f(b)$,称 f 是并同态。若 f 既是交同态又是并同态,称 f 为格同态。若 f 是双射,则称 f 为格同构。

序同构 设$\langle L, *, \oplus \rangle$,$\langle S, \wedge, \vee \rangle$是两个格,其中$\leqslant_1$,$\leqslant_2$分别为格 L,S 上的偏序关系,存在映射 $f: L \to S$,$\forall a, b \in L$,若 $a \leqslant_1 b \Rightarrow f(a) \leqslant_2 f(b)$,称 f 是序同态。若 f 是双射,则称 f 是序同构。

定理 7.1 若$\langle L, \leqslant \rangle$是一个格,则$\langle L, \geqslant \rangle$也是一个格,且它的并、交运算 $\vee_r$,$\wedge_r$ 对任意 $a, b \in L$ 满足

$$a \vee_r b = a \wedge b, \quad a \wedge_r b = a \vee b$$

定理 7.2 如果命题 P 在任意格 $\langle L, \leqslant \rangle$ 上成立，将 L 中符号 $\vee$，$\wedge$，$\leqslant$ 分别改为 $\wedge$，$\vee$，$\geqslant$ 后得公式 P^*，则 P^* 在任意格 $\langle L, \geqslant \rangle$ 上也成立，这里 P^* 称为 P 的对偶式。

定理 7.3 设 $\langle L, \leqslant \rangle$ 是一个格，那么对 L 中任何元素 a, b, c，有

(1) $a \leqslant a \vee b$, $\quad b \leqslant a \vee b$

$\quad a \wedge b \leqslant a$, $\quad a \wedge b \leqslant b$

(2) 若 $a \leqslant b$, $c \leqslant d$，则 $a \vee c \leqslant b \vee d$, $a \wedge c \leqslant b \wedge d$。

(3) 若 $a \leqslant b$，则 $a \vee c \leqslant b \vee c$, $a \wedge c \leqslant b \wedge c$。这个性质称为格的保序性。

定理 7.4 设 $\langle L, \leqslant \rangle$ 是一个格，那么对 L 中任意元素 a, b, c，有

(1) $a \vee a = a$, $a \wedge a = a$ （幂等律）

(2) $a \vee b = b \vee a$, $a \wedge b = b \wedge a$ （交换律）

(3) $a \vee (b \vee c) = (a \vee b) \vee c$

$\quad a \wedge (b \wedge c) = (a \wedge b) \wedge c$ （结合律）

(4) $a \wedge (a \vee b) = a$, $a \vee (a \wedge b) = a$ （吸收律）

定理 7.5 设 $\langle L, \leqslant \rangle$ 是一个格，那么对 L 中任意元素 a, b, c，有

(1) $a \leqslant b$ 当且仅当 $a \wedge b = a$ 当且仅当 $a \vee b = b$。

(2) $a \vee (b \wedge c) \leqslant (a \vee b) \wedge (a \vee c)$。

(3) $a \leqslant c$ 当且仅当 $a \vee (b \wedge c) \leqslant (a \vee b) \wedge c$。

定理 7.6 设 L 为一非空集合，$\vee$，$\wedge$ 为 L 上的两个二元运算，如果 $\langle L, \wedge, \vee \rangle$ 中运算 $\wedge$，$\vee$ 满足交换律、结合律和吸收律，则称 $\langle L, \wedge, \vee \rangle$ 为格。即在 L 中可找到一种偏序关系 $\leqslant$，在 $\leqslant$ 作用下，对任意 $a, b \in L$，$a \wedge b = \mathrm{GLB}\{a, b\}$，$a \vee b = \mathrm{LUB}\{a, b\}$。

定理 7.7 设 f 是格 $\langle L, \leqslant_1 \rangle$ 到格 $\langle S, \leqslant_2 \rangle$ 的格同态，则 f 是序同态，即同态是保序的。

定理 7.8 映射 f 是格 $\langle L, \leqslant_1 \rangle$ 到格 $\langle S, \leqslant_2 \rangle$ 的格同构的充分必要条件是 $\forall a, b \in L$，有

$$a \leqslant_1 b \Leftrightarrow f(a) \leqslant_2 f(b)$$

2. 特殊格

全下界（全上界） 如果在格 $\langle L, \leqslant \rangle$ 中，存在一个元素 $a \in L$，均有 $a \leqslant x$（$x \leqslant a$），则称 a 为格的全下界（全上界）（相应于偏序集中的最小元、最大元），且记全下界为 0，全上界为 1。

有界格（bounded lattice） 如果 $\langle L, \wedge, \vee \rangle$ 中既有全上界 1，又有全下界 0，则称 0，1 为格 L 的界（bound），并称格 L 为有界格。

模格（moduler lattice） 如果格 $\langle L, \wedge, \vee \rangle$ 满足：对任意元素 $a, b, c \in L$，有

$$a \leqslant c \Rightarrow a \vee (b \wedge c) = (a \vee b) \wedge c$$

则 L 称为模格。

分配格（distributive lattice） 如果格 $\langle L, \wedge, \vee \rangle$ 满足分配律，即对任意 $a, b, c \in L$，有

$$a \wedge (b \vee c) = (a \wedge b) \vee (a \wedge c)$$
$$a \vee (b \wedge c) = (a \vee b) \wedge (a \vee c)$$

则 L 称为分配格。

注意上述两个分配等式中有一个成立，则另一个必成立。

补元（complements） 设 $\langle L, \wedge, \vee \rangle$ 为有界格，a 为 L 中任意元素，如果存在元素 $b \in L$，使 $a \vee b = 1$，$a \wedge b = 0$，则称 b 是 a 的补元或补。

补元的性质如下：

(1) 补元是相互的，即若 b 是 a 的补，那么 a 也是 b 的补。

(2) 并非有界格中每个元素都有补元，而有补元也不一定唯一。

(3) 全下界 0 与全上界 1 互为补元且唯一。

有补格(complemented lattice) 如果有界格 $\langle L, \vee, \wedge \rangle$ 中每个元素都至少有一个补元，则称 L 为有补格。

定理 7.9 全下(上)界如果存在，则必唯一。

定理 7.10 设 $\langle L, \leqslant \rangle$ 是有界格，则 $\forall a \in L$，有

$$a \wedge 0 = 0, \quad a \wedge 1 = a, \quad a \vee 0 = a, \quad a \vee 1 = 1$$

定理 7.11 格 L 是模格的充分必要条件是它不含有同构于五角格的子格。

定理 7.12 格 $\langle L, \wedge, \vee \rangle$ 为模格的充分必要条件是：对 L 中任意元素 a, b, c，若 $b \leqslant a, a \wedge c = b \wedge c, a \vee c = b \vee c$，则 $a = b$。

定理 7.13 设 $\langle L, \wedge, \vee \rangle$ 为分配格，那么对 L 中任意元素 a, b, c，若 $c \wedge a = c \wedge b$ 并且 $c \vee a = c \vee b$，则 $a = b$。

定理 7.14 若 $\langle L, \leqslant \rangle$ 是链，则 $\langle L, \leqslant \rangle$ 是分配格。

定理 7.15 设 $\langle L, \wedge, \vee \rangle$ 为分配格，则 $\langle L, \wedge, \vee \rangle$ 是模格。

定理 7.16 若 $\langle L, \wedge, \vee \rangle$ 是有补分配格，则 $\forall a \in L$，其补元是唯一的。因此，可用 a' 来表示 a 的补元。

定理 7.17 若 $\langle L, \wedge, \vee \rangle$ 是有补分配格，则 $\forall a \in L$，有 $a'' = (a')' = a$。

定理 7.18(德·摩根律) 设 $\langle L, \vee, \wedge \rangle$ 是有补分配格，则对 L 中任意元素 a, b，有

(1) $(a \wedge b)' = a' \vee b'$

(2) $(a \vee b)' = a' \wedge b'$

定理 7.19 对有补分配格的任何元素 a, b，有 $a \leqslant b$ 当且仅当 $a \wedge b' = 0$ 当且仅当 $a' \vee b = 1$。

3. 布尔代数

布尔代数(Boolean algebra) 设 B 是至少有两个元素的有补分配格，则称 B 是布尔代数。

布尔代数的另一个等价定义：

布尔代数 $\langle B, \wedge, \vee, ' \rangle$ 是代数系统，B 中至少有两个元素，$\wedge, \vee$ 是 B 上二元运算，$'$ 是一元运算，若 $\wedge, \vee$ 满足：

(1) 交换律；

(2) 分配律；

(3) 同一律，存在 $0, 1 \in B$，对 $\forall a \in B$，有 $a \wedge 1 = a, a \vee 0 = a$；

(4) 补元律，对 B 中每一元素 a，均存在元素 a'，使 $a \wedge a' = 0, a \vee a' = 1$，

则称 $\langle B, \wedge, \vee, ' \rangle$ 是布尔代数。

子布尔代数 设 $\langle B, \wedge, \vee, ', 0, 1 \rangle$ 是布尔代数，$S \subseteq B$，若 S 含有 0，1，且在运算 $\wedge, \vee, '$ 下是封闭的，则称 S 是 B 的子布尔代数，记作 $\langle S, \wedge, \vee, ', 0, 1 \rangle$。

布尔同构 设 $\langle B, \wedge, \vee, ', 0, 1 \rangle$ 和 $\langle B^*, \bigcap, \bigcup, \sim, 0, 1 \rangle$ 是两个布尔代数，若存在映射 $f: B \to B^*$ 满足，对任何元素 $a, b \in B$，有

$$f(a \wedge b) = f(a) \bigcap f(b)$$

$$f(a \vee b) = f(a) \bigcup f(b)$$
$$f(a') = \sim(f(a))$$

则称 f 是 $\langle B, \wedge, \vee, ', 0, 1\rangle$ 到 $\langle B^*, \bigcap, \bigcup, \sim, 0, 1\rangle$ 的布尔同态。若 f 是双射，则称 f 是 $\langle B, \wedge, \vee, ', 0, 1\rangle$ 到 $\langle B^*, \bigcap, \bigcup, \sim, 0, 1\rangle$ 的布尔同构。

原子(atoms)　设 B 是布尔代数，如果 a 是元素 0 的一个覆盖，则称 a 是该布尔代数的一个原子。

定理 7.20　设 $\langle B, \wedge, \vee, ', 0, 1\rangle$ 是布尔代数，$S \subseteq B$ 且 $S \neq \varnothing$，若 $\forall a, b \in S$，$a \vee b \in S$，$a' \in S$，则 S 是 B 的子布尔代数，记作 $\langle S, \wedge, \vee, ', 0, 1\rangle$。

定理 7.21　设 $\langle B, \wedge, \vee, ', 0, 1\rangle$ 是布尔代数，B 中的元素 a 是原子的充分必要条件是 $a \neq 0$ 且对 B 中任何元素 x 有

$$x \wedge a = a \quad 或 \quad x \wedge a = 0$$

定理 7.22　设 a, b 为布尔代数 $\langle B, \vee, \wedge, ', 0, 1\rangle$ 中任意两个原子，则 $a = b$ 或 $a \wedge b = 0$。

引理 1　设 $\langle B, \vee, \wedge, ', 0, 1\rangle$ 是一有限布尔代数，则对于 B 中任一非零元素 b，恒有一原子 $a \in B$，使 $a \leqslant b$。

引理 2　设 $\langle B, \vee, \wedge, ', 0, 1\rangle$ 是一有限布尔代数，b 为 B 中任一非零元素，$\forall b \in B$，定义集合 $A(b) = \{a \mid a \in B, a$ 是原子且 $a \leqslant b\}$，并设 $A(b) = \{a_1, a_2, \cdots, a_m\}$，则 $b = a_1 \vee a_2 \vee \cdots \vee a_m = \bigvee_{a \in A(b)} a$，且表达式唯一。

有限布尔代数的表示定理：

定理 7.23　设 $\langle B, \vee, \wedge, ', 0, 1\rangle$ 为有限布尔代数，令 $A = \{a \mid a \in B$ 且 a 是原子$\}$，则 B 同构于布尔代数 $\langle P(A), \bigcup, \bigcap, \sim, \varnothing, A\rangle$。

推论 1　若有限布尔代数有 n 个原子，则它有 2^n 个元素。

推论 2　任何具有 2^n 个元素的布尔代数互相同构。

7.2　例题选解

【**例 7.1**】　判断下列命题是否为真。

(1) $\langle A, \leqslant\rangle$ 是偏序集，若 A 的任何子集均有上确界和下确界，则 $\langle A, \leqslant\rangle$ 是格。　　　　　　　　　　　　（　　）

(2) $\langle A, \leqslant\rangle$ 是格，则 $\forall a, b \in A$，均有 $a \leqslant b$ iff $a \wedge b = a$。（　　）

(3) $\langle A, \leqslant\rangle$ 是格，则 $\forall a, b, c \in A$，均有 $a \wedge (b \vee c) = (a \wedge b) \vee (a \wedge c)$。（　　）

(4) $\langle A, \leqslant\rangle$ 是有限布尔代数，则 $|A| = 2^n$，其中 n 是自然数。（　　）

(5) $\langle A, \leqslant\rangle$ 是格，若 $|A| = 2^n$，则 $\langle A, \leqslant\rangle$ 是布尔代数。（　　）

(6) 任何布尔代数均与 $\langle P(A), \subseteq\rangle$ 同构。（　　）

(7) $\langle A, \leqslant\rangle$ 是有界格，则 $1 = a_1 \vee a_2 \vee \cdots \vee a_r$，其中 1 是全上界，$a_i (1 \leqslant i \leqslant r)$ 是格的全部原子。（　　）

(8) $\langle A, \leqslant\rangle$ 是有界格，则 $0 = a_1 \wedge a_2 \wedge \cdots \wedge a_r$，其中 0 是全下界，$a_i (1 \leqslant i \leqslant r)$ 是格的

全部原子。　　　　　　　　　　　　　　　　　　　　　　　　（　　）

解

(1) 分析：任何子集中包含着任何二元子集。因此答案为（√）。

(2) 答案为（√）。

(3) 分析：格不一定满足分配律。因此答案为（×）。

(4) 答案为（√）。

(5) 分析：例如，构成四元链的偏序集是格且$|A|=2^n$，但不是布尔代数。因此答案为（×）。

(6) 答案为（×）。

(7) 答案为（√）。

(8) 答案为（√）。

【例 7.2】 设 $G=\{1,3,5,6,10,15,30\}$，G 上关系"|"是整除。

(1) 画出$\langle G,|\rangle$的 Hasse 图。

(2) 画出$\langle G,|\rangle$的所有元素个数大于等于 5 的不同构的子格的 Hasse 图。

(3) 上面各子格都是什么格？（分配格，模格，有补格）

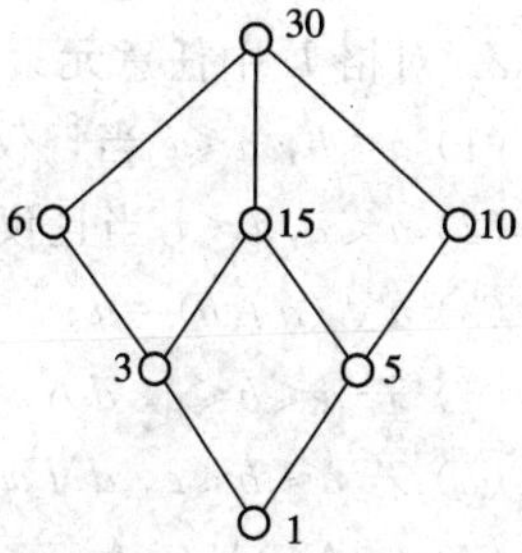

解

(1) $\langle G,|\rangle$的 Hasse 图如图 7.1 所示。

图 7.1

(2) $\langle G,|\rangle$的所有元素个数大于等于 5 的不同构的子格的 Hasse 图如图 7.2 中的(a)、(b)、(c)、(d)、(e)所示。

(3) 图 7.2 中(a)、(b)、(d)是分配格、模格，不是有补格。(c)是有补格，不是分配格和模格。(e)不是上述三种格。

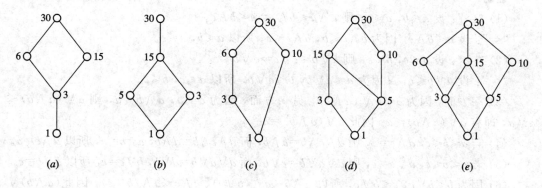

图 7.2

7.3 习题与解答

1. 图 7.3 所示的偏序集，哪一个是格？并说明理由。

解　图 7.3 中的 (c) 不是格。因为其中的 $\{a,b\}$ 没有最小上界。而 (a)、(b)、(d)、(e)、(f) 均是格，因为任意两个元素均有最小上界和最大下界。

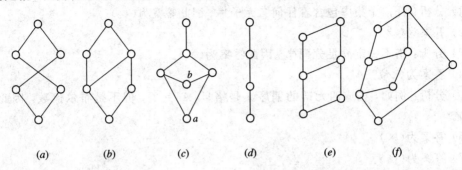

(a)　　　　(b)　　　　(c)　　　　(d)　　　　(e)　　　　(f)

图 7.3

2. 对格 L 中任意元素 a，b，c，d，证明：

(1) $a\leqslant b$，$a\leqslant c$ 当且仅当 $a\leqslant b\wedge c$。

(2) $a\leqslant c$，$b\leqslant c$ 当且仅当 $a\vee b\leqslant c$。

(3) $a\vee(a\wedge b)=a$。

(4) 若 $a\leqslant b\leqslant c$，$d\wedge c=a$，则 $d\wedge b=a$。

(5) 若 $a\leqslant b\leqslant c$，$d\vee a=c$，则 $d\vee b=c$。

(6) $(a\wedge b)\vee(a\wedge c)\leqslant a\wedge(b\vee c)$。

(7) $((a\wedge b)\vee(a\wedge c))\wedge((a\wedge b)\vee(b\wedge c))=a\wedge b$。

(8) $(a\wedge b)\vee(b\wedge c)\vee(c\wedge a)\leqslant(a\vee b)\wedge(b\vee c)\wedge(c\vee a)$。

(9) 若 $a\leqslant b$，则有 $(a\vee(b\wedge c))\wedge c=(b\wedge(a\vee c))\wedge c$。

(10) $a\wedge b<a$ 且 $a\wedge b<b$ 当且仅当 a 与 b 是不可比较的，即 $a\leqslant b$，$b\leqslant a$ 都不能成立。

证明

(1) "$\Rightarrow$"：设 $a\leqslant b$，$a\leqslant c$，则 $a\wedge a\leqslant b\wedge c\Rightarrow a\leqslant b\wedge c$。

"$\Leftarrow$"：设 $a\leqslant b\wedge c$，因为 $b\wedge c\leqslant b$，$b\wedge c\leqslant c$，所以 $a\leqslant b$，$a\leqslant c$。

(2) "$\Rightarrow$"：设 $a\leqslant c$，$b\leqslant c$，则 $a\vee b\leqslant c\vee c\Rightarrow a\vee b\leqslant c$。

"$\Leftarrow$"：设 $a\vee b\leqslant c$，又因为 $a\leqslant a\vee b$，$b\leqslant a\vee b$，所以 $a\leqslant c$，$b\leqslant c$。

(3) 一方面，因为 $a\leqslant a\vee(a\wedge b)$，另一方面，因为 $a\leqslant a$，$a\wedge b\leqslant a$，则 $a\vee(a\wedge b)\leqslant a\vee a$，即有 $a\vee(a\wedge b)\leqslant a$。因此 $a\vee(a\wedge b)=a$。

(4) 若 $a\leqslant b\leqslant c$，$d\wedge c=a$，则 $d\wedge c\wedge b=a\wedge b$，而 $d\wedge c\wedge b=d\wedge b$，$a\wedge b=a$，所以 $d\wedge b=a$。

(5) 若 $a\leqslant b\leqslant c$，$d\vee a=c$，则 $d\vee a\vee b=c\vee b$，而 $d\vee a\vee b=d\vee b$，$b\vee c=c$，所以 $d\vee b=c$。

(6) 因为 $b\leqslant b\vee c$，$c\leqslant b\vee c$，所以 $a\wedge b\leqslant a\wedge(b\vee c)$，$a\wedge c\leqslant a\wedge(b\vee c)$，因此 $(a\wedge b)\vee(a\wedge c)\leqslant a\wedge(b\vee c)$。

(7) 一方面，$a\wedge b\leqslant(a\wedge b)\vee(a\wedge c)$，$a\wedge b\leqslant(a\wedge b)\vee(b\wedge c)$，所以

$$a\wedge b\leqslant((a\wedge b)\vee(a\wedge c))\wedge((a\wedge b)\vee(b\wedge c))$$

另一方面，由 (6) 有

$$(a\wedge b)\vee(a\wedge c)\leqslant a\wedge(b\vee c)$$
$$(a\wedge b)\vee(b\wedge c)\leqslant b\wedge(a\vee c)$$
$$((a\wedge b)\vee(a\wedge c))\wedge((a\wedge b)\vee(b\wedge c))\leqslant a\wedge(b\vee c)\wedge b\wedge(a\vee c)\leqslant a\wedge b$$

综上所知，$((a \wedge b) \vee (a \wedge c)) \wedge ((a \wedge b) \vee (b \wedge c)) = a \wedge b$。

(8) 因为

$$a \wedge b \leqslant a \leqslant a \vee b, \quad a \wedge b \leqslant b \leqslant b \vee c, \quad a \wedge b \leqslant a \leqslant c \vee a$$

$$b \wedge c \leqslant b \leqslant a \vee b, \quad b \wedge c \leqslant b \leqslant b \vee c, \quad b \wedge c \leqslant c \leqslant c \vee a$$

$$c \wedge a \leqslant a \leqslant a \vee b, \quad c \wedge a \leqslant c \leqslant b \vee c, \quad c \wedge a \leqslant c \leqslant c \vee a$$

所以

$$a \wedge b \leqslant (a \vee b) \wedge (b \vee c) \wedge (c \vee a)$$

$$b \wedge c \leqslant (a \vee b) \wedge (b \vee c) \wedge (c \vee a)$$

$$c \wedge a \leqslant (a \vee b) \wedge (b \vee c) \wedge (c \vee a)$$

因此

$$(a \wedge b) \vee (b \wedge c) \vee (c \wedge a) \leqslant (a \vee b) \wedge (b \vee c) \wedge (c \vee a)$$

(9) 若 $a \leqslant b$，则有

$$(b \wedge (a \vee c)) \wedge c = b \wedge ((a \vee c) \wedge c)$$
$$= b \wedge c$$
$$b \wedge c = (b \wedge c) \wedge c$$
$$\leqslant (a \vee (b \wedge c)) \wedge c$$
$$\leqslant (b \wedge (a \vee c)) \wedge c$$
$$= b \wedge c$$

所以

$$(a \vee (b \wedge c)) \wedge c = b \wedge c$$

因此

$$(a \vee (b \wedge c)) \wedge c = (b \wedge (a \vee c)) \wedge c$$

(10) "$\Rightarrow$"：设 $a \wedge b \prec a$ 且 $a \wedge b \prec b$。

用反证法：假设 a 与 b 是可比较的，即 $a \leqslant b$ 或 $b \leqslant a$，从而 $a \wedge b = a$ 或 $a \wedge b = b$，与题设矛盾。

"$\Leftarrow$"：设 a 与 b 是不可比较的，由 $\wedge$，$\vee$ 的定义可知，$a \wedge b \prec a$ 且 $a \wedge b \prec b$。

用反证法：假设 $a \wedge b \prec a$ 不成立或 $a \wedge b \prec b$ 不成立，则或 $a \wedge b = a$ 或 $a \wedge b = b$，从而 a 与 b 是可比较的，与题设矛盾。

因此 $a \wedge b \prec a$ 且 $a \wedge b \prec b$ 当且仅当 a 与 b 是不可比较的，即 $a \leqslant b$，$b \leqslant a$ 都不能成立。

3. 证明：格 L 的两个子格的交仍为 L 的子格。

证明 设 L_1，L_2 为格 L 的两个子格，它们的交为 $L_1 \bigcap L_2$。

显然 $L_1 \bigcap L_2 \subseteq L$。

对任意的

$$a, b \in L_1 \bigcap L_2$$

$\Rightarrow a \in L_1 \bigcap L_2 \wedge b \in L_1 \bigcap L_2$

$\Rightarrow a \in L_1 \wedge a \in L_2 \wedge b \in L_1 \wedge b \in L_2$

$\Rightarrow (a \wedge b \in L_1) \wedge (a \vee b \in L_1) \wedge (a \wedge b \in L_2) \wedge (a \vee b \in L_2)$ （因为 L_1，L_2 是子格）

$\Rightarrow (a \wedge b \in L_1 \bigcap L_2) \wedge (a \vee b \in L_1 \bigcap L_2)$

因此 $L_1 \bigcap L_2$ 是 L 的子格。

4. 设 a，b 为格 L 中的两个元素，证明：$S = \{x \mid x \in L \text{ 且 } a \leqslant x \leqslant b\}$ 可构成 L 的一个

子格。

证明　设 x,y 为 $S=\{x\,|\,x\in L \text{ 且 } a\leqslant x\leqslant b\}$ 中的任意元素，所以

$$a\leqslant x\leqslant b,\ a\leqslant y\leqslant b$$

因此有

$$a\leqslant x\vee y\leqslant b,\quad a\leqslant x\wedge y\leqslant b$$

故 S 为 L 的一个子格。

5. 设 f 为格 L_1 到格 L_2 的同态映射，证明 f 的同态像是 L_2 的子格。

证明　设 x_2,y_2 为 $f(L_1)$ 中的任意元素，则存在 $x_1,y_1\in L_1$，使 $f(x_1)=x_2$，$f(y_1)=y_2$，

$$x_2\wedge y_2=f(x_1)\wedge f(y_1)$$
$$=f(x_1\wedge y_1)\quad\text{（因为 }f\text{ 为格 }L_1\text{ 到格 }L_2\text{ 的同态映射）}$$

因为 L_1 是格，所以 $x_1\wedge y_1\in L_1$，故而 $f(x_1\wedge y_1)\in f(L_1)$，即 $x_2\wedge y_2\in f(L_1)$。

$$x_2\vee y_2=f(x_1)\vee f(y_1)$$
$$=f(x_1\vee y_1)\quad\text{（因为 }f\text{ 为格 }L_1\text{ 到格 }L_2\text{ 的同态映射）}$$

因为 L_1 是格，所以 $x_1\vee y_1\in L_1$，故而 $f(x_1\vee y_1)\in f(L_1)$，即 $x_2\vee y_2\in f(L_1)$。

因此 f 的同态像 $f(L_1)$ 是 L_2 的子格。

6. 设 $\langle L,\vee,\wedge\rangle$ 为格，$a\in L$，令 $L_a=\{x\,|\,x\in L \text{ 且 } x\leqslant a\}$，$M_a=\{x\,|\,x\in L \text{ 且 } a\leqslant x\}$，则 $\langle L_a,\vee,\wedge\rangle$，$\langle M_a,\vee,\wedge\rangle$ 都是 L 的子格。

证明　对任意的 $x,y\in L_a$，因为 $L_a=\{x\,|\,x\in L \text{ 且 } x\leqslant a\}$，则 $x\leqslant a$ 且 $y\leqslant a\Rightarrow x\wedge y\leqslant a$，$x\vee y\leqslant a$，即 $x\wedge y\in L_a$，$x\vee y\in L_a$。所以 L_a 是 L 的子格。

对任意的 $x,y\in M_a$，因为 $M_a=\{x\,|\,x\in L \text{ 且 } a\leqslant x\}$，则 $a\leqslant x$ 且 $a\leqslant y\Rightarrow a\leqslant x\wedge y$，$a\leqslant x\vee y$，即 $x\wedge y\in M_a$，$x\vee y\in M_a$。所以 M_a 是 L 的子格。

7. 证明定理 7.2.2。

证明　由全上界和全下界的定义，有

$$0\leqslant a\wedge 0,\ a\vee 1\leqslant 1$$

由 $\wedge,\vee$ 的定义，有

$$a\wedge 0\leqslant 0,\ 1\leqslant a\vee 1,\ a\wedge 1\leqslant a,\ a\leqslant a\vee 0$$

所以 $a\wedge 0=0$，$a\vee 1=1$。

由 $\wedge,\vee$ 的性质有

$$a\leqslant a,\ 0\leqslant a\Rightarrow a\vee 0\leqslant a$$
$$a\leqslant a,\ a\leqslant 1\Rightarrow a\leqslant a\wedge 1$$

所以 $a\wedge 1=a$，$a\vee 0=a$。

8. 判断图 7.3 所示的 Hasse 图中的格各是什么格？（分配格，模格，补格，布尔格）

解

（a）模格、补格。

（b）分配格、模格。

（d）分配格、模格。

（e）分配格、模格。

（f）补格。

9. 证明定理 7.2.10 中的（2）。

证明　由于
$$(a \lor b) \land (a' \land b') = (a \land (a' \land b')) \lor (b \land (a' \land b')) = 0$$
$$(a \lor b) \lor (a' \land b') = (a \lor b \lor a') \land (a \lor b \lor b') = 1 \land 1 = 1$$

因此 $a' \land b'$ 为 $a \lor b$ 的补元。由补元的唯一性得知：
$$(a \lor b)' = a' \land b'$$

10. 证明：在有界分配格中，有补元的所有元素可以构成一个子格。

证明　设有界分配格 L 中有补元的所有元素组成的集合为 L_1，只要证明 L_1 对 $\land$，$\lor$ 运算封闭即可。

对任意的 $a, b \in L_1$，其补元分别为 a'，b'，因为
$$(a \lor b) \land (a' \land b') = (a \land a' \land b') \lor (b \land a' \land b') = 0$$
$$(a \lor b) \lor (a' \land b') = (a \lor b \lor a') \land (a \lor b \lor b') = 1$$

故 $(a \lor b)' = (a' \land b')$，即有 $a \lor b \in L_1$。因为
$$(a \land b) \land (a' \lor b') = (a \land b \land a') \lor (a \land b \land b') = 0$$
$$(a \land b) \lor (a' \lor b') = (a \lor a' \lor b') \land (b \lor a' \lor b') = 1$$

故 $(a \land b)' = (a' \lor b')$，即有 $a \land b \in L_1$。

因此，L_1 对于运算 $\land$，$\lor$ 封闭，故 L_1 构成 L 的一个子格。

11. 设 $\langle L, \land, \lor \rangle$ 为有补分配格，a, b 为 L 中任意元素，证明：$b' \leqslant a'$ 当且仅当 $a \land b' = 0$ 当且仅当 $a' \lor b = 1$。

证明　$\langle L, \land, \lor \rangle$ 为有补分配格，设 a, b 为 L 中任意元素，

（1）若 $b' \leqslant a'$，则
$$a \land b' = a \land (a' \land b') = (a \land a') \land b' = 0 \land b' = 0$$

（2）若 $a \land b' = 0$，则
$$(a \land b')' = 0' = 1$$

即有 $a' \lor b = 1$。

（3）若 $a' \lor b = 1$，则
$$b' \land a' = 0 \lor (b' \land a')$$
$$= (b' \land b) \lor (b' \land a')$$
$$= b' \land (b \lor a') = b' \land 1 = b'$$

所以 $b' \leqslant a'$。

综合（1）～（3）有 $b' \leqslant a'$ 当且仅当 $a \land b' = 0$ 当且仅当 $a' \lor b = 1$。

12. 设 a 为布尔代数 $\langle B, \land, \lor, ', 0, 1 \rangle$ 的原子，x 为 B 中任一元素，则 $a \leqslant x$ 或 $a \leqslant x'$，但不兼而有之。

证明　用否定一个证明另一个的方法。设 x 为 B 中任一元素，
$$a \leqslant x \Leftrightarrow (a \land x) \neq a \Leftrightarrow (a \land x) < a$$

由题设可知，a 是原子，所以

$$(a \wedge x) = 0 \Rightarrow (a \wedge x) \vee x' = x' \Rightarrow a \vee x' = x' \Rightarrow a \leqslant x'$$

故 $a \leqslant x$ 或 $a \leqslant x'$。

若同时成立，即有 $a \leqslant x$ 且 $a \leqslant x'$，有 $a \wedge x = a$，

$$a \wedge x' = a \Rightarrow (a \wedge x) \wedge (a \wedge x') = a \wedge a$$
$$\Rightarrow a \wedge x \wedge x' = a$$
$$\Rightarrow 0 = a$$

与 a 是原子矛盾。

因此 $a \leqslant x$ 或 $a \leqslant x'$，但不兼而有之。

13. 设 a，b 为布尔代数 B 中任意元素，求证：$a = b$ 当且仅当 $(a \wedge b') \vee (a' \wedge b) = 0$。

证明　"$\Rightarrow$"必要性：显然。

"$\Leftarrow$"充分性：若 $(a \wedge b') \vee (a' \wedge b) = 0$，则

$$a \vee ((a \wedge b') \vee (a' \wedge b)) = a \vee 0$$
$$\Rightarrow a \vee (a' \wedge b) = a$$
$$\Rightarrow a \vee b = a$$

所以 $b \leqslant a$。又

$$b \vee ((a \wedge b') \vee (a' \wedge b)) = b \vee 0$$
$$\Rightarrow b \vee (a \wedge b') = b$$
$$\Rightarrow b \vee a = b$$

所以 $a \leqslant b$。因此 $a = b$。

14. 证明：在布尔同态的定义（定义 7.3.4）中，式（7.3.4）和式（7.3.5）两条件之一可省去。

证明　设

$$f(a \wedge b) = f(a) \bigcap f(b) \tag{7.3.4}$$

则

$$f(a \vee b) = f((a \vee b)'') = f((a' \wedge b')')$$
$$= (f(a' \wedge b'))' = (f(a') \bigcap f(b'))'$$
$$= (f(a'))' \bigcup (f(b'))' = f(a) \bigcup f(b) \tag{7.3.5}$$

设 $f(a \vee b) = f(a) \bigcup f(b)$，同理可证 $f(a \wedge b) = f(a) \bigcap f(b)$。

15. 设 f 为布尔代数 $\langle A, \wedge, \vee, ', 0, 1 \rangle$ 到布尔代数 $\langle B, \wedge, \vee, ', 0, 1 \rangle$ 的布尔同态，则 $f(0) = 0$，$f(1) = 1$。

证明　设 $a \in A$，因为 $\langle A, \wedge, \vee, ', 0, 1 \rangle$ 是布尔代数，则

$$f(0) = f(a \wedge a') = f(a) \wedge f(a') = f(a) \wedge (f(a))' = 0$$
$$f(1) = f(a \vee a') = f(a) \vee f(a') = f(a) \vee (f(a))' = 1$$

16. 设 $\langle B, \wedge, \vee, ', 0, 1 \rangle$ 为布尔代数，定义 B 上环和运算 $\oplus$：对任意 $a, b \in B$，

$$a \oplus b = (a \wedge b') \vee (a' \wedge b)$$
$$a * b = a \wedge b$$

证明：$\langle B, \oplus, * \rangle$ 为一含幺交换环。

证明

(1) 因为 $a \oplus b = (a \wedge b') \vee (a' \wedge b)$，所以 $\oplus$ 运算封闭。

因为 $a \oplus b = (a \wedge b') \vee (a' \wedge b) = (a' \wedge b) \vee (a \wedge b') = b \oplus a$，所以 $\oplus$ 运算满足交换律。

因为

$$a \oplus 0 = (a \wedge 0') \vee (a' \wedge 0) = (a \wedge 1) \vee 0 = a \wedge 1 = a$$

$$0 \oplus a = (0 \wedge a') \vee (0' \wedge a) = 0 \vee (1 \wedge a) = 1 \wedge a = a$$

所以 0 是 $\oplus$ 运算的幺元。

因为对任意元素 $a \in B$，

$$a \oplus a = (a \wedge a') \vee (a' \wedge a) = 0 \vee 0 = 0$$

所以任意元素 a 的逆元为 a。

因此 $\langle B, \oplus \rangle$ 为阿贝尔群。

（2）因为 $a * b = a \wedge b$，$\wedge$ 运算满足结合律、交换律，且 1 是 $\wedge$ 运算的幺元，故 $*$ 运算满足结合律、交换律，且 1 是 $*$ 运算的幺元，所以 $\langle B, * \rangle$ 是一含幺交换半群。

（3）对任意 $a, b, c \in B$，

$$a * (b \oplus c) = a \wedge ((b \wedge c') \vee (b' \wedge c)) = (a \wedge b \wedge c') \vee (a \wedge b' \wedge c)$$

$$(a * b) \oplus (a * c) = (a \wedge b) \oplus (a \wedge c) = ((a \wedge b) \wedge (a \wedge c)') \vee ((a \wedge b)' \wedge (a \wedge c))$$

$$= ((a \wedge b) \wedge (a' \vee c')) \vee ((a' \vee b') \wedge (a \wedge c))$$

$$= (a \wedge b \wedge a') \vee (a \wedge b \wedge c') \vee (a' \wedge a \wedge c) \vee (b' \wedge a \wedge c)$$

$$= (a \wedge b \wedge c') \vee (a \wedge b' \wedge c)$$

综合（1）、（2）和（3）可知，$\langle B, \oplus, * \rangle$ 为一含幺交换环。

17. G 是 12 的因子集合，"|"是 G 上的整除关系。

（1）画出 $\langle G, | \rangle$ 的 Hasse 图。

（2）画出 $\langle G, | \rangle$ 的所有元素个数大于等于 4 的子格的 Hasse 图。

（3）上述各子格都是什么格？（分配格，模格，有补格）

（4）上述各子格中有布尔代数吗？若有，指出并给出原子集合。

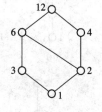

图 7.4

解 $G = \{1, 2, 3, 4, 6, 12\}$

（1）$\langle G, | \rangle$ 的 Hasse 图如图 7.4 所示。

（2）$\langle G, | \rangle$ 的所有元素个数大于等于 4 的子格的 Hasse 图如图 7.5 所示。

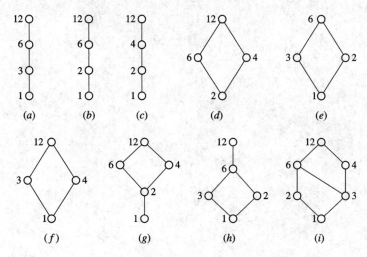

图 7.5

（3）(a)、(b)、(c)均是分配格、模格。(d)、(e)、(f)均是分配格、模格、补格。(i)、(g)、(h)均是分配格、模格。

（4）上述子格中(d)、(e)、(f)是布尔代数。其中(d)的原子集合是$\{4,6\}$，(e)的原子集合是$\{2,3\}$，(f)的原子集合是$\{3,4\}$。

18. 设G是24的因子集合，"|"是G上的整除关系。

（1）画出$\langle G, |\rangle$的 Hasse 图。

（2）画出$\langle G, |\rangle$的所有5元素子格的 Hasse 图。

（3）上述子格各是什么格？（分配格，模格，有补格）

（4）$\langle G, |\rangle$是布尔代数吗？若是，请给出原子集合。

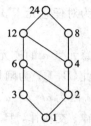

图 7.6

解　$G=\{1,2,3,4,6,8,12,24\}$

（1）$\langle G, |\rangle$的 Hasse 图见图 7.6。

（2）$\langle G, |\rangle$的所有5元素子格的 Hasse 图见图 7.7。

（3）所有的5元素子格均是分配格、模格，而非有补格。

（4）$\langle G, |\rangle$不是布尔代数。

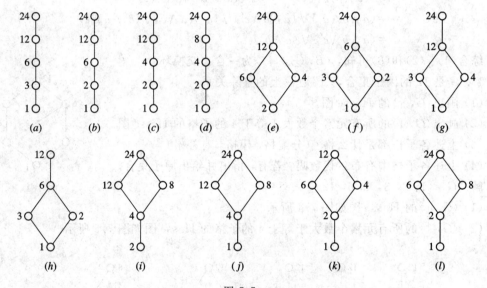

图 7.7

补 充 题 三

3.1 判断题

(1) 定义 $a*b=\max(a,b)$，$a,b\in\mathbf{N}$，$*$ 是可结合的。（ ）

(2) 定义 $a*b=\max(a,b)$，$a,b\in\mathbf{N}$ $*$ 没有幺元。（ ）

(3) 含幺半群中，元素 a 有逆，则逆唯一。（ ）

(4) 半群中，若 $a\circ b=a\circ c$，则 $b=c$。（ ）

(5) 群中，若 $a\circ b=b\circ a$，$\circ(a)=n$，$\circ(b)=m$，则 $\circ(ab)=nm$。（ ）

(6) 群中幂等元是幺元。（ ）

(7) G 是群，G 的任意两子群的乘积是子群。（ ）

(8) G 是群，G 的任意两子群的交是子群。（ ）

(9) G 是群，G 的任意两子群的并是子群。（ ）

(10) 循环群的子群是由一个元生成的子群。（ ）

(11) 循环群的任何子群仍是循环群。（ ）

(12) 循环群必定是可交换群。（ ）

(13) 代数系统间的同构关系是等价关系。（ ）

(14) 设 $f:A\rightarrow B$ 是 $\langle A,*\rangle$ 到 $\langle B,\circ\rangle$ 的同态，若 $\langle A,*\rangle$ 是群，则 $\langle B,\circ\rangle$ 也是群。（ ）

(15) 任何无限循环群都与整数加群 $\langle\mathbf{I},+\rangle$ 同构。（ ）

(16) 群的任何子群的左陪集构成同余类。（ ）

(17) 若 $\langle A,+,*\rangle$ 是域，则它必是整环。（ ）

(18) $A=\{x|x=2n,n\in\mathbf{I}\}$，$+$，$\cdot$ 为普通加法和乘法，$\langle A,+,\cdot\rangle$ 是整环。（ ）

(19) $A=\{x|x=2n+1,n\in\mathbf{I}\}$，$+$，$\cdot$ 为普通加法和乘法，$\langle A,+,\cdot\rangle$ 是整环。（ ）

(20) $A=\{x|x=a+b\sqrt[4]{5},a,b\in\mathbf{R}\}$，$+$，$\cdot$ 为普通加法和乘法，$\langle A,+,\cdot\rangle$ 是整环。（ ）

(21) $A=\{x|x\geqslant0,x\in\mathbf{I}\}$，$+$，$\cdot$ 为普通加法和乘法，$\langle A,+,\cdot\rangle$ 是域。（ ）

(22) $A=\{x|x=a+b\sqrt[3]{5},a,b$ 均为有理数$\}$，$+$，$\cdot$ 为普通加法和乘法，$\langle A,+,\cdot\rangle$ 是域。（ ）

(23) 有理数域上 2×2 矩阵环没有零因子。（ ）

(24) R 是含有有限个元素的环，则 R 是域。（ ）

(25) 在格中，如果 $a\wedge b=a$，则 $a\vee b=b$。（ ）

(26) 在格中，如果 $a\wedge b=a\wedge c$，$a\vee b=a\vee c$，则 $b=c$。（ ）

(27) 三元格必是全序格。（ ）

(28) 设 L 是有补格，则 L 中每个元素都有唯一补。（ ）

(29) 有界格是有限格。（ ）

(30) L_1，L_2 是两个格，则从 L_1 到 L_2 的一个序同态是一个格同态。（ ）

(31) B 是布尔代数，$a,b\in B$，则 $a\vee(a'\wedge b)=a\vee b$。（ ）

（32）没有 12 个元素的布尔代数。（ ）

3.2 选择题

（1）设 $\mathbf{Z}^+=\{x|x\in\mathbf{Z}\wedge x>0\}$，* 表示求两个数的最小公倍数的运算，则 * 在 $\mathbf{Z}^+$ 中（ ）。

A）只满足交换律　　　　　　　　B）只满足结合律

C）满足交换律、幂等律和结合律　　D）这些定律均不满足

（2）设集合 $S=\{x|x=2y,y\in\mathbf{Z}^+\}$，则 S（ ）。

A）在普通乘法下封闭，在普通加法下不封闭

B）在普通加法和普通乘法下均封闭

C）在普通加法下封闭，在普通乘法下不封闭

D）在普通加法和普通乘法下均不封闭

（3）设集合 $S=\{x|x=2y-1,y\in\mathbf{Z}^+\}$，则 S（ ）。

A）在普通乘法下封闭，在普通加法下不封闭

B）在普通加法和普通乘法下均封闭

C）在普通加法下封闭，在普通乘法下不封闭

D）在普通加法和普通乘法下均不封闭

（4）设集合 $S=\{x|x=2^n,n\in\mathbf{Z}^+\}$，则 S（ ）。

A）在普通乘法下封闭，在普通加法下不封闭

B）在普通乘法和普通乘法下均封闭

C）在普通加法下封闭，在普通乘法下不封闭

D）在普通乘法和普通乘法下均不封闭

（5）设 $S=\{0,1,2,3\}$，$\leqslant$ 是小于等于关系，则 S 与 $\leqslant$（ ）。

A）不构成代数系统　　　　　　　　B）是半群，不是独异点

C）是独异点，不是群　　　　　　　D）是群

（6）设 $S=\{0,\pm1,\pm2,\cdots,\pm n\}$，+ 是普通加法，则 S 与 +（ ）。

A）不构成代数系统　　　　　　　　B）是半群，不是独异点

C）是独异点，不是群　　　　　　　D）是群

（7）设 $S=\{1,2,3,6\}$，。是取两个数的最小公倍数，* 是取两个数的最大公约数，则 S 是（ ）。

A）环，不一定是域　　　　　　　　B）格，但不是布尔代数

C）布尔代数　　　　　　　　　　　D）不构成代数系统

（8）设 $G=\{0,1,2,3\}$，$\times_4$ 为模 4 乘法，则 G 中的 2 阶元是（ ）。

A）0　　　　　B）3　　　　　C）2　　　　　D）无

（9）如下代数系统 $\langle G,*\rangle$ 哪个不构成群？（ ）

A）$G=\{1,10\}$，* 是模 11 乘法　　B）$G=\{1,3,4,5,9\}$，* 是模 11 乘法

C）$G=\mathbf{Q}$（有理数），* 是普通加法　D）$G=\mathbf{Q}$（有理数），* 是普通乘法

（10）在自然数集合 $\mathbf{N}$ 上，下列定义的运算中可结合的只有（ ）。

A）$a*b=|a-b|$　　　　　　　　B）$a*b=a+2b$

C）$a*b=\max(a,b)$　　　　　　　D）$a*b=a^b$

3.3 填空题

(1) $\langle A, * \rangle$, $\langle B, \circ \rangle$ 均是代数系统，A 与 B 同态的条件是存在映射 $f: A \to B$，$\forall x, y \in A$ 均有_____。

(2) $A = \{1, 2, 3, 4, \}$，$x * y = \min\{x, y\}$，则代数系统 $\langle A, * \rangle$ 中的零元是____。

(3) 设 **Z** 是整数集合，**Z** 上的二元运算 $\circ$ 定义为：$\forall x, y \in \mathbf{Z}$，$x \circ y = x + y - 2$，则群 $\langle \mathbf{Z}, \circ \rangle$ 中的单位元为_____。

(4) 设 S 是集合 $\{a, b, c\}$ 上的双射函数的集合，S 关于函数的复合运算构成群，$f = \{\langle a, b \rangle, \langle b, c \rangle, \langle c, a \rangle\}$，则 f 的逆元是_____。

(5) 设 G 是 n 阶群，S 是其 m 阶子群，则 m 与 n 必有关系_____。

(6) 设 G 是 12 阶循环群，则其生成元为 a、a^5、a^7 和_____。

(7) 设 G 是 n 阶循环群，则 G 有 $\varphi(n)$ 个生成元，其中 $\varphi(n)$ 为欧拉函数，$\varphi(n) =$_____。

(8) 设群 $G = \langle P(A), \oplus \rangle$，其中 $P(A)$ 是 A 的幂集，$\oplus$ 为对称差运算，任意的 $B \subseteq A$ 且 $B \neq \varnothing$，则由 B 生成的循环子群 $\langle B \rangle$ 的阶为_____。

(9) $\langle A, \leqslant \rangle$ 是格，$\forall a, b, c \in A$ 均有模不等式：$a \leqslant b \Leftrightarrow$_____。

(10) $\langle \mathbf{I}_+, | \rangle$ 是格，$\forall a, b \in \mathbf{I}_+$，$a \vee b =$_____。

(11) $\langle \mathbf{I}_+, | \rangle$ 是格，$\forall a, b \in \mathbf{I}_+$，$a \wedge b =$_____。

(12) $\langle A, \leqslant \rangle$ 是格，$\forall a, b, c \in A$ 均有分配不等式：$a \vee (b \wedge c)$____$(a \vee b) \wedge (a \vee c)$。

(13) $\langle A, \leqslant \rangle$ 是格，$\forall a, b, c \in A$ 均有分配不等式：$a \wedge (b \vee c)$____$(a \wedge b) \vee (a \wedge c)$。

(14) $\langle A, \wedge, \vee \rangle$ 是有限布尔代数，则必有 $|A| =$_____（$|A|$ 是集合 A 的基数）。

(15) $A = \{a, b, c, d\}$，布尔代数 $\langle P(A), \cap, \cup \rangle$ 的原子集合为_____。

■ 补充题三答案

3.1

(1) $\checkmark$	(2) $\times$	(3) $\checkmark$	(4) $\times$	(5) $\times$
(6) $\checkmark$	(7) $\times$	(8) $\checkmark$	(9) $\times$	(10) $\checkmark$
(11) $\checkmark$	(12) $\checkmark$	(13) $\checkmark$	(14) $\checkmark$	(15) $\checkmark$
(16) $\checkmark$	(17) $\checkmark$	(18) $\times$	(19) $\times$	(20) $\checkmark$
(21) $\times$	(22) $\times$	(23) $\checkmark$	(24) $\checkmark$	(25) $\checkmark$
(26) $\times$	(27) $\checkmark$	(28) $\times$	(29) $\times$	(30) $\times$
(31) $\checkmark$	(32) $\checkmark$			

3.2

(1) C)	(2) B)	(3) A)	(4) A)	(5) A)
(6) A)	(7) C)	(8) B)	(9) D)	(10) C)

3.3

(1) $f(x * y) = f(x) \circ f(y)$

(2) 1

(3) 2

(4) $\{\langle a,c\rangle,\langle b,a\rangle,\langle c,b\rangle\}$

(5) $m\mid n$　（分析：由 Lagrange 定理知：m 必是 n 的因子）

(6) a^{11}

(7) 小于 n 的基数个数

(8) $|A|$ 的因子　（$|A|$ 是集合 A 的基数）

(9) $a\vee(b\wedge c)\leqslant b\wedge(a\vee c)$

(10) a 与 b 的最小公倍数

(11) a 与 b 的最大公约数

(12) $\leqslant$

(13) $\geqslant$

(14) 2^n，$n\in\mathbf{N}$

(15) $\{\{a\},\{b\},\{c\},\{d\}\}$

第四篇　图论基础

第八章 图的基本概念

8.1 概 述

【知识点】

■ 无向图、有向图
■ 通路、回路、图的连通性
■ 图的矩阵表示

【学习基本要求】

1. 理解图的基本概念：无向图与有向图，有限图，零图与平凡图，简单图与多重图，正则图，完全图，子图与生成子图，补图，图的同构，图中顶点的度数。能灵活运用握手定理及推论，会判断两个图的同构。了解图的矩阵表示。

2. 理解路与回路的概念：初级通路与简单通路，初级回路与简单回路。

3. 理解图的连通性的概念：无向连通图、连通分支、有向连通图(强连通图、单向连通图、弱连通图)。理解点割集与割点，边割集与桥。

4. 了解图的矩阵表示：有向图的邻接矩阵、可达矩阵，无向图的关联矩阵和有向无环图的关联矩阵。

【内容提要】

无序积 A、B 是任意两个非空集合，A 与 B 的无序积 $A\&B=\{(a,b)\mid a\in A,b\in B\}$，具有性质 $(a,b)=(b,a)$。

无向图 二元组 $G=\langle V,E\rangle$，其中 $V(V\neq\varnothing)$ 是顶点集，E 是边集，E 是无序积 $V\&V$ 的多重子集时，其元素为无向边，图 G 为无向图。

有向图 二元组 $G=\langle V,E\rangle$，其中 $V(V\neq\varnothing)$ 是顶点集，E 是边集，E 是有序积 $V\times V$ 的多重子集时，其元素为有向边，图 G 为有向图。

图 无向图或有向图的统称。

有限图 顶点集 V 和边集 E 均是有穷集的图。$|V|=n$ 的图称为 n 阶图。

标定图 顶点或边标了名称的图。

关联 当边 $e_i=(v_j,v_k)$ 时，称 v_j 和 v_k 是 e_i 的端点，并称 e_i 与 v_j 和 v_k 相关联。当 $e_i=\langle v_j,v_k\rangle$ 是有向边时，又称 v_j 是 e_i 的起点，v_k 是 e_i 的终点。

邻接(相邻)点　同一条边的两个端点。对有向边$\langle v_j , v_k \rangle$，称$S_k$邻接于$v_j$。

孤立顶点　没有边与之关联的顶点。

零图　顶点集V非空但边集E为空集的图。

平凡图　$|V|=n=1$，$|E|=m=0$的图。

邻接边　关联同一个顶点的两条边。

环　关联同一个顶点的一条边$((v , v)$或$\langle v , v \rangle)$。

平行边　关联一对顶点的m条边$(m \geqslant 2$，称重数，若是有向边，则应方向相同)。

多重图　含有平行边(无环)的图。

简单图　不含平行边和环的图。

无向完全图　每对顶点间均有边相连的无向简单图。n阶完全图记作K_n。

竞赛图　在K_n的每条边上任取一个方向的有向图。

有向完全图　每对顶点间均有一对方向相反的边相连的有向图。

顶点的度数　顶点所关联的边数。顶点v的度数记作$d(v)$。

出度　在有向图中，以顶点v为起点的边数称顶点v的出度，记作$d^+(v)$。

入度　在有向图中，以顶点v为终点的边数称顶点v的入度，记作$d^-(v)$。

图G的最大度　$\Delta(G)=\max\{d(v)|v \in V(G)\}$

图G的最小度　$\delta(G)=\min\{d(v)|v \in V(G)\}$

有向图G的最大出度　$\Delta^+(G)=\max\{d^+(v)|v \in V(G)\}$

有向图G的最小出度　$\delta^+(G)=\min\{d^+(v)|v \in V(G)\}$

有向图G的最大入度　$\Delta^-(G)=\max\{d^-(v)|v \in V(G)\}$

有向图G的最小入度　$\delta^-(G)=\min\{d^-(v)|v \in V(G)\}$

k度正则图　每个顶点的度数均是k的无向简单图。

子图　$G=\langle V , E \rangle$，$G'=\langle V' , E' \rangle$均是图(同为有向或无向)，若$V' \subseteq V$，$E' \subseteq E$，则称$G'$是$G$的子图，记作$G' \subseteq G$。

真子图　$G=\langle V , E \rangle$，$G'=\langle V' , E' \rangle$均是图(同为有向或无向)，若$V' \subset V$或$E' \subset E$，则称$G'$是$G$的真子图，记作$G' \subset G$。

生成子图　$G=\langle V , E \rangle$，$G'=\langle V' , E' \rangle$均是图(同为有向或无向)，若$V'=V$，$E' \subseteq E$，则称$G'$是$G$的生成子图。

导出子图　$G_1=\langle V_1 , E_1 \rangle$是$G=\langle V , E \rangle$的子图，若$V' \subseteq V$且$V' \neq \varnothing$，$E_1$由端点均在$V_1$中的所有边组成，则称$G_1$是由$V_1$导出的导出子图，记作$G[V_1]$；若$E_1 \subseteq E$且$E_1 \neq \varnothing$，$V_1$由$E_1$中边所关联的所有顶点组成，则称$G_1$是由$E_1$导出的导出子图，记作$G[E_1]$。

补图　G为n阶简单图，由G的所有顶点和能使G成为完全图的添加边所构成的图称为G的相对于完全图的补图，简称G的补图，记作$\bar{G}$。

图的同构　设有两个图$G_1=\langle V_1 , E_1 \rangle$，$G_2=\langle V_2 , E_2 \rangle$，如果存在着双射$f:V_1 \rightarrow V_2$，使得$(v_i , v_j) \in E_1$当且仅当$(f(v_i) , f(v_j)) \in E_2$(或者$\langle v_i , v_j \rangle \in E_1$当且仅当$\langle f(v_i) , f(v_j) \rangle \in E_2$)且它们的重数相同，则称图$G_1$与$G_2$同构，记作$G_1 \cong G_2$。

通路　图中的一条通路是一个点、边交替的序列$v_{i1} e_{i1} v_{i2} e_{i2} \cdots v_{ip-1} e_{ip-1} v_{ip}$，其中$v_{ik} \in V$，$e_{ik} \in E$(其中$e_{ik}=(v_{ik} , v_{ik+1})$或者$e_{ik}=\langle v_{ik} , v_{ik+1} \rangle)$，$v_{i1}$、$v_{ip}$分别称为通路的起点和终点。

回路 起点和终点重合的通路。

路的长度 一条通路中所包含的边数。

简单通路(迹) 顶点可重复但边不可重复的通路。

初级通路(路径) 顶点不可重复的通路。

简单回路(闭迹) 边不重复的回路。

初级回路(圈) 顶点不可重复(仅起、终点重复)的回路。

连通 在无向图 G 中,之间存在通路的顶点。规定任何顶点自身是连通的。

连通图 任二顶点均连通的无向图 G 或平凡图。否则为非连通图或分离图。

连通分支 无向图 $G=\langle V, E\rangle$ 中 V 的子集 $V_i(1 \leqslant i \leqslant k)$ 的连通导出子图 $G[V_i]$,其中 $V_1 \bigcup V_2 \bigcup \cdots \bigcup V_k=V$,$V_1 \bigcap V_2 \bigcap \cdots \bigcap V_k=\varnothing$,且当 $i \neq j(i, j=1, 2, \cdots, k)$ 时,V_i 与 V_j 中的顶点彼此不连通。

点割集 设无向图 $G=\langle V, E\rangle$,若存在顶点集 $V' \subset V$,使得 $P(G-V')>P(G)$,而对于任意的 $V'' \subset V'$,均有 $P(G-V'')=P(G)$(即扩大图的连通分支数,V' 具有极小性),则称 V' 是 G 的一个点割集。如果 G 的某个点割集中只有一个顶点,则称该点为割点。

边割集 设无向图 $G=\langle V, E\rangle$,若存在边集 $E' \subset E$,使得 $P(G-E')>P(G)$,而对于任意的 $E'' \subset E'$,均有 $P(G-E'')=P(G)$(即扩大图的连通分支数,E' 具有极小性),则称 E' 是 G 的一个边割集。如果 G 的某个边割集中只有一条边,则称该边为割边或桥。

点连通度 设 G 是一无向连通图,称 $\kappa(G)$ 为 G 的点连通度。

$$\kappa(G)=\min\{|V'| \mid V' \text{ 是 } G \text{ 的点割集或 } V' \text{ 使 } G-V' \text{ 成平凡图}\}$$

边连通度 设 G 是一无向连通图,称 $\lambda(G)$ 为 G 的边连通度。

$$\lambda(G)=\min\{|E'| \mid E' \text{ 是 } G \text{ 的边割集}\}$$

可达 设 $G=\langle V, E\rangle$ 是一有向图,$\forall u, v \in V$,若从 u 到 v 存在通路,则称 u 可达 v,规定 u 到自身总是可达的;若 u 可达 v,同时 v 可达 u,则称 u 与 v 相互可达。

强连通图 任二顶点间均相互可达的简单有向图。

单向连通图 任二顶点间至少从一个顶点到另一个顶点是可达的简单有向图。

弱连通图 若在忽略 G 中各边的方向时 G 是无向连通图的简单有向图 G。

强分图 在简单有向图 G 中,具有极大强连通性的子图。

单向分图 在简单有向图 G 中,具有极大单向连通性的子图。

弱分图 在简单有向图 G 中,具有极大弱连通性的子图。

注 强分图的定义中"极大"的含义是:对该子图再加入其他顶点,它便不再具有强连通性。对单向分图、弱分图也类似。

有向图的邻接矩阵 设 $G=\langle V, E\rangle$ 是一有向图,$V=\{v_1, v_2, \cdots, v_n\}$,称 $\boldsymbol{A}(G)=(a_{ij}^{(1)})_{n \times n}$ 为图 G 的邻接矩阵,其中 $a_{ij}^{(1)}$ 是顶点 v_i 邻接到顶点 v_j 的条数。

有向图的可达矩阵 设 $G=\langle V, E\rangle$ 是一有向图,$V=\{v_1, v_2, \cdots, v_n\}$,称 $\boldsymbol{P}(G)=(p_{ij})_{n \times n}$ 为图 G 的可达矩阵,其中

$$p_{ij}=\begin{cases} 1 & v_i \text{ 可达 } v_j \\ 0 & \text{否则} \end{cases}$$

无向图的关联矩阵 设无向图 $G=\langle V, E\rangle$,$V=\{v_1, v_2, \cdots, v_n\}$,$E=\{e_1, e_2, \cdots, e_m\}$,称 $\boldsymbol{M}(G)=(m_{ij})_{n \times m}$ 为 G 的关联矩阵,其中

$$m_{ij} = \begin{cases} 0 & v_i \text{ 与 } e_j \text{ 不关联} \\ 1 & v_i \text{ 是 } e_j \text{ 的一个端点} \\ 2 & e_j \text{ 是关联 } v_i \text{ 的一个环} \end{cases}$$

有向无环图的关联矩阵　设 $G = \langle V, E \rangle$ 是有向无环图，$V = \{v_1, v_2, \cdots, v_n\}$，$E = \{e_1, e_2, \cdots, e_m\}$，$\boldsymbol{M}(G) = (m_{ij})_{n \times m}$ 为 G 的关联矩阵，其中

$$m_{ij} = \begin{cases} 1 & v_i \text{ 是 } e_j \text{ 的起点} \\ 0 & v_i \text{ 与 } e_j \text{ 不关联} \\ -1 & v_i \text{ 是 } e_j \text{ 的终点} \end{cases}$$

定理 8.1(握手定理)　任一图 $G = \langle V, E \rangle$ 中，顶点的度数的总和等于边数的二倍，即

$$\sum_{v \in V} d(v) = 2 \mid E \mid$$

推论　任一图中，奇度数顶点必有偶数个。

定理 8.2　若 $G = \langle V, E \rangle$ 是有向图，则 $\sum\limits_{v \in V} d^+(v) = \sum\limits_{v \in V} d^-(v) = \mid E \mid$。

定理 8.3　在一个 n 阶图中，若从顶点 u 到顶点 $v(u \neq v)$ 存在通路，则必存在从 u 到 v 的初级通路且路长小于等于 $n-1$。

推论　n 阶图中，任何初级回路的长度不大于 n。

定理 8.4　对于任何一个图 G，$\kappa(G) \leqslant \lambda(G) \leqslant \delta(G)$。

定理 8.5　有向图 G 是强连通的，当且仅当 G 中有一条包含每个顶点至少一次的回路。

定理 8.6　有向图 G 是单向连通的，当且仅当 G 中有一条包含每个顶点至少一次的通路。

定理 8.7　有向图 $G = \langle V, E \rangle$ 中，每个顶点在且仅在一个强分图中。

定理 8.8　设 $\boldsymbol{A}(G)$ 为 n 阶有向图 G 的邻接矩阵，则 $\boldsymbol{A}^l(G)(l \geqslant 1)$ 中元素 $a_{ij}^{(l)}$ 为从顶点 v_i 到 v_j 长度为 l 的通路数，$\sum\limits_{i=1}^{n} \sum\limits_{j=1}^{n} a_{ij}^{(l)}$ 为 G 中长度为 l 的通路总数，$\sum\limits_{i=1}^{n} a_{ii}^{(l)}$ 为 G 中长度为 l 的回路总数。

推论　设矩阵 $\boldsymbol{B}_l(G) = \boldsymbol{A}(G) + \boldsymbol{A}^2(G) + \cdots + \boldsymbol{A}^l(G)(l \geqslant 1)$，则 $\boldsymbol{B}_l(G)$ 中元素 $b_{ij}^{(l)}$ 为从顶点 v_i 到 v_j 长度小于等于 l 的通路数，$\sum\limits_{i=1}^{n} \sum\limits_{j=1}^{n} b_{ij}^{(l)}$ 为 G 中长度小于等于 l 的通路总数，$\sum\limits_{i=1}^{n} b_{ii}^{(l)}$ 为 G 中长度小于等于 l 的回路总数。

8.2　例 题 选 解

【例 8.1】　给定下列 6 个图：

$G_1 = \langle V_1, E_1 \rangle$，其中 $V_1 = \{a, b, c, d, e\}$，$E_1 = \{(a, b)(a, c)(a, e)(b, c)(b, d)(d, e)\}$。

$G_2 = \langle V_2, E_2 \rangle$，其中 $V_2 = V_1$，$E_2 = \{(a, b)(b, a)(c, e)(e, b)\}$。

$G_3 = \langle V_3, E_3 \rangle$，其中 $V_3 = V_1$，$E_3 = \{(a, b), (b, e), (c, d), (e, e)\}$。

$G_4 = \langle V_4, E_4 \rangle$，其中 $V_4 = V_1$，$E_4 = \{\langle a, c \rangle, \langle a, e \rangle, \langle b, a \rangle, \langle c, b \rangle, \langle d, c \rangle, \langle d, a \rangle, \langle e, d \rangle\}$。

$G_5 = \langle V_5, E_5 \rangle$，其中 $V_5 = V_1$，$E_5 = \{\langle a, c \rangle, \langle a, b \rangle, \langle b, a \rangle, \langle c, e \rangle, \langle d, c \rangle, \langle e, d \rangle\}$。

$G_6 = \langle V_6, E_6 \rangle$，其中 $V_6 = V_1$，$E_6 = \{\langle b, a \rangle, \langle c, a \rangle, \langle c, e \rangle, \langle d, e \rangle, \langle e, e \rangle\}$。

根据以上 6 个图，回答下面问题：

(1) 哪些图是无向图？哪些图是有向图？

(2) 哪几个图是简单图？哪几个图是多重图？

(3) 几个无向图的连通性如何？指出它们的点连通度和边连通度各是多少。

(4) 写出 $\delta(G_2)$，$\Delta(G_3)$，$\delta(G_4)$，$\Delta(G_4)$，$\delta^+(G_6)$，$\Delta^+(G_6)$，$\delta^-(G_6)$，$\Delta^-(G_6)$。

(5) 几个有向图的连通性如何？指出它们的强分图、单向分图和弱分图。

(6) G_1 和 G_4 中各有几个非同构的圈（初级回路）？

(7) 写出 G_2 的关联矩阵。

(8) 写出 G_5 的邻接矩阵和可达矩阵。

解 先画出 6 个图（见图 8.1），再回答问题。

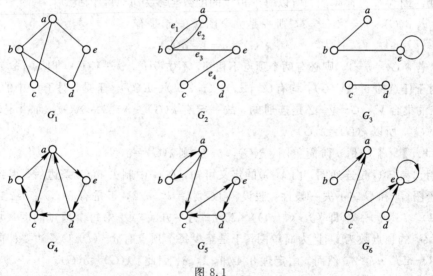

图 8.1

(1) G_1，G_2，G_3 是无向图，G_4，G_5，G_6 是有向图。

(2) G_1，G_4，G_5 是简单图，G_2 是多重图。

(3) 无向图中，G_1 是连通图，其点连通度 $\kappa(G_1)$ 和边连通度 $\lambda(G_1)$ 均为 2；G_2，G_3 均非连通图，故点连通度 $\kappa(G_2)$、$\kappa(G_3)$ 和边连通度 $\lambda(G_2)$、$\lambda(G_3)$ 均为 0。

(4) $\delta(G_2) = 0$，$\Delta(G_3) = 3$，$\delta(G_4) = 2$，$\Delta(G_4) = 4$，$\delta^+(G_6) = 0$，$\Delta^+(G_6) = 2$，$\delta^-(G_6) = 0$，$\Delta^-(G_6) = 3$。

(5) 有向图中，G_4 是强连通图，强分图、单向分图和弱分图均是 G_4 自己；G_5 是单向连通图，强分图是顶点子集 $\{a, b\}$，$\{c, d, e\}$ 的导出子图，单向分图和弱分图均是 G_5 自己；G_6 是弱连通图，强分图为顶点子集 $\{a\}$，$\{b\}$，$\{c\}$，$\{d\}$，$\{e\}$ 的导出子图，单向分图为顶点子集 $\{a, b\}$，$\{a, c\}$，$\{c, e\}$，$\{d, e\}$ 的导出子图，弱分图是 G_6 自己。

(6) 不同构的圈即长度不同的初级回路，G_1 中有三个：$abca$，$acbdea$ 和 $abdea$；G_4 中

有两个：$acba$ 和 $aedcba$。

（7）G_2 的关联矩阵为

$$M(G_2)=\begin{bmatrix} 1 & 1 & 0 & 0 \\ 1 & 1 & 1 & 0 \\ 0 & 0 & 0 & 1 \\ 0 & 0 & 0 & 0 \\ 0 & 0 & 1 & 1 \end{bmatrix}$$

（8）G_5 的邻接矩阵和可达矩阵分别为

$$A(G_5)=\begin{bmatrix} 0 & 1 & 1 & 0 & 0 \\ 1 & 0 & 0 & 0 & 0 \\ 0 & 0 & 0 & 0 & 1 \\ 0 & 0 & 1 & 0 & 0 \\ 0 & 0 & 0 & 1 & 0 \end{bmatrix}, \quad P(G_5)=\begin{bmatrix} 1 & 1 & 1 & 1 & 1 \\ 1 & 1 & 1 & 1 & 1 \\ 0 & 0 & 1 & 1 & 1 \\ 0 & 0 & 1 & 1 & 1 \\ 0 & 0 & 1 & 1 & 1 \end{bmatrix}$$

【例 8.2】 若 G 是 n 阶简单图，$\delta(G) \geqslant n-2$，则 $\kappa(G)=\delta(G)$。

证明 因为 G 是简单图，所以每个顶点的度数至多为 $n-1$，因此

（1）若 $\delta(G)=n-1>n-2$，则 G 是完全图 K_n，于是有

$$\kappa(G)=n-1=\delta(G)$$

（2）若 $\delta(G)=n-2$，则必有两个顶点不相邻，不妨设 $v_1, v_2 \in V(G)$，但 $(v_1, v_2) \notin E(G)$。因而，对于任意的 $v_3 \in V(G)$，均有 $(v_1, v_3), (v_2, v_3) \in E(G)$。于是，对于 G 中的任意 $n-3$ 个顶点的集合 V_1，$G-V_1$ 必是连通的，故一定有 $\kappa(G) \geqslant n-2=\delta(G)$，而由定理8.4 知 $\kappa(G) \leqslant \delta(G)$，所以 $\kappa(G)=\delta(G)$。

【例 8.3】 若 G 是 n 阶简单图，$\delta(G) \geqslant n/2$，则 $\lambda(G)=\delta(G)$。

证明 易知 G 是连通图，由 $\lambda(G)$ 的定义可知，在 G 中删去 $\lambda(G)$ 条边后，得到 G 的两个连通子图 G_1 和 G_2。不失一般性，假设 $|V(G_1)|=l \leqslant n/2$，于是有 $\delta(G) \geqslant n/2 \geqslant l$，所以 $\delta \cdot (l-1) \geqslant l \cdot (l-1)$，即 $(\delta-(l-1)) \cdot l \geqslant 0$。另一方面，$G_1$ 中每个顶点的度数均大于等于 δ，而 G_1 的顶点数为 l，且为简单图，于是至少每个顶点有 $\delta-(l-1)$ 条边要伸向 G_2，故 $\lambda \geqslant (\delta-(l-1)) \cdot l \geqslant \delta$。然而，由定理 8.4 知，$\lambda \leqslant \delta$，因此，$\lambda(G)=\delta(G)$。

【例 8.4】 17 名学生在某周内（按 5 天计算）合作完成 3 项试验，事后发现，他们中的任何两个人都恰好在同一天做过同一试验。

（1）用无向完全图描述以上事实。

（2）证明：对于每个人都至少有另外 6 个人分别与他在同一天做同一个试验。

（3）证明：存在至少 3 个人同一天做过同一个试验。

分析 以做试验的每个人为顶点，若有两个人在同一天做过同一个试验，则在他们对应的顶点之间连一条边。因为有 17 个学生，他们中的任何两个人都恰好在同一天做过同一试验，所以所得的图是 17 阶无向完全图 K_{17}，此即（1）所求。为证（2）和（3），在 K_{17} 的每条边上标记形如 (x, y) 的权，其中第一分量 x 表示周一到周五中的周 x，第二分量 y 表示所做三个试验中的第 y 个试验，(x, y) 表示该边的两个端点所对应的两个学生在周 x 做同一试验 y，于是得到一个 17 阶无向带权完全图 G。由完全图定义知，G 中每个顶点均关联 16

条边。(2)的证明归结为：求证在这 16 条边中，至少有 6 条边的权的第二个分量相同。(3)的证明归结为：求证在 G 的相邻边中，至少有 2 条边的权相同。

解

(1) 构造无向图 $G=\langle V, E\rangle$，其中

$V=\{v|v$ 是做试验的学生$\}$

$E=\{(u, v)|u, v\in V, u\neq v, u$ 与 v 同一天做同一个试验$\}$

因为 17 名学生中的任何两个人都恰好在同一天做过同一试验，所以所得的图是 17 阶无向完全图 K_{17}。

(2) 设(1)中所求图 G 的顶点集 $V=\{v_1, v_2, \cdots, v_{17}\}$，按如下的方法给 G 的每一条边标记权：

如果学生 u 和 v 在周 x 做过同一试验 y，则在边 (u, v) 上标记权 (x, y)。这样，G 为 17 阶带权无向完全图，G 中任意顶点 v_i 均与 16 条边相关联。如果对于每个人不存在至少另外 6 个人分别与他同一天做同一个试验，亦即，与 v_i 关联的 16 条边中，权的第二个分量或均为 1，或均为 2，或均为 3 的边数都小于等于 5，则 v_i 最多关联 15 条边，这与它关联 16 条边矛盾，故(2)的结论成立。

(3) 按照权的标记方法，G 中所有边的权至多为 $(1, 1)$，$(2, 1)$，$\cdots$，$(5, 1)$，$(1, 2)$，$(2, 2)$，$\cdots$，$(5, 2)$，$(1, 3)$，$(2, 3)$，$\cdots$，$(5, 3)$ 这 15 个不同的权。假设不存在至少 3 个人同一天做过同一个试验，亦即，G 中相邻边的权均不相同。因为 G 的每个顶点均关联 16 条边，即存在 16 条边相邻。根据假设有 16 个不同的权，与 G 中至多有 15 个不同的权矛盾，故(3)的结论成立。

8.3 习 题 与 解 答

1. 顶点度数列为 1, 1, 2, 3, 3 的无向简单图有几个？

答 1 个。

2. 证明：1, 3, 3, 4, 5, 6, 6 不是简单无向图的度数列。

证明 此图有 7 个顶点，假设是简单图，则其中两个 6 度顶点均与其余 6 个顶点邻接，故图中不能有 1 度顶点，所以 1, 3, 3, 4, 5, 6, 6 不是简单图的度数列。

3. 设图 G 有 n 个顶点，$n+1$ 条边，证明 G 中至少有一个顶点的度数大于等于 3。

证明 假设图 G 中的顶点的度数均至多为 2，则由握手定理知

$$2(n+1) = \sum_{i=1}^{n} d(v_i) \leqslant 2n$$

产生矛盾。故 G 中至少有一个顶点的度数大于等于 3。

4. 在简单图中若顶点数大于等于 2，则至少有两个顶点的度数相同。

证明 假设简单图 G 有 $n(n > 2)$ 个顶点，各顶点的度数均不相同，因为简单图 $\Delta(G)\leqslant n-1$，所以度数列应为 $0, 1, 2, \cdots, n-1$。其中的 $n-1$ 度顶点应与其余所有顶点邻接，与 G 中有 0 度顶点矛盾，故 G 中至少有两个顶点的度数相同。

5. 证明定理 8.1.2。

证明　在有向图 $G = \langle V, E \rangle$ 中，$\forall e \in E$，均得到 G 中的一个出度和一个入度，因此有

$$\sum_{v \in V} d^+(v) = \sum_{v \in V} d^-(v) \quad 且 \quad \sum_{v \in V} d(v) = \sum_{v \in V} d^+(v) + \sum_{v \in V} d^-(v)$$

再由握手定理即可知

$$\sum_{v \in V} d^+(v) = \sum_{v \in V} d^-(v) = m \quad (m = |E|)$$

6. G 是 $n(n > 2)$ 阶无向简单图，n 为奇数，则 G 与 $\overline{G}$ 所含的奇度数顶点数相等。

证明　因为 $V(G) = V(\overline{G}) = V(K_n)$，$\forall v \in V$，$v$ 在 G 中的度数 $d_G(v)$ 与 v 在 $\overline{G}$ 中的度数 $d_{\overline{G}}(v)$ 之和等于 v 在 K_n 中的度数 $d_K(v)$，又因为当 $n > 2$ 是奇数时，$d_K(v) = n-1$ 是偶数，所以必有 $d_G(v)$、$d_{\overline{G}}(v)$ 同奇、同偶。故 G 与 $\overline{G}$ 所含的奇度数顶点数相等。

7. 证明图 8.2 中，图 (a) 与 (b) 同构，图 (c) 与 (d) 不同构。

证明　标定图的顶点如图 8.2 所示，做映射 $f: V(a) \to V(b)$，$f(i) = f(i')$，显然 f 是双射，所以图 (a) 与图 (b) 同构。

因为图 (c) 中唯一的 3 度顶点 a 关联两个 2 度顶点和一个 1 度顶点，而图 (d) 中唯一的 3 度顶点 b 关联两个 1 度顶点和一个 2 度顶点，故图 (c) 与图 (d) 不同构。

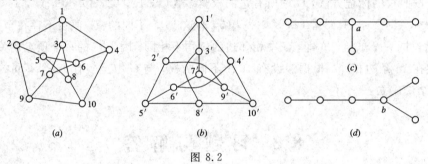

图 8.2

8. 画出 4 阶无向完全图 K_4 的所有非同构的子图，并指出哪些是生成子图和生成子图的互补情况。

解　4 阶无向完全图 K_4 的所有非同构的子图如图 8.3 所示。

其中，$(8) \sim (18)$ 为生成子图，(8) 与 (18) 互补，(9) 与 (17) 互补，(10) 与 (15) 互补，(11) 与 (16) 互补，(12) 与 (14) 互补，(13) 自补。

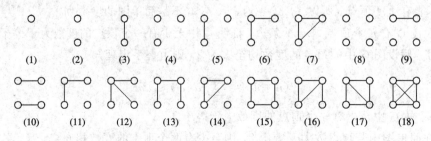

图 8.3

9. 画出 3 阶有向完全图 D_3 的所有非同构的生成子图，指出每个图的补图。

解　3 阶有向完全图的所有非同构的生成子图如图 8.4 所示。

其中，(1)与(16)互补，(2)与(15)互补，(3)与(11)互补，(4)与(13)互补，(5)与(12)互补，(6)与(14)互补，(7)、(8)、(9)、(10)均自补。

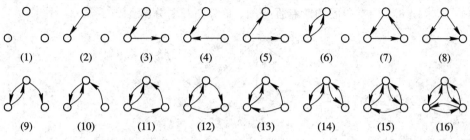

图 8.4

10. 如果一个图 G 同构于自己的补图 $\bar{G}$，则称该图为自补图。

(1) 有几个非同构的 4 阶和 5 阶的无向自补图？

(2) 是否有 3 阶和 6 阶的无向自补图？

解

(1) 只有一个非同构的 4 阶自补图。见前面第 8 题(13)。

非同构的 5 阶自补图有两个(见图 8.5)。

(2) 没有 3 阶和 6 阶的自补图。因为 $E(G) \bigcup E(\bar{G}) = E(K_n)$，$E(G) \bigcap E(\bar{G}) = \varnothing$，若 G 同构于自己的补图 $\bar{G}$，则必有 $E(G) = E(\bar{G})$，故 $|E(K_n)|$ 应为偶数，而 $|E(K_3)| = 3$，$|E(K_6)| = 15$。

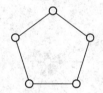 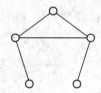

图 8.5

11. G 是 $n(n \geqslant 3)$ 阶连通图，G 没有桥，当且仅当对 G 的每一对顶点和每一条边，有一条连接这两个顶点而不含这条边的通路。

证明 充分性(用反证法)。假设 G 中有桥为 e，e 的两个端点是 u 和 v，则对这一对顶点和这条边，没有一条连接这两个顶点而不含这条边的通路，与条件矛盾，所以，G 中没有桥。

必要性。已知 G 中没有桥，所以 $\forall e \in E(G)$，$G-e$ 均连通，即对每一对顶点均有一条连接这两个顶点而不含 e 的通路。

12. 一个连通无向图 G 中的顶点 v 是割点的充分必要条件是存在两个顶点 u 和 w，使得顶点 u 和 w 之间的每一条路都通过 v。

证明 必要性。假设连通无向图 G 中的顶点 v 是割点，则 $G-v$ 为非连通图，至少有两个连通分支设为 G_1、G_2，取 $u \in G_1$，$w \in G_2$，u、w 在 $G-v$ 中不连通，现将 v 加回去还原成 G，因 G 是连通图，所以 u、w 之间必有路，由此可知：u 和 w 之间的每一条路都通过 v。

充分性。假设 u 和 w 之间的每一条路都通过 v，则 G 去掉 v 后 u 与 w 之间必无路，即 $G-v$ 不连通，因此 v 是割点。

13. 求出图 8.2(a) 的 $\kappa(G)$、$\lambda(G)$ 和 $\delta(G)$。

解　$\kappa(G) = 3$，$\lambda(G) = 3$，$\delta(G) = 3$

14. 试求图 8.6 中有向图的所有强分图、单分图和弱分图。

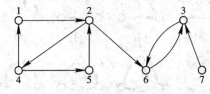

图 8.6

解　强分图：图 8.7(a)，单向分图：图 8.7(b)，弱分图：原图。

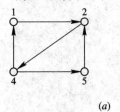　　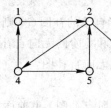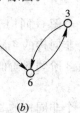

　　　　　　(a)　　　　　　　　　　　　　　　　　　(b)

图 8.7

15. 图 8.6 中有向图所对应的二元关系是否是可传递的？若不是，试求此图的传递闭包。

解　不是可传递的。因为 $\langle 1, 2 \rangle \in R$，$\langle 2, 6 \rangle \in R$，但 $\langle 1, 6 \rangle \notin R$。

传递闭包见图 8.8（虚线是为传递所添加的边）。

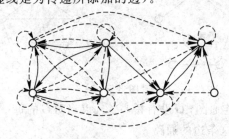

图 8.8

16. 证明图的每一个顶点和每一条边都只包含在一个弱分图中。

证明　将有向图 G 每条边上的方向忽略，则得一无向图 G'。由弱分图的定义可知，G 的每个弱分图与 G' 的每个连通分支一一对应。因为在无向图 G' 中，每一个顶点和每一条边都只包含在一个连通分支中，所以在有向图 G 中，每一个顶点和每一条边都只包含在一个弱分图中。

17. 有向图 G 如图 8.9 所示，计算 G 的邻接矩阵的前 4 次幂，回答下列问题。

(1) G 中 v_1 到 v_4 的长度为 4 的通路有几条？

(2) G 中 v_1 到 v_1 的长度为 4 的回路有几条？

(3) G 中长度为 4 的通路总数是多少？其中有多少条是回路？

(4) G 中长度小于等于 4 的通路有几条？其中有多少条是回路？

(5) 写出 G 的可达矩阵。

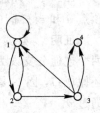

图 8.9

解 G 的邻接矩阵为 $A(G)$，

$$A = \begin{bmatrix} 1 & 1 & 0 & 0 \\ 1 & 0 & 1 & 0 \\ 1 & 0 & 0 & 2 \\ 0 & 0 & 0 & 0 \end{bmatrix}, \quad A^2 = \begin{bmatrix} 2 & 1 & 1 & 0 \\ 2 & 1 & 0 & 2 \\ 1 & 1 & 0 & 0 \\ 0 & 0 & 0 & 0 \end{bmatrix}$$

$$A^3 = \begin{bmatrix} 4 & 2 & 1 & 2 \\ 3 & 2 & 1 & 0 \\ 2 & 1 & 1 & 0 \\ 0 & 0 & 0 & 0 \end{bmatrix}, \quad A^4 = \begin{bmatrix} 7 & 4 & 2 & 2 \\ 6 & 3 & 2 & 2 \\ 4 & 2 & 1 & 2 \\ 0 & 0 & 0 & 0 \end{bmatrix}$$

(1) G 中 v_1 到 v_4 的长度为 4 的通路有 2 条。

(2) G 中 v_1 到 v_1 的长度为 4 的回路有 7 条。

(3) G 中长度为 4 的通路总数是 37 条，其中有 11 条是回路。

(4) G 中长度小于等于 4 的通路有 74 条，其中有 22 条是回路。

(5) G 的可达矩阵为

$$P(G) = \begin{bmatrix} 1 & 1 & 1 & 1 \\ 1 & 1 & 1 & 1 \\ 1 & 1 & 1 & 1 \\ 0 & 0 & 0 & 1 \end{bmatrix}$$

18. 给定图 $G=\langle V, E \rangle$，其中 $V=\{v_1, v_2, \cdots, v_n\}$，定义 G 的距离矩阵 D 为

$$D = (d_{ij}), \quad d_{ij} = d\langle v_1, v_j \rangle$$

对图 8.10 中的有向图

(1) 按定义求距离矩阵。

(2) 试用邻接矩阵 A 求距离矩阵。

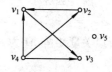

图 8.10

解

(1) 由定义可得距离矩阵为

$$D = \begin{bmatrix} 0 & \infty & 1 & \infty & \infty \\ 1 & 0 & 2 & \infty & \infty \\ \infty & \infty & 0 & \infty & \infty \\ 1 & 1 & 1 & 0 & \infty \\ \infty & \infty & \infty & \infty & \infty \end{bmatrix}$$

(2) 因为

$$A = \begin{bmatrix} 0 & 0 & 1 & 0 & 0 \\ 1 & 0 & 0 & 0 & 0 \\ 0 & 0 & 0 & 0 & 0 \\ 1 & 1 & 1 & 0 & 0 \\ 0 & 0 & 0 & 0 & 0 \end{bmatrix}$$

所以由 A 可求得 A^2, A^3, A^4, A^5 分别为

$$\boldsymbol{A}^2 = \begin{bmatrix} 0 & 0 & 0 & 0 & 0 \\ 0 & 0 & 1 & 0 & 0 \\ 0 & 0 & 0 & 0 & 0 \\ 1 & 0 & 1 & 0 & 0 \\ 0 & 0 & 0 & 0 & 0 \end{bmatrix}, \quad \boldsymbol{A}^3 = \begin{bmatrix} 0 & 0 & 0 & 0 & 0 \\ 0 & 0 & 0 & 0 & 0 \\ 0 & 0 & 0 & 0 & 0 \\ 0 & 0 & 1 & 0 & 0 \\ 0 & 0 & 0 & 0 & 0 \end{bmatrix}$$

$$\boldsymbol{A}^4 = \begin{bmatrix} 0 & 0 & 0 & 0 & 0 \\ 0 & 0 & 0 & 0 & 0 \\ 0 & 0 & 0 & 0 & 0 \\ 0 & 0 & 0 & 0 & 0 \\ 0 & 0 & 0 & 0 & 0 \end{bmatrix}, \quad \boldsymbol{A}^5 = \begin{bmatrix} 0 & 0 & 0 & 0 & 0 \\ 0 & 0 & 0 & 0 & 0 \\ 0 & 0 & 0 & 0 & 0 \\ 0 & 0 & 0 & 0 & 0 \\ 0 & 0 & 0 & 0 & 0 \end{bmatrix}$$

又因为 $\boldsymbol{A}^i(i=1,2,3,4,5)$ 中的第 j 行第 k 个元素代表 v_j 到 v_k 长度为 i 的通路条数，所以可得距离矩阵为

$$\boldsymbol{D} = \begin{bmatrix} 0 & \infty & 1 & \infty & \infty \\ 1 & 0 & 2 & \infty & \infty \\ \infty & \infty & 0 & \infty & \infty \\ 1 & 1 & 1 & 0 & \infty \\ \infty & \infty & \infty & \infty & \infty \end{bmatrix}$$

19. 试求图 8.10 中有向图的关联矩阵。

解 因为

$$e_1 = \langle v_2, v_1 \rangle, \quad e_2 = \langle v_4, v_1 \rangle, \quad e_3 = \langle v_4, v_3 \rangle, \quad e_4 = \langle v_4, v_2 \rangle, \quad e_5 = \langle v_1, v_3 \rangle$$

所以关联矩阵 $\boldsymbol{M}$ 为

$$\boldsymbol{M} = \begin{array}{c} \\ v_1 \\ v_2 \\ v_3 \\ v_4 \end{array} \begin{array}{ccccc} e_1 & e_2 & e_3 & e_4 & e_5 \\ \begin{bmatrix} -1 & -1 & 0 & 0 & 1 \\ 1 & 0 & 0 & -1 & 0 \\ 0 & 0 & -1 & 0 & -1 \\ 0 & 0 & -1 & 0 & -1 \end{bmatrix} \end{array}$$

20. 给定带权图，如图 8.11 所示，求顶点 a 到其它各顶点的最短路程和路径。

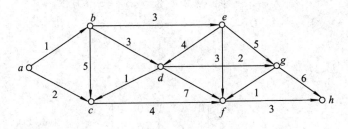

图 8.11

解 利用迪杰斯特拉算法按如下步骤可得表 8.1。

第一步：记 a 到各可达顶点的距离为对应弧的权值，a 到各不可达顶点的距离记为 ∞，a 到 a 本身的距离记为 0。

第二步：选出最短距离 1，将对应的 b 后面用 a 标识，同时记 a 到 b 最短路径为 $a \rightarrow b$

并填入第二步的最短路径中。再找到可通过 b 缩短上一步距离的点 d、e，并更改 a 到 d 的距离为 a 到 b 的距离 1 加上 b 到 d 的对应弧的权值 3，a 到 e 的距离为最短距离 1 加上 b 到 e 的对应弧的权值 3，所以 a 到 d 的距离更改为 4，a 到 d 的距离更改为 4。

第三步：选出最短距离 2，将对应的 c 后面用 a 标识，同时记 a 到 c 最短路径为 $a \to c$ 并填入第三步的最短路径中。再找到可通过 c 缩短上一步距离的 f，并更改 a 到 f 的距离为 a 到 c 的距离 2 加上 c 到 f 的对应弧的权值 4，所以 a 到 f 的距离更改为 6。

第四步：选出最短距离 4，将对应的 d 后面用 b 标识，同时记 a 到 d 最短路径为 $a \to b \to d$ 并填入第四步的最短路径中。由于未找到可通过 d 缩短上一步距离的点，因此不做更改。

第五步：选出最短距离 4，将对应的 e 后面用 b 标识，同时记 a 到 e 最短路径为 $a \to b \to e$ 并填入第五步的最短路径中。由于未找到可通过 e 缩短上一步距离的点，因此不做更改。

第六步：选出最短距离 6，将对应的 f 后面用 c 标识，同时记 a 到 f 最短路径为 $a \to c \to f$ 并填入第六步的最短路径中。再找到可通过 f 缩短上一步距离的点 h，并更改 a 到 h 的距离为 a 到 f 的距离 6 加上 f 到 h 的对应弧的权值 3，所以 a 到 f 的距离更改为 9。

第七步：选出最短距离 6，将对应的 g 后面用 d 标识，同时记 a 到 g 最短路径为 $a \to b \to d \to g$ 并填入第七步的最短路径中。由于未找到可通过 g 缩短上一步距离的点，因此不做更改。

第八步：选出最短距离 9，将对应的 h 后面用 f 标识，同时记 a 到 h 最短路径为 $a \to c \to f \to h$ 并填入第八步的最短路径中。

表 8.1 最短路径表

	a	b	c	d	e	f	g	h	最短路径
第一步	[0]	1	2	∞	∞	∞	∞	∞	
第二步		[1]/a	2	4	4	∞	∞	∞	$a \to b$
第三步			[2]/a	4	4	6	∞	∞	$a \to c$
第四步				[4]/b	4	6	6	∞	$a \to b \to d$
第五步					[4]/b	6	6	∞	$a \to b \to e$
第六步						[6]/c	6	9	$a \to c \to f$
第七步							[6]/d	9	$a \to b \to d \to g$
第八步								[9]/f	$a \to c \to f \to h$

由上表可得：顶点 a 到顶点 b，c，d，e，f，g，h 的路程分别为 1，2，4，4，6，6，9；顶点 a 到顶点 b，c，d，e，f，g，h 的最短路径分别为：$a \to b$；$a \to c$；$a \to b \to d$；$a \to b \to e$；$a \to c \to f$；$a \to b \to d \to g$；$a \to c \to f \to h$。

第九章 树

9.1 概　述

【知识点】

■ 无向树与生成树
■ 根树及其应用

【学习基本要求】

1. 理解无向树及等价定义，会画顶点数等于 $n(n \leqslant 7)$ 的全体非同构的无向树。

2. 理解生成树的概念，会求生成树对应的基本回路、基本回路系统，基本割集、基本割集系统。熟练掌握求带权图最小生成树的方法。

3. 理解根树的概念，掌握根树的各种类型：m 元树、正则树、完全树、有序树、位置树、子树。会将给定的有序树转化为二元位置树。

4. 了解二元前缀码与二元树的关系，熟练掌握求最优二元树的 Huffman 算法，并由此求出对应的最优二元前缀码。

【内容提要】

无向树　连通无回路的无向图，简称树，记作 T。

树叶、分支点　树中度数等于1的顶点称为树叶，其余顶点称为分支点。

平凡树　只有一个顶点，无边的图（即平凡图）。

森林　每个连通分支均为树的无向图。

树的等价定义　$T = \langle V, E \rangle (|V| = m, |E| = n)$ 是树，当且仅当以下五条之一成立。

(1) T 中无回路且 $m = n - 1$，其中 m 为边数，n 为顶点数。

(2) T 是连通图且 $m = n - 1$。

(3) T 中无回路，但增一条边，则得到一条且仅一条初级回路。

(4) T 连通且每条边均是桥。

(5) T 是简单图，每对顶点间有唯一的一条初级通路。

生成树　无向图 G 的构成树的一个生成子图。

树枝、弦、余树　如果 T 是 G 的一棵生成树，则称 G 在 T 中的边为 T 的树枝，G 不在 T 中的边为 T 的弦，T 的所有弦的集合的导出子图称为 T 的余树（亦称 T 的补）。

基本回路、基本回路系统　设 $G=\langle V, E\rangle$ ($|V|=m$, $|E|=n$) 是无向连通图，T 是 G 的一棵生成树，G 中仅含 T 的一条弦 e_r ($1\leqslant r\leqslant m-n+1$) 的回路 C_r 称为对应 e_r 的基本回路，称 $\{C_1, C_2, \cdots, C_{m-n+1}\}$ 为对应 T 的基本回路系统。

基本割集、基本割集系统　设 $G=\langle V, E\rangle$ ($|V|=m$, $|E|=n$) 是无向连通图，T 是 G 的一棵生成树，G 中仅含 T 的一个树枝 e_r ($1\leqslant r\leqslant n-1$)，其余均为弦的边割集 S_r 称为对应 e_r 的基本割集，称 $\{S_1, S_2, \cdots, S_{n-1}\}$ 为对应 T 的基本割集系统。

带权图　对图 G 的每条边附加上一个实数 $\omega(e)$，称 $\omega(e)$ 为边 e 上的权，G 连同附加在各边上的权称为带权图，常记作 $G=\langle V, E, \omega\rangle$。

生成树的权　设 T 是 G 的生成树，称 $\sum\limits_{e\in E(T)}\omega(e)$ 为 T 的权，记作 $\omega(T)$。

最小生成树　无向连通带权图 $G=\langle V, E, \omega\rangle$ 中带权最小的生成树，也称 G 的最优树。

有向树　在不考虑方向时为无向树的有向图。

根树　恰有一个顶点入度为 0，其余顶点的入度均为 1 的有向树。

树根、树叶、内点、分支点　根树中入度为 0 的顶点称为树根，出度为 0 的顶点称为树叶，入度为 1、出度不为 0 的顶点称为内点，内点和树根统称为分支点。

层数、树高　在根树中，从树根 v_0 到每个顶点 v_i 有唯一一条初级通路，该通路的长度称为点 v_i 的层数，记作 $l(v_i)$，其中最大的层数称为树高，记作 $h(T)$。

子根树　在根树 T 中，所有的内点、树叶均是树根的后代，由某个顶点 v_i 及其所有的后代构成的导出子图 T' 称为 T 的以 v_i 为根的子根树。

有序树　每一层的顶点都按一定的次序排列的根树。

根树 T 中，邻接于顶点 v 的所有顶点称为 v 的儿子。

m 元树　每个顶点至多有 m 个儿子的根树。

m 元正则树　每个顶点都有 m 个或 0 个儿子的根树。

m 元有序树　若 T 是 m 元树，并且是有序的。

m 元有序正则树　若 T 是 m 元正则树，并且是有序的。

m 元完全正则树　若 T 是 m 元正则树，且所有树叶的层数都等于树高。

m 元有序完全正则树　若 T 是 m 元完全正则树，且是有序的。

m 元位置树　T 中每个顶点的儿子均规定了确定的位置的 m 元树。

叶带权树　设根树 T 有 t 片树叶 $v_1, v_2, \cdots, v_t$，它们分别带权 $\omega_1, \omega_2, \cdots, \omega_t$，则称 T 为（叶）带权树，称 $W(T)=\sum\limits_{i=1}^{t}\omega_i l_i$ 为 T 的权，其中 l_i 是 v_i 的层数。

最优二元树　所有叶带权 $\omega_1, \omega_2, \cdots, \omega_t$ 的二元树中，权最小的二元树称为最优二元树，简称最优树（又称 Huffman 树）。

前缀　设 $a_1a_2\cdots a_n$ 是长度为 n 的符号串，称其子串 $a_1, a_1a_2, \cdots, a_1a_2\cdots a_{n-1}$ 分别为该符号串的长度为 1, 2, $\cdots$, $n-1$ 的前缀。

前缀码　设 $A=\{\beta_1, \beta_2, \cdots, \beta_n\}$ 为一个符号串集合，若 A 中任意两个不同的符号串 β_i 和 β_j 互不为前缀，则称 A 为一组前缀码。

二元前缀码　符号串中只出现两个符号的前缀码。

最佳二元前缀码　由最优二元树 T 产生的二元前缀码，又称 Huffman 码。

定理 9.1　任何一棵非平凡树 T 至少有两片树叶。

定理 9.2　无向图 G 有生成树的充分必要条件是 G 为连通图。

定理 9.3　设连通图 G 的各边的权均不相同，则回路中权最大的边必不在 G 的最小生成树中。

定理 9.4　设 T 是一棵带权 $\omega_1 \leqslant \omega_2 \leqslant \cdots \leqslant \omega_t$ 的最优二元树，则带最小权 ω_1，ω_2 的树叶 v_1 和 v_2 是兄弟，且以它们为儿子的分支点层数最大。

定理 9.5(Huffman 定理)　设 T 是带权 $\omega_1 \leqslant \omega_2 \leqslant \cdots \leqslant \omega_t$ 的最优二元树，如果将 T 中带权为 ω_1 和 ω_2 的树叶去掉，并以它们的父亲作树叶，且带权 $\omega_1 + \omega_2$，记所得新树为 $\hat{T}$，则 $\hat{T}$ 是带权为 $\omega_1 + \omega_2$，ω_3，$\cdots$，ω_t 的最优树。

求最小生成树的算法 —— 克鲁斯卡尔(Kruskal) 的避圈法：

(1) 选 $e_1 \in E(G)$，使得 $\omega(e_1) = \min$。

(2) 若 e_1，e_2，$\cdots$，e_i 已选好，则从 $E(G) - \{e_1, e_2, \cdots, e_i\}$ 中选取 e_{i+1}，使得 $G[\{e_1, e_2, \cdots, e_{i+1}\}]$ 中无圈，且 $\omega(e_{i+1}) = \min$。

(3) 继续进行到选得 e_{n-1} 为止。

有序树转化为二元位置树的步骤如下：

(1) 对于每个顶点只保留左儿子。

(2) 兄弟间从左到右连接。

(3) 对于每个分支点，保留的左儿子仍做左儿子，右边邻接的顶点做右儿子。

求最优二元树的算法 ——Huffman 算法：

令 $S = \{\omega_1, \omega_2, \cdots, \omega_t\}$，$\omega_1 \leqslant \omega_2 \leqslant \cdots \leqslant \omega_t$，$\omega_i$ 是树叶 v_i 所带的权$(i = 1, 2, \cdots, t)$。

(1) 在 S 中选取两个最小的权 ω_i，ω_j，使它们对应的顶点 v_i，v_j 做兄弟，得一分支点 v_r，令其带权 $\omega_r = \omega_i + \omega_j$。

(2) 从 S 中去掉 ω_i，ω_j，再加入 ω_r。

(3) 若 S 中只有一个元素，则停止，否则转到(1)。

9.2　例 题 选 解

【例 9.1】　设 G 为 $n(n \geqslant 5)$ 阶简单图，证明 G 或 $\overline{G}$ 中必有圈。

分析　无圈的简单图称为森林，森林的连通分支是树，而树的顶点数 n 与边数 m 有关系：$m = n - 1$。因此只需利用点、边之间的数量关系，证明 G 与 $\overline{G}$ 不均是森林即可。

证明

方法 1：若 G 中含有圈，则命题成立。假设 G 中无圈，则其边数 $|E(G)| \leqslant n - 1$(因为连通无圈的无向图是树，$|E(G)| = n - 1$)，所以补图 $\overline{G}$ 的边数 $|E(\overline{G})| \geqslant \frac{1}{2}n(n-1) - (n-1) = \left(\frac{n}{2} - 1\right)(n-1) > n - 1$(当 $n \geqslant 5$ 时)，因而作为简单图 $\overline{G}$ 必是连通图，故 $\overline{G}$ 中有生成树 T 且含有多于 $\left(\frac{n}{2} - 2\right)(n-1)$ 条的弦，向 T 中增加一条弦，必形成圈。因此，G 或

$\overline{G}$ 中必有圈。

方法2：假设 G 与 $\overline{G}$ 中均无圈，则 G 与 $\overline{G}$ 均是森林。将 G 中的树（即连通分支）记为 G_1，G_2，$\cdots$，$G_r(1 \leqslant r \leqslant n)$，将 $\overline{G}$ 中的树记为 $\overline{G}_1,\overline{G}_2,\cdots,\overline{G}_s(1 \leqslant s \leqslant n)$，则

$$|E(G)| = (n_1-1) + (n_2-1) + \cdots + (n_r-1)$$

$$= \sum_{i=1}^{r} n_i - r = n - r \quad (\text{其中 } n_i = |V(G_i)|)$$

$$|E(\overline{G})| = (\overline{n}_1-1) + (\overline{n}_2-1) + \cdots + (\overline{n}_s-1) = n - s \quad (\text{其中 } \overline{n}_i = |V(\overline{G}_i)|)$$

因为 $E(G) \bigcap E(\overline{G}) = \varnothing$，所以 $|E(G)| + |E(\overline{G})| = 2n - r - s$，又因为 $E(G) \bigcup E(\overline{G}) = E(K_n)$，$|E(K_n)| = \dfrac{1}{2}n(n-1)$，于是 $\dfrac{1}{2}n(n-1) - (2n-r-s) = 0$。而由于 $r \geqslant 1$，$s \geqslant 1$，得

$$\frac{1}{2}n(n-1) - (2n-r-s) \geqslant \frac{1}{2}n(n-1) - (2n-2)$$

$$= \frac{1}{2}(n-4)(n-1) > 0 \quad (n \geqslant 5)$$

矛盾，故 G 或 $\overline{G}$ 中必有圈。

【例9.2】 有八枚硬币，其中恰有一枚是假币，假币比真币重。试用一架天平称出假币，使称量的次数尽可能少。

解 给八枚硬币编号，用一棵根树（见图9.1）表示称量策略，其中每个分支点表示一次称量，其邻接的三条边表示左右盘高低的状况，左边表示左盘低，右边表示右盘低，中间边表示两盘水平。分支点上的数目表示左右盘上所称硬币的号码，假币一定在一次称量中较低的盘中，树叶上的数目表示假币。只要称两次即可称出假币。

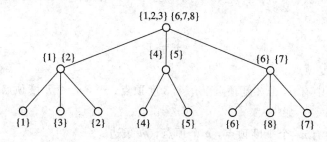

图 9.1

【例9.3】 设 $G = \langle V, E \rangle$ 是一连通无向边权图且各边的权不相等，(V_1, V_2) 是对 V 的一个划分，即 $V_1 \bigcup V_2 = V$，$V_1 \bigcap V_2 = \varnothing$，且 V_1，V_2 均非空，则 V_1 与 V_2 间的最短边一定在 G 的最小生成树上。

证明 设 e 是 V_1 与 V_2 之间的最短边，G 的最小生成树为 T，若 e 不在 T 上，则 e 是关于 T 的一条弦，$T+e$ 有唯一的一个圈 C，因为 T 是连通图 G 的最小生成树，所以 C 上除 e 之外定有另一条在 V_1 与 V_2 之间的边 e_1，且 $\omega(e_1) > \omega(e)$，因为 $T+e-e_1$ 是连通图且与 T 的边数相同，所以 $T+e-e_1$ 也是 G 的一棵生成树，而 $\omega(T+e-e_1) = \omega(T) + \omega(e) - \omega(e_1) < \omega(T)$，这与 T 是最小生成树矛盾，故 V_1 与 V_2 间的最短边一定在 G 的最小生成树上。

9.3　习题与解答

1. 画出所有非同构的 6 阶无向树。

解　图 9.2 给出了所有非同构的 6 阶无向树。

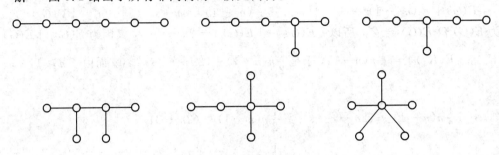

图 9.2

2. 无向树 T 中有 7 片树叶，3 个 3 度顶点，其余都是 4 度顶点，T 中有多少个 4 度顶点？

解　设 T 中有 n 个顶点，m 条边，x 个 4 度顶点。

由握手定理

$$2m = \sum_{v \in V} d(v)$$

得

$$2m = 2(n-1) = 2(7+3+x-1) = 18 + 2x = \sum_{v \in V} d(v) = 7 + 3 \times 3 + 4x = 16 + 4x$$

解得

$$x = 1$$

故 T 中有 1 个 4 度顶点。

3. 无向树 T 中有 n_2 个 2 度顶点，n_3 个 3 度顶点，$\cdots$，n_k 个 k 度顶点，T 中有多少个 1 度顶点？

解　设 T 中有 n_1 个 1 度顶点，n 个顶点，m 条边。

由握手定理

$$2m = \sum_{v \in V} d(v)$$

得

$$2m = 2(n-1) = 2(n_1 + n_2 + \cdots + n_k - 1) = \sum_{v \in V} d(v) = n_1 + 2n_2 + 3n_3 + \cdots + kn_k$$

解得

$$n_1 = 2 + \sum_{i=3}^{k} (i-2)n_i$$

4. 设有无向图 G 如图 9.3 所示。

(1) 画出 G 的关于完全图的补图 $\overline{G}$。

(2) 画出 $\overline{G}$ 的所有不同构的生成树。

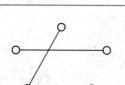

图 9.3

解 G 的关于完全图的补图 $\overline{G}$ 及其生成树如图 9.4 所示。

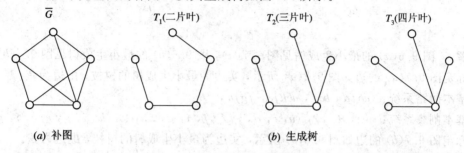

(a) 补图   (b) 生成树

图 9.4

5. 如图 9.5 所示两个无向图，其中实线边所示生成子图为 G 的一棵生成树 T。

(1) 指出 T 的所有弦，及 T 所对应的基本回路系统。

(2) 指出 T 的所有树枝，及 T 所对应的基本割集系统。

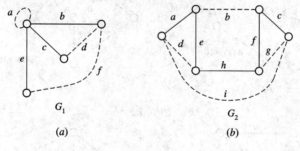

图 9.5

解

(1) 关于图 G_1：弦 a，对应的基本回路为 a；弦 d，对应的基本回路为 bcd；弦 f，对应的基本回路为 bef；T 对应的基本回路系统为 $\{a, bcd, def\}$。

关于图 G_2：弦 b，对应的基本回路为 $behf$；弦 d，对应的基本回路为 ade；弦 g，对应的基本回路为 cfg；弦 i，对应的基本回路为 $aicfhe$；T 对应的基本回路系统为 $\{behf, ade, cfg, aicfhe\}$。

(2) 关于图 G_1：树枝 b，对应的基本割集为 $\{b, d, f\}$；树枝 c，对应的基本割集为 $\{c, d\}$；树枝 e，对应的基本割集为 $\{e, f\}$；T 对应的基本割集系统为 $\{\{b,d,f\}, \{c,d\}, \{e,f\}\}$。

关于图 G_2：树枝 a，对应的基本割集为 $\{a, d, i\}$；树枝 c，对应的基本割集为 $\{c, g, i\}$；树枝 e，对应的基本割集为 $\{e, d, b, i\}$；树枝 f，对应的基本割集为 $\{b, f, g, i\}$；树枝 h，对应的基本割集为 $\{b, h, i\}$；T 对应的基本割集系统为 $\{\{a,d,i\}, \{c,g,i\}, \{e,d,b,i\}, \{b,f,g,i\}, \{b,h,i\}\}$。

6. 求图 9.6 所示的两个带权图的最小生成树，计算它们的权，并写出关于这棵生成树的基本割集系统和基本回路系统。

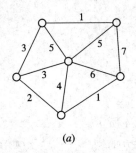
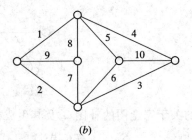

(a)   (b)

图 9.6

解 图 9.6(a) 的最小生成树见图 9.7(a)，图 9.6(b) 的最小生成树见图 9.7(b)。

标定图 9.7(a) 的边如图 9.8(a) 所示，实边为最小生成树的树枝，虚边为弦。

基本回路系统：$\{abfd，bcf，abhje，fgjh，fih\}$

基本割集系统：$\{\{a，d，e\}，\{b，c，d，e\}，\{f，i，g，c，d\}，\{h，i，g，e\}，\{j，g，e\}$

标定图 9.7(b) 的边如图 9.8(b) 所示，实边为最小生成树的树枝，虚边为弦。

基本回路系统：$\{adjg，abhg，geh，agic，agjfc\}$

基本割集系统：$\{\{a,b,i,f,d\}，\{g,e,b,i,f,d\}，\{c,i,f\}，\{h,e,b\}，\{j,f,d\}\}$

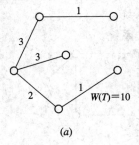
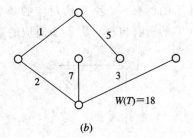

(a)   (b)

图 9.7

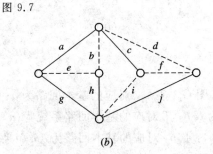

(a)   (b)

图 9.8

7. 证明：对于 n 个顶点的树，其顶点度数之和为 $2n-2$。

证明 设树 T 有 m 条边，则必有 $m = n-1$，再由握手定理可知

$$\sum_{i=1}^{n} d_i = 2m = 2n-2$$

8. 对于 $n \geqslant 2$，设 $d_1，d_2，\cdots，d_n$ 是 n 个正整数，且 $\sum_{i=1}^{n} d_i = 2n-2$。证明：存在顶点

度数列为 $d_1，d_2，\cdots，d_n$ 的一棵树。

证明 首先有结论 1：$d_1，d_2，\cdots，d_n$ 中至少有两个为 1。否则，最多有一个为 1，则必

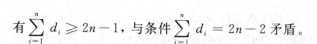

有 $\sum_{i=1}^{n} d_i \geqslant 2n-1$，与条件 $\sum_{i=1}^{n} d_i = 2n-2$ 矛盾。

其次有结论 2：$d_1, d_2, \cdots, d_n$ 中至少有一个大于等于 2。若不然，必有 $\sum_{i=1}^{n} d_i = n$，也与条件 $\sum_{i=1}^{n} d_i = 2n-2$ 矛盾。

下面对顶点数 n 作数学归纳。

$n=2$ 时，$d_1 + d_2 = 2$，则有 $d_1 = d_2 = 1$，以 d_1、d_2 为度数的树存在，即为 K_2。

假设 $n=k$ 时结论成立。

当 $n=k+1$ 时，由结论 1 知：在 $k+1$ 个正整数 $d_1, d_2, \cdots, d_k, d_{k+1}$ 中，至少有一个数等于 1，不妨设 $d_1 = 1$；由结论 2 知：在 $d_1, d_2, \cdots, d_k, d_{k+1}$ 中，至少有一个数大于等于 2，不妨设 $d_{k+1} \geqslant 2$。因此对 k 个正整数 $d_2, \cdots, d_k, d_{k+1} - 1$，有 $\sum_{i=2}^{k} d_i + (d_{k+1} - 1) = 2k - 2$。由归纳假设，存在一棵顶点度数为 $d_2, \cdots, d_k, d_{k+1} - 1$ 的树 T'，设 T' 中的顶点 v 的度数是 $d_{k+1} - 1$，在 T' 中增加一个 1 度顶点 u，使 u 与 v 相关联，得到 T，则 T 为一棵树，且 T 的顶点度数列为 $d_1, d_2, \cdots, d_k, d_{k+1}$，$\sum_{i=1}^{k+1} d_i = 2(k+1) - 2$。由归纳法，命题成立。

9. 证明：$n > 2$ 的连通图 G 至少有两个顶点，将它们删去后得到的图仍是连通图。

证明 $n > 2$ 的连通图 G 必有生成树 T，且 T 至少有两个顶点是树叶，设为 u、v，则 $T - \{u, v\}$ 仍连通，且是 $G - \{u, v\}$ 的生成树，因此，$G - \{u, v\}$ 是连通图。

10. 设 T 是 $k+1$ 阶无向树，$k \geqslant 1$。G 是无向简单图，已知 $\delta(G) \geqslant k$，证明 G 中存在与 T 同构的子图。

证明 不妨设 G 是连通图，否则对某个连通分支讨论即可。

因为 $\delta(G) \geqslant k$，G 是简单图，所以 G 的顶点数 $n \geqslant k+1$，而 T 是 $k+1$ 阶无向树，因此，$\Delta(T) \leqslant k$，在 G 中任取一有 $k+1$ 个顶点的子图，因为子图中每个顶点的度数均大于或等于 T 中顶点的度数，所以在子图中删去多余的边即可得到 T，即 G 中存在与 T 同构的子图。

11. 在连通图中，对给定的一棵生成树，设 $D = \{e_1, e_2, \cdots, e_k\}$ 是一个基本割集，其中 e_1 是树枝，$e_2, e_3, \cdots, e_k$ 是生成树的弦，则 e_1 包含在对应于 $e_i (i = 2, 3, \cdots, k)$ 的基本回路中，且 e_1 不包含在任何其他的基本回路中。

证明 首先证明，连通图中任一回路 C 与任一边割集 S 有偶数（包括 0）条公共边。

假设边割集 S 将连通图 G 分成两个连通分支 V_1、V_2，若回路 C 只在一个连通分支中（譬如只在 V_1 中），则 C 与 S 没有公共边；若回路 C 在 $V_1 \bigcup V_2$ 中，则从 V_1 中顶点到 V_2 中顶点，从 V_2 中顶点到 V_1 中顶点，因为是回路，所以必偶数次经过 S 中的边，故连通图中任一回路 C 与任一边割集 S 有偶数（包括 0）条公共边。

设 $D = \{e_1, e_2, \cdots, e_k\}$ 是连通图 G 中关于生成树 T 的一个基本割集，C 是对应弦 e_2 的基本回路，所以 e_2 是 C 与 D 的一条公共边，因为 e_1 是 D 中唯一的一条树枝，所以 e_1 是 C 与 D 的另一条公共边，即 e_1 包含在对应于 e_2 的基本回路中。

对于其他的弦 $e_i (i = 2, 3, \cdots, k)$ 也有同样的结论。故 e_1 包含在对应于 $e_i (i = 2, 3, \cdots, k)$ 的基本回路中。

如果 e_1 还在其他的基本回路 C_1 中，C_1 对应弦 $e_j (j \neq 2, 3, \cdots, k)$，则 C_1 与 D 只有 e_1 一条公共边，与前面所证连通图中任一回路 C 与任一边割集 S 有偶数（包括 0）条公共边矛盾，因此，e_1 不包含在任何其他的基本回路中。

12. 在连通图中，对给定的一棵生成树，设 $C = \{e_1, e_2, \cdots, e_k\}$ 是一条基本回路，其中 e_1 是弦，$e_2, e_3, \cdots, e_k$ 是树枝，则 e_1 包含在对应于 $e_i (i = 2, 3, \cdots, k)$ 的基本割集中，且 e_1 不包含在任何其他的基本割集中。

证明 假设 D 是对应树枝 e_2 的基本割集，则 e_2 是 D 与 C 的一条公共边，因为 e_1 是 C 中唯一的弦，所以 e_1 必是 D 与 C 的另一条公共边，即 e_1 包含在对应于 e_2 的基本割集中。

对于其他的树枝 $e_i (i = 2, 3, \cdots, k)$ 也有同样的结论。故 e_1 包含在对应于 $e_i (i = 2, 3, \cdots, k)$ 的基本割集中。

如果 e_1 还在其他的基本割集 D_1 中，D_1 对应树枝 $e_j (j \neq 2, 3, \cdots, k)$，则 D_1 与 C 只有 e_1 一条公共边，与前面所证连通图中任一回路 C 与任一边割集 S 有偶数（包括 0）条公共边矛盾，因此，e_1 不包含在任何其他的基本割集中。

13. 证明：在二元正则树中，边的总数等于 $2(t-1)$，其中 t 是树叶的数目。

证明 设 T 为正则二元树，i 是分支点数，因为每个内点的度数均是 3，由握手定理知

$$2m = \sum_{v \in V} d(v) = 2 + 3(i-1) + t \tag{1}$$

又由于是树，所以有

$$m = n - 1 = i + t - 1$$

即

$$i = m - t + 1$$

代入(1) 式得

$$m = 2t - 2$$

14. 证明：二元正则树有奇数个顶点。

证明 设 T 为正则二元树，i 是分支点数，t 是树叶数，因为每个内点的度数均是 3，所以由握手定理知

$$2m = \sum_{v \in V} d(v) = 2 + 3(i-1) + t = 2i + (i+t) - 1 = 2i + n - 1$$

所以，$n = 2m - 2i + 1$ 是奇数。

15. 求出对应于图 9.9 所给树 (a) 和森林 (b) 的二元位置树。

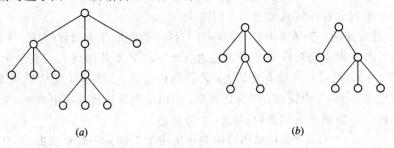

(a) (b)

图 9.9

解 图 $9.10(a_1)$、(b_1) 分别标定图 $9.9(a)$、(b)，图 $9.10(a_2)$、(b_2) 分别给出图 $9.9(a)$、(b) 化成二元位置树的过程，图 $9.10(a_3)$、(b_3) 分别给出图 $9.9(a)$、(b) 所对应的二元位置树。

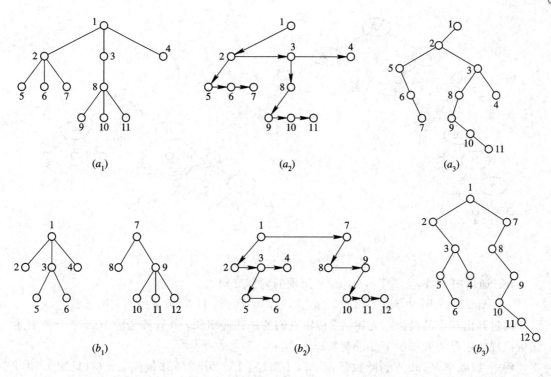

图 9.10

16. 画出公式 $(p \vee (\neg p \wedge q)) \wedge ((\neg p \to q) \wedge \neg r)$ 的根树表示。

解 公式 $(p \vee (\neg p \wedge q)) \wedge ((\neg p \to q) \wedge \neg r)$ 的根树表示见图 9.11。

17. 给定权 1，4，9，16，25，36，49，64，81，100。

(1) 构造一棵最优二元树。

(2) 构造一棵最优三元树。

(3) 说明如何构造一棵最优 t 元树。

解

(1) 最优二元树如图 9.12(a) 所示。

(2) 在权中增加数 0，构造最优三元树，如图 9.12(b) 所示。

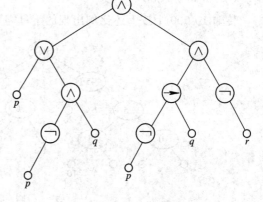

图 9.11

(3) 要构造一棵最优 t 元树，可按下面流程进行：首先找出 t 个最小的权值，设为 ω_1，ω_2，$\cdots$，ω_t，对应树叶作兄弟，并将它们的权之和 $\omega_1 + \omega_2 + \cdots + \omega_t$ 赋予其父，然后再对 $n-t+1$ 个权 $\omega_1 + \omega_2 + \cdots + \omega_t$，$\omega_{t+1}$，$\cdots$，$\omega_n$，重复上述动作。由构造过程可知，除根外其他分支点恰有 t 个儿子。如果构造出来的树，根恰有 t 个儿子，则这棵树就是最优 t 元树。如果构造出来的树，根的儿子数目为 $k < t$，那么在原来 n 个权 ω_1，ω_2，$\cdots$，ω_n 中添加 $t-k$ 个 0，对于 $n+t-k$ 个权 0，0，$\cdots$，0，ω_1，ω_2，$\cdots$，ω_n，按上述方法重新构造 t 元树，则其每个分支点必均有 t 个儿子，这就是最优 t 元树。

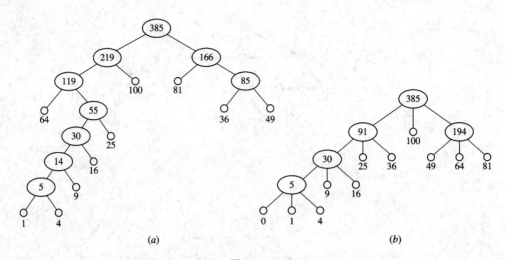

图 9.12

18. 通信中 a, b, c, d, e, f, g, h 出现的频率分别为

a：25%；b：20%；c：15%；d：15%；e：10%；f：5%；g：5%；h：5%

通过画出相应的最优二元树，求传输它们的最佳前缀码，并计算传输 10 000 个按上述比例出现的字母需要多少个二进制数码。

解 以频率×100% 为叶权(5，5，5，10，15，15，20，25) 作最优二元树(见图 9.13)。

$10\,000 \times (2 \times 25\% + 2 \times 20\% + 3 \times 15\% + 3 \times 15\% + 4 \times 10\% + 4 \times 5\% + 4 \times 5\% + 4 \times 5\%) = 28\,000$

传输 10 000 个按上述比例出现的字母需要 28 000 个二进制数码。

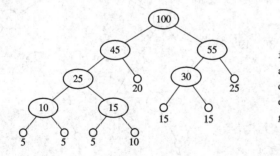

图 9.13

最佳前缀码：

a —11　　b —01
c —101　　d —100
e —0011　　f —0010
g —0001　　h —0000

19. 构造一个与英文短语"good morning"对应的前缀码，并画出该前缀码对应的二叉树，再写出此短语的编码信息。

解 根据英文短语"good morning"，构造每个字符的编码为 g：000，o：001，d：010，m：011，r：100，n：101，i：11，可以验证这个编码构成的集合是前缀码，根据这个前缀码画出的对应的二叉树，如图 9.14 所示，可得英文短语"good morning"的编码信息为 00000100101001100110010111101000

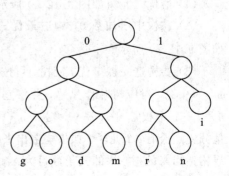

图 9.14

第十章 几种典型图

10.1 概　述

■ 欧拉图
■ 哈密顿图
■ 平面图与对偶图
■ 二分图

【学习基本要求】

1. 理解欧拉图的概念，熟练掌握欧拉图的判别方法，知道欧拉图的一些实际应用。

2. 理解哈密顿图的概念，了解判别哈密顿图的必要条件和充分条件，并会判别一些图是否是哈密顿图，知道哈密顿图的一些实际应用。

3. 理解平面图的概念，了解极大平面图、极小非平面图、欧拉公式、平面图的面及次数，会判别一些图是否是平面图，了解对偶图的概念，知道着色问题。

4. 理解二分图的概念，熟练掌握二分图的判别方法，了解匹配，会用二分图给出某些人员与任务的分配方案。

【内容提要】

欧拉通路　连通图 $G = \langle V, E \rangle$ 中经过每一条边一次且仅一次的通路（起、终点不重合）。

欧拉回路　连通图 $G = \langle V, E \rangle$ 中经过每一条边一次且仅一次的回路。

半欧拉图　有欧拉通路的图。

欧拉图　有欧拉回路的图。

哈密顿通路　连通图 $G = \langle V, E \rangle$ 中经过每个顶点一次且仅一次的通路（起、终点不重合）。

哈密顿回路　连通图 $G = \langle V, E \rangle$ 中经过每个顶点一次且仅一次的回路。

半哈密顿图　有哈密顿通路的图。

哈密顿图　有哈密顿回路的图。

平面图　若一个图能画在平面上使它的边互不相交（除在顶点处），则称该图为平面图，或称该图能嵌入平面。

面　平面图 G 嵌入平面后，其边将平面划分成若干个连通的区域，每一个区域称为 G 的一个面。

有限面　有限区域构成的面，亦称内部面，常用 R_i 表示（$i \in \mathbf{Z}^+$）。

无限面　无限区域构成的面，亦称外部面，常用 R_0 表示。每个平面图均有一个且仅有一个无限面。

面的边界　包围每个面的所有边所构成的回路。

面的次数　面的边界长度。面 R_i 的次数记作 $\deg(R_i)$。

极大平面图　设 G 为一个简单平面图，如果在 G 的任意两个不相邻的顶点间再加一条边，所得图为非平面图，则称 G 为极大平面图。

极小非平面图　设 G 是非平面图，若在 G 中任意删去一条边后，所得图为平面图，则称 G 是极小非平面图。

同胚　图 G_1 和 G_2 同胚，如果 G_1 和 G_2 同构，或者通过反复插入或删除度数为 2 的顶点后二图同构。

对偶图　设平面图 $G = \langle V, E \rangle$ 有 r 个面 R_1，R_2，$\cdots$，R_r，则用下面方法构造的图 $G^* = \langle V^*, E^* \rangle$ 称为 G 的对偶图：

(1) $\forall R_i \in G$，在 R_i 内取一顶点 $v_i^* \in V^*$，$i = 1, 2, \cdots, r$。

(2) $\forall e \in E$，

(a) 若 e 是 G 中两个不同面 R_i 和 R_j 的公共边，则在 G^* 中画一条与 e 交叉的边 (v_i^*, v_j^*)。

(b) 若 e 是一个面 R_i 内的边（即 e 是桥），则在 G^* 中画一条与 e 交叉的环 (v_i^*, v_i^*)。

自对偶图　称平面图 G 为自对偶图，若 G 与其对偶图 G^* 同构。

着色　设 G 是一个无自环的图，给 G 的每个顶点指定一种颜色，使相邻顶点颜色不同，称为对 G 的一个正常着色。

G 是 k 可着色的　若图 G 的顶点可用 k 种颜色正常着色。

G 的色数　使 G 是 k 可着色的数 k 的最小值，记作 $\chi(G)$。如果 $\chi(G) = k$，则称 G 是 k 色的。

二分图　若无向图 $G = \langle V, E \rangle$ 的顶点集 V 能分成两个子集 V_1 和 V_2，满足

(1) $V = V_1 \bigcup V_2$，$V_1 \bigcap V_2 = \varnothing$；

(2) $\forall e = (u, v) \in E$，均有 $u \in V_1$，$v \in V_2$，称 V_1 和 V_2 为 G 的互补顶点子集，常记二分图为 $G = \langle V_1, V_2, E \rangle$。

完全二分图　如果二分图 $G = \langle V_1, V_2, E \rangle$，$V_1$ 中每个顶点都与 V_2 中所有顶点邻接，则称为完全二分图，记为 $K_{r,s}$，其中 $r = |V_1|$，$s = |V_2|$。

匹配　称 M 是 G 的一个匹配，若 M 是 $E(G)$ 的一个子集，且 M 中任二边在 G 中均不邻接。M 中一条边的两个端点，叫做在 M 是配对的。

饱和与非饱和　若匹配 M 的某条边与顶点 v 关联，则称 M 饱和顶点 v，且称 v 是 M 饱和的，否则称 v 是 M 不饱和的。

完美匹配　G 中每一个顶点都是关于匹配 M 饱和的。

完全匹配 设二分图 $G=\langle V_1,V_2,E\rangle$，$M$ 是 G 中匹配，若 $\forall v\in V_1$，v 均是 M 饱和的，则称 M 是 V_1 对 V_2 的完全匹配(V_1 完全匹配)；若 $\forall v\in V_2$，v 均是 M 饱和的，则称 M 是 V_2 对 V_1 的完全匹配(V_2 完全匹配)。若 M 既是 V_1 完全匹配，又是 V_2 完全匹配，则称 M 是完全匹配。

显然，完全匹配即完美匹配。

交互道 若 M 是图 G 的一个匹配，设从 G 中的一个顶点到另一个顶点存在一条通路，这条通路由属于 M 和不属于 M 的边交替出现组成，则称此通路为交互道。

可增广道 若一交互道的两个端点均为 M 不饱和点，则称其为可增广道。显然，一条边的二端点非饱和，则这条边是可增广道。

最大匹配 若 M 是一匹配，且不存在其他匹配 M_1，使得 $|M_1|>|M|$，则称 M 是最大匹配，其中 $|M|$ 是匹配中的边数。

定理 10.1 设 G 是连通图，G 是欧拉图当且仅当 G 的所有顶点均是偶度数点。

推论 设 G 是连通图，则 G 是半欧拉图当且仅当 G 中有且仅有两个奇度数顶点。

定理 10.2 设 G 是连通有向图，则 G 是欧拉有向图当且仅当 G 中的每个顶点 v 均有 $d^+(v)=d^-(v)$。

推论 设 G 是连通有向图，则 G 是半欧拉有向图当且仅当 G 中恰有两个奇度数顶点，其中一个入度比出度大 1，另一个出度比入度大 1，而其他顶点的出度等于入度。

定理 10.3 若 G 是哈密顿图，则对于顶点集 V 的每一个非空子集 S，均成立
$$P(G-S)\leqslant|S|$$
其中，$P(G-S)$ 是 $G-S$ 的连通分支数，$|S|$ 是 S 中顶点的个数。

定理 10.4 若 G 是 $n(n\geqslant3)$ 个顶点的简单图，对于每一对不相邻的顶点 u,v，满足
$$d(u)+d(v)\geqslant n-1$$
则 G 中存在一条哈密顿通路。

定理 10.5 若 G 是 $n(n\geqslant3)$ 个顶点的简单图，对于每一对不相邻的顶点 u,v，满足
$$d(u)+d(v)\geqslant n$$
则 G 中存在一条哈密顿回路，即 G 是哈密顿图。

推论 1 设 G 是 $n(n\geqslant3)$ 阶无向简单图，若 $\delta(G)\geqslant n/2$，则 G 是哈密顿图。

推论 2 完全图 $K_n(n\geqslant3)$ 均是哈密顿图。

定理 10.6 当 n 为不小于 3 的奇数时，K_n 上恰有 $(n-1)/2$ 条互无任何公共边的哈密顿回路。

定理 10.7 在一个平面图 G 中，所有面的次数之和为边数的二倍，即
$$\sum_{i=1}^{r}\deg(R_i)=2m$$
其中，r 为 G 的面数，m 为边数。

定理 10.8 设连通平面图 G 有 n 个顶点，m 条边和 r 个面，则
$$n-m+r=2 \qquad\qquad\text{——欧拉公式}$$

定理 10.9 设 G 是连通的 (n,m) 平面图且每个面的次数至少为 $l(l\geqslant3)$，则
$$m\leqslant\frac{l}{l-2}(n-2)$$

推论 1 设 G 是 (n,m) 连通平面简单图$(n \geqslant 3)$，则 $m \leqslant 3n-6$。

推论 2 极大连通平面图的边数 $m = 3n-6$。

推论 3 若连通平面简单图 G 不以 K_3 为子图，则 $m \leqslant 2n-4$。

推论 4 K_5 和 $K_{3,3}$ 是非平面图。

定理 10.10 在平面简单图 G 中至少有一个顶点 v_0，$d(v_0) \leqslant 5$。

定理 10.11（Kuratowsky 定理） 一个图是平面图的充分必要条件是它不含与 K_5 或 $K_{3,3}$ 同胚的子图。

定理 10.12 设 G^* 是连通平面图 G 的对偶图，n^*，m^*，r^* 和 n,m,r 分别是 G^* 和 G 的顶点数、边数和面数，则 $n^* = r$，$m^* = m$，$r^* = n$，且 $d(v_i^*) = \deg(R_i)$，$i = 1,2,\cdots,r$。

定理 10.13 G 是连通平面图当且仅当 G^{**} 同构于 G。

定理 10.14

(1) G 是零图当且仅当 $\chi(G) = 1$。

(2) 对于完全图 K_n，有 $\chi(K_n) = n$，而 $\chi(\overline{K_n}) = 1$。

(3) 对于 n 个顶点构成的回路 C_n，当 n 为偶数时，$\chi(C_n) = 2$；当 n 为奇数时，$\chi(C_n) = 3$。

(4) 对于顶点数大于 1 的树 T，有 $\chi(T) = 2$。

定理 10.15 如果图 G 的顶点的度数最大的为 $\Delta(G)$，则 $\chi(G) \leqslant 1 + \Delta(G)$。

定理 10.16 任何平面图是 5 可着色的。

定理 10.17 非平凡无向图 G 是二分图当且仅当 G 中无奇数长度的回路。

定理 10.18 在图 G 中，M 为最大匹配的充分必要条件是不存在可增广道。

定理 10.19（霍尔定理） 二分图 $G = \langle V_1, V_2, E \rangle$ 有 V_1 完全匹配，当且仅当对 V_1 中任一子集 A，和所有与 A 邻接的点构成的点集 $N(A)$，恒有 $|N(A)| \geqslant |A|$。

定理 10.20 设 $G = \langle V_1, V_2, E \rangle$ 是二分图，如果能找到一个正整数 t，使得对于 V_1 中的任何顶点 x 有 $d(x) \geqslant t$，并且对于 V_2 中的任何顶点 y 有 $d(y) \leqslant t$，则 G 中有 V_1 完全匹配。

10.2 例题选解

【例 10.1】 证明平面二分图 G 的对偶图是欧拉图。

分析 欧拉图的充分必要条件是每个顶点的度数均是偶数，因此，只需证对偶图 G^* 的每个顶点的度数是偶数，于是，只需证 G 的每个面的次数是偶数。

证明 因为 G 是二分图，所以 G 中任何一条回路的长度均是偶数，又因为 G 是平面图，所以 G 的每个面的次数均是偶数，即 G 的对偶图 G^* 的每个顶点的度数是偶数，故 G^* 是欧拉图。

【例 10.2】 考虑七天安排七门考试，使得同一教师所任不同门课的考试不排在连续的两天内，如果每位教师最少担任三门课最多担任四门课，证明安排这样的时间表是可行的。

分析 考虑以每门考试课程为顶点，若两个顶点对应的课程由不同的教师担任，则在

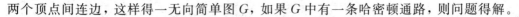

两个顶点间连边,这样得一无向简单图 G,如果 G 中有一条哈密顿通路,则问题得解。

证明 设 G 为具有七个顶点的图,每个顶点均对应一门课的考试,若两个顶点对应的考试课程由不同的教师担任,则在两个顶点之间连一条边。因为每个教师所担任的课程数小于等于 4,所以 G 中每个顶点的度数至少是 3,任意两个顶点的度数之和至少是 6,故由定理 10.4 知,G 中总包含有一条哈密顿通路,此通路对应一个符合要求的时间表。

【例 10.3】 一个具有 $(k+1)^2$ 个顶点的无向图,它描述 k^2 个正方形的网格(如棋盘)。验证其满足欧拉公式。

分析 显然这样的网格是一个连通的平面图,已知顶点数是 $(k+1)^2$,注意到面数一定要加上无限面,而关键是算对图的边数。

解 顶点数 $n=(k+1)^2$,边数 $m=2k(k+1)$,面数 $r=k^2+1$

$$
\begin{aligned}
n-m+r &= (k+1)^2-2k(k+1)+k^2+1 \\
&= \left[(k+1)^2-2k(k+1)+k^2\right]+1 \\
&= (k+1-k)^2+1 \\
&= 2
\end{aligned}
$$

满足欧拉公式。

【例 10.4】 两人在图 G 上博弈,交替选择不相同的顶点 $v_0,v_1,v_2,\cdots$,使得 $i>0$ 时,v_i 与 v_{i-1} 相邻,直到不能选到顶点为止,最后选到顶点的人为胜者。证明第一个选点的人有一赢的策略的充要条件是 G 中不存在完美匹配。

分析 两人博弈选择不相同的顶点,因为 v_i 与 v_{i-1} 相邻,所以两人所选点恰好构成二分图。要证明第一个选点的人有一胜的策略的充要条件是 G 中不存在完美匹配。对充分性可证,若有完美匹配,则第一个选点的人必输。对必要性的证明可考虑若不存在完美匹配,则可设计一种策略使第一个选点的人必赢。

证明 必要性(用反证法)。假设 G 中存在一个完美匹配 M,即 G 中任意顶点均是 M 饱和点,故不论第一人如何取点 v_{i-1},第二人总可以取 M 中与 v_{i-1} 相关联边的另一端点作为 v_i,即第一人必输。所以第一人如有一个赢的策略,G 中不能有完美匹配。

充分性。若 G 不存在完美匹配,可取 G 的一个最大匹配 M,令 v_0 是 M 非饱和点,第一人首先选取 v_0,然后无论第二人如何选取 v_{i-1},则 v_{i-1} 恒为 M 饱和点,于是第一人再取的点,必是 M 中与 v_{i-1} 相关联边的另一个端点 v_i,因为 M 是最大匹配,由定理 10.18 知,不存在 M 可增广道,故 v_i 必可在 M 中取得,否则将形成 M 可增广道。这样的取法,保证了最后一点必被第一人取得,这是使第一人必赢的一种策略。

【例 10.5】 画出所有非同构的 6 阶 11 条边的连通的简单非平面图。

分析 由 Kuratowsky 定理知,一个图是非平面图当且仅当它含有与 K_5 或 $K_{3,3}$ 同胚的子图。因此所求的非平面图一定是由 K_5 增加一个顶点和一条边或由 $K_{3,3}$ 增加两条边得到的图。

解 非同构的 6 阶 11 条边的连通的简单非平面图共有 4 个(见图 10.1)。

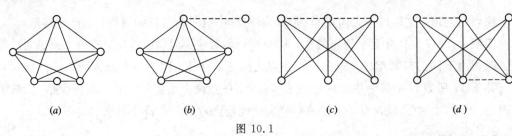

图 10.1

10.3　习题与解答

1. 判别图 10.2 中各图是否是欧拉图或半欧拉图,并说明理由。

解　图 10.2(a) 是欧拉图,因为图中每个顶点的度数均是偶数。图 10.2(b) 是半欧拉图,因为图中有且仅有两个奇度数顶点。图 10.2(c) 既非欧拉图也非半欧拉图,因为图中有超过两个的奇度数顶点。

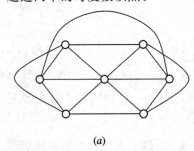
(a)

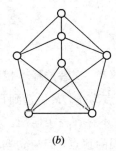
(b)

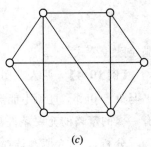
(c)

图 10.2

2. 构造简单无向欧拉图,使其顶点数 n 和边数 m 满足下列条件:

(1) n,m 均为奇数。

(2) n,m 均为偶数。

(3) n 为奇数,m 为偶数。

(4) n 为偶数,m 为奇数。

解　所构造的简单无向欧拉图见图 10.3。

(1)

(2)

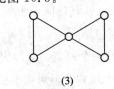
(3)

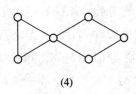
(4)

图 10.3

3. (1) 图 10.4(a) 中的边能剖分成两条路(边不重合),试给出这样的剖分。

(2) 设 G 是一个有 k 个奇度数顶点的无向图。问最少加几条边到 G 中去,能使所得图有一条欧拉回路? 说明对图 10.4(a) 如何做到这一点。

解

(1) 这样的剖分是不唯一的,图 10.4(b) 给出了一种剖分:一条路为实线边所示:$3-1-2-8-9$,另一条路为虚线边所示:$2-3-9-7-4-5-7-6-4$。

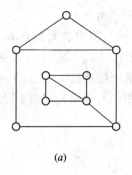 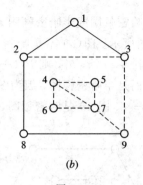 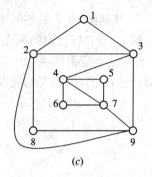

(a) (b) (c)

图 10.4

（2）因为任何图均有偶数个奇度数顶点，所以 k 为偶数，在任何两个奇度数顶点间添加一条边，即可使其成为偶度数顶点，因此，最少加 $k/2$ 条边到 G 中去，就能使所得图有一条欧拉回路。对图 10.4(a)，只需加边 $(2, 9)$ 和 $(3, 4)$ 即可，如图 10.4(c) 所示。

4. 对于 $\sigma = 3$，$n = 3$，构造一个笛波滤恩序列，并画出 $G_{3,3}$。

解 取字母表 $\Sigma = \{0, 1, 2\}$，构造一个具有 $\sigma^{n-1} = 9$ 个顶点的有向图，顶点集为 $\{00, 01, 02, 10, 11, 12, 20, 21, 22\}$。从顶点 $a_1 a_2$ 到顶点 $a_2 a_3$ 有一条有向边，记为 $a_1 a_2 a_3$，其中 $a_i \in \{0, 1, 2\}$，$1 \leqslant i \leqslant 3$。这样每一个顶点有三条有向边以它为起点，另有三条有向边以它为终点，每个顶点的出度等于入度（等于 3），且是连通的，如图 10.5 所示。此图有一条欧拉回路：$00 - 00 - 02 - 21 - 11 - 11 - 12 - 21 - 12 - 22 - 22 - 21 - 10 - 02 - 22 - 20 - 01 - 12 - 20 - 02 - 20 - 00 - 01 - 11 - 10 - 01 - 10 - 00$，此欧拉回路所对应的由 9 个 0，9 个 1，9 个 2 所组成的笛波滤恩序列是 000211121222102201202001101。

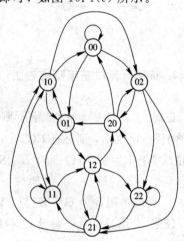

图 10.5

5. 构造简单无向图 G，使其满足下列条件：

（1）G 是欧拉图，但不是哈密顿图。

（2）G 是哈密顿图，但不是欧拉图。

（3）G 既是欧拉图，同时也是哈密顿图。

（4）G 既不是欧拉图也不是哈密顿图。

解 所构造的简单无向图 G 如图 10.6 所示。

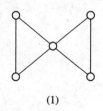 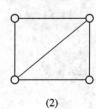 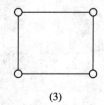 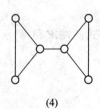

(1) (2) (3) (4)

图 10.6

6. 判别图 10.7 中各图是否是哈密顿图或半哈密顿图，并说明理由。

解　首先标定图的顶点，如图所示。图(a)不是哈密顿图，因为图中含有割点 b，图 (a) 也不是半哈密顿图，因为如果取 $S = \{a, b\}$，则 $P(G-S) = 4$，大于 $|S|+1$（参见下面第 7 题）。图(b)不是哈密顿图，而是半哈密顿图，因为图中有哈密顿通路 $1-2-9-13-12-5-6-10-11-8-7-3-4$。图$(c)$是哈密顿图，因为图中有哈密顿回路 $1-3-5-4-6-2-1$。

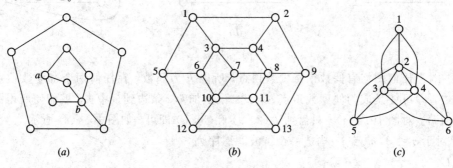

(a)　　　　　　　　(b)　　　　　　　　(c)

图 10.7

7. 证明：若 G 是半哈密顿图，则对于 V 的任何子集 S 均有
$$P(G-S) \leqslant |S|+1$$

证明　若 G 是半哈密顿图，则 G 中有哈密顿通路 C，$P(C)=1$，对于任何 $S \subset V$，删去 S 中的任一顶点 a_1，则必有 $P(C-a_1) \leqslant 2$，如果再删去 S 中的顶点 a_2，则 $P(C-u_1-a_2) \leqslant 3$，依次类推，可得 $P(C-S) \leqslant |S|+1$，因为 $C-S$ 是 $G-S$ 的生成子图，所以有
$$P(G-S) \leqslant P(C-S) \leqslant |S|+1$$

8. 设简单图 $G = \langle V, E \rangle$ 且 $|V| = n$，$|E| = m$，若有 $m \geqslant C_{n-1}^2 + 2$，则 G 是哈密顿图。

证明　用反证法。假设 G 不是哈密顿图，由定理知，存在着顶点 v_1，$v_2 \in V$，使得 $\deg(v_1) + \deg(v_2) \leqslant n-1$。在图 $G - \{v_1, v_2\}$ 中，顶点数为 $|V|-2 = n-2$，因是简单图，故它的边数小于等于 $\frac{1}{2}(n-2)(n-3)$，于是 G 中的边数
$$m \leqslant \frac{1}{2}(n-2)(n-3) + (n-1)$$
$$< \frac{1}{2}(n-2)(n-1) + 1 = C_{n-1}^2 + 1$$

与假设矛盾，因此 G 是哈密顿图。

9. 若 G 是平面图，有 k 个连通分支，证明：$n - m + r = k + 1$。

证明　设 G 的第 i 个分支有 m_i 条边，n_i 个顶点，r_i 个面，则
$$n_i - m_i + r_i = 2, \quad i = 1, 2, \cdots, k \tag{1}$$

将(1)式两端求和得
$$\sum_{i=1}^{k} n_i - \sum_{i=1}^{k} m_i + \sum_{i=1}^{k} r_i = 2k \tag{2}$$

而
$$\sum_{i=1}^{k} n_i = n, \quad \sum_{i=1}^{k} m_i = m, \quad \sum_{i=1}^{k} r_i = r + k - 1$$

代入(2)式得

$$n - m + r + k - 1 = 2k$$

即

$$n - m + r = k + 1$$

10. 证明图 10.2(b) 不是平面图。

证明　原图有子图 G_1(见图 10.8(a)),G_1 同构于图 G_2(见图 10.8(b)),而 G_2 同胚于 $K_{3,3}$,所以,图 10.2(b) 不是平面图。

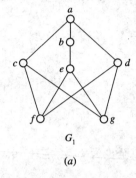
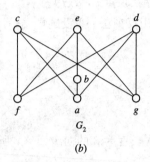

图 10.8

11. 证明图 10.7(c) 不是平面图。

证明　原图有子图 G_1(见图 10.9(a)),G_1 同构于图 G_2(见图 10.9(b)),而 G_2 即 $K_{3,3}$,所以,图 10.7(c) 不是平面图。

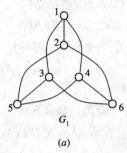
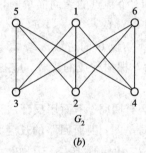

图 10.9

12. 证明:小于 30 条边的平面简单图中存在度数小于等于 4 的顶点。

证明　不妨设 G 是连通图。若 G 是树,则结论显然成立。若 G 中有回路,因为 G 是简单图,所以 G 中每个面至少由 3 条边围成,由定理 10.3.3 推论可知

$$m \leqslant 3n - 6 \tag{1}$$

假设题中结论不成立,即 $\forall v \in V$,均有 $d(v) \geqslant 5$,则由握手定理可知

$$2m = \sum_{i=1}^{n} d(v_i) \geqslant 5n$$

$$\Rightarrow n \leqslant \frac{2}{5}m \tag{2}$$

将(2)式中的 n 代入(1)式,得

$$m \leqslant \frac{6}{5}m - 6$$

$$\Rightarrow m \geqslant 30$$

这与条件 $m < 30$ 矛盾，因此必有 $v,\, d(v) \leqslant 4$。

13. 若将平面分成 β 个面，要求每两个面均相邻，则 β 最大为多少？

证明　在原图每个面中放一个顶点，若原图两面相邻，则将所放两顶点连线，所得即原图之对偶图。因为原图每两个面均相邻，所以其对偶图是完全图，由于最大的平面完全图是 K_4，故 β 最大为 4。

14. 设 G 是 n 个顶点的简单连通平面图，$n \geqslant 4$。已知 G 中不含长度为 3 的初级回路，证明 G 中一定存在顶点 $v,\, d(v) \leqslant 3$。

证明　用反证法。假设题中结论不成立，即 $\forall v \in V$，均有 $d(v) \geqslant 4$，则由握手定理可知

$$2m = \sum_{i=1}^{n} d(v_i) \geqslant 4n$$

$$\Rightarrow n \leqslant \frac{1}{2}m \tag{1}$$

因为 G 中不含长度为 3 的初级回路，所以每个面的度数至少为 4，由定理 10.3.3 推论可知

$$m \leqslant 2n - 4$$

代入(1)式得

$$n \leqslant n - 2$$

矛盾，故 G 中一定存在顶点 $v,\, d(v) \leqslant 3$。

15. 设 G 是 11 个顶点的无向简单图，证明 G 或 $\overline{G}$ 必为非平面图。

证明　因为 $G \cup \overline{G} = K_{11}$，$|E(K_{11})| = (11 \times 10)/2 = 55$，因此必有 G 或 $\overline{G}$ 的边数 m 大于等于 28。不妨设 G 的边数 $m \geqslant 28$，设 G 有 k 个连通分支，则 G 中必有回路(初级回路)，否则 G 为由 k 棵树构成的森林，应有

$$28 \leqslant m = n - k = 11 - k$$

矛盾，因此 G 中必有回路。下面用反证法证明 G 为非平面图。如若不然，G 是平面图，由于 G 中有回路且为简单图，因而回路的长度大于等于 3。于是 G 的平面嵌入的每个面至少由 $l(l \geqslant 3)$ 条边围成，由定理 10.3.3 可知

$$28 \leqslant m \leqslant \frac{l}{l-2}(11 - k - 1) \leqslant 3 \times 11 - 6 = 27$$

矛盾，所以 G 必为非平面图。

16. 设 G 是简单平面图，面数 $r < 12$，$\delta(G) \geqslant 3$，证明 G 中存在次数小于或等于 4 的面。

证明　不妨设 G 是连通图，否则对 G 的每个连通分支讨论即可。因是简单平面图，所以由欧拉公式可知

$$2 = n - m + r \tag{1}$$

又因为 $\delta(G) \geqslant 3$，故由握手定理可知

$$2m = \sum_{i=1}^{n} d(v_i) \geqslant 3n$$

$$\Rightarrow n \leqslant \frac{2}{3}m \tag{2}$$

将(2)式和条件 $r < 12$ 代入(1)式，得

$$2 < \frac{2}{3}m - m + 12$$

$$\Rightarrow m < 30 \tag{3}$$

如果 G 中每个面的次数均大于等于 5，则

$$2m = \sum_{i=1}^{r} \deg(R_i) \geqslant 5r$$

$$\Rightarrow r \leqslant \frac{2}{5}m \tag{4}$$

将(4)式代入(1)式，得

$$2 \leqslant \frac{2}{3}m - m + \frac{2}{5}m$$

$$\Rightarrow m \geqslant 30$$

与(3)式矛盾，故 G 中存在次数小于或等于 4 的面。

17. 画出图 10.10 中各图的对偶图。

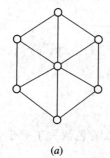
(a)

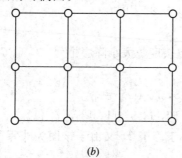
(b)

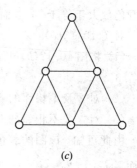
(c)

图 10.10

解 各图的对偶图见图 10.11 中实心顶点虚线边图所示。

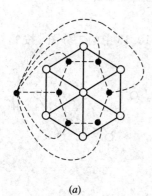
(a)

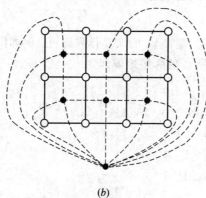
(b)

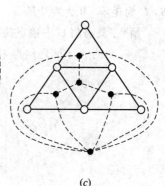
(c)

图 10.11

18. 求出 17 题中对各图的面着色的最少色数。

解 图(a)的最少色数是 3，图(b)的最少色数是 3，图(c)的最少色数是 2。

19. 用韦尔奇·鲍威尔法对图 10.12 中各图着色，求图的着色数。

解 对图 10.12(a)：

(1) 将图 10.12(a) 中各顶点按度数大小降序排列：A, B, E, F, H, D, G, C。

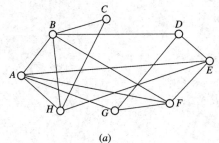

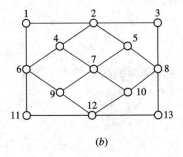

图 10.12

(2) 用 c_1 对 A 点着色，并对不相邻的顶点 D 和 C 也着 c_1 色。

(3) 对 B 及不相邻的 E 和 G 着 c_2 色。

(4) 对 F 及不相邻的 H 着 c_3 色。

由此可知，该图的色数小于等于 3，又由于该图中 A，B，H 三顶点构成 K_3，所以该图的着色数大于等于 3，故而 $\chi(G) = 3$。

对图 10.12(b)：

(1) 将图 10.12(b) 中各顶点按度数大小降序排列：2，6，7，8，12，4，5，9，10，1，3，11，13。

(2) 对 2 及不相邻的 6，7，8，12 着 c_1 色。

(3) 对 4 及不相邻的 5，9，10，1，3，11，13 着 c_2 色。

由此可知，该图的着色数小于等于 2，又由于该图为非零图，所以着色数大于等于 2，故而 $\chi(G) = 2$。

20. 假定 G 是二分图，如何安排 G 中顶点的次序可使 G 的邻接矩阵呈 $\begin{bmatrix} \mathbf{0} & \mathbf{B} \\ \mathbf{C} & \mathbf{0} \end{bmatrix}$ 形？其中 $\mathbf{B}$，$\mathbf{C}$ 为矩阵，$\mathbf{0}$ 为零矩阵。

解 只需将 G 中顶点按先 V_1 再 V_2 的次序排列即可。例如图 10.13 中的二分图，按 1，2，3，4，5 的顺序排列顶点，所得的邻接矩阵即为

$$\mathbf{A}(G) = \begin{bmatrix} 0 & 0 & 0 & 1 & 0 \\ 0 & 0 & 0 & 1 & 1 \\ 0 & 0 & 0 & 1 & 1 \\ 1 & 1 & 1 & 0 & 0 \\ 0 & 1 & 1 & 0 & 0 \end{bmatrix}$$

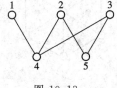

图 10.13

21. 证明：一个图能被两种颜色正常着色，当且仅当它不包含长度为奇数的回路。

证明 充分性。假设图 G 不包含长度为奇数的回路，则 G 为二分图，对 G 的每个互补顶点子集着一种颜色，则 G 能被两种颜色正常着色。

必要性。不妨设 G 是连通图，假设 G 能用两种颜色 c_1 和 c_2 正常着色，设 $V_1 = \{v \mid v \in V，v$ 着 c_1 色$\}$，$V_2 = \{v \mid v \in V，v$ 着 c_2 色$\}$。对于 G 中任一回路 $C：v_0 v_1 v_2 \cdots v_k v_0$，由于相邻顶点的颜色不同，如果 $v_0 \in V_1$，则必有 $v_1 \in V_2$，$v_2 \in V_1$，$\cdots$，$v_k \in V_2$，故 k 为偶数，即图 G 中任一回路的长度必为奇数。

22. 今有工人甲、乙、丙，任务 a、b、c。已知甲能胜任 a、b、c；乙能胜任 a、b；丙能胜任 b、c。能给出几种不同的安排方案，使每个工人去完成他们能胜任的任务？

解 以顶点分别表工人甲、乙、丙和任务 a、b、c，在表示工人的顶点与其所胜任任务的顶点间连边，所得为一个二分图（见图 10.14(a)），图中有三种完全匹配，对应三个不同的分配方案，方案 1：甲 $-a$，乙 $-b$，丙 $-c$（见图 10.14(b)）；方案 2：甲 $-c$，乙 $-a$，丙 $-b$（见图 10.14(c)）；方案 3：甲 $-b$，乙 $-a$，丙 $-c$（见图 10.14(d)）。

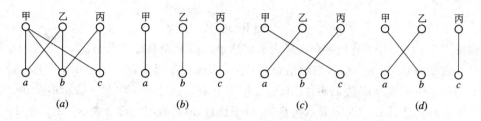

图 10.14

23. 判断图 10.2、图 10.7、图 10.10 中各图是否是二分图。

解 图 10.2 中各图均含有 K_3，即有奇数长度的回路，故均非二分图。图 10.7(a)、(c) 也因含有奇数长度的回路，而不是二分图；图 10.7(b) 是二分图。图 10.10(a)、(c) 也因含有奇数长度的回路，而不是二分图；图 10.10(b) 是二分图。

24. 某单位有 7 个空缺 p_1，p_2，$\cdots$，p_7 要招聘，有 10 个应聘者 m_1，m_2，$\cdots$，m_{10}，他们适合的工作岗位集合分别为：$\{p_1, p_5, p_6\}$，$\{p_2, p_6, p_7\}$，$\{p_3, p_4\}$，$\{p_1, p_5\}$，$\{p_6, p_7\}$，$\{p_3\}$，$\{p_2, p_3\}$，$\{p_1, p_3\}$，$\{p_1\}$，$\{p_5\}$。如何安排能使落聘者最少？

解 以应聘者和工作岗位为顶点，在应聘者对应的顶点与其适应的工作岗位所对应的顶点之间连边，得图 10.15 是一个二分图，问题归结为求一对 $\{p_1, p_2, \cdots, p_7\}$ 饱和的匹配 M（见图中粗线）。$M = \{(m_1, p_6), (m_2, p_2), (m_3, p_4), (m_4, p_5), (m_5, p_7), (m_6, p_3), (m_9, p_1)\}$。

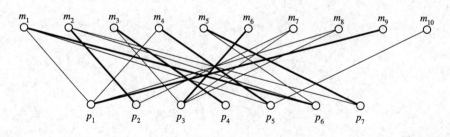

图 10.15

25. 有 5 个信息 ace，c，abd，db，de，现在想分别用组成每个信息的字母中的一个来表示该信息，问是否可能？若能，该如何表示？

解 能用组成每个信息的字母中的一个来表示这 5 个信息，方法如下：

以这 5 个信息和组成这 5 个信息的所有字母为顶点，在每个信息和组成该信息的字母所对应的顶点之间连边，如图 10.16 所示，该图是一个二分图，问题归结为求一对 $\{ace, c, abd, db, de\}$ 饱和的匹配 M。

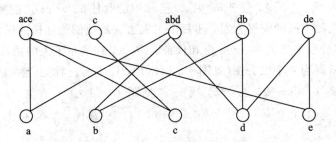

图 10.16

根据图 10.16 可知，若用字母 a 来表示信息 ace，字母 c 只能表示信息 c，信息 abd 可以用字母 b 或字母 d，当用字母 b 表示信息 abd 时，只能用字母 d 表示信息 db，字母 e 表示信息 de；当用字母 d 表示信息 abd 时，只能用字母 b 表示信息 db，字母 e 表示信息 de。若用字母 e 来表示信息 ace，字母 c 表示信息 c，由于信息 de 只能用字母 d 表示，则信息 db 只能用字母 b 表示，信息 abd 只能用字母 a 表示。

因此，总共有以下三种方案来表示这 5 个信息：$M_1 = \{(\text{ace}, a), (c, c), (\text{abd}, b), (\text{db}, d), (\text{de}, e)\}$；$M_2 = \{(\text{ace}, a), (c, c), (\text{abd}, d), (\text{db}, b), (\text{de}, e)\}$；$M_3 = \{(\text{ace}, e), (c, c), (\text{abd}, a), (\text{db}, b), (\text{de}, d)\}$。

补充题四

4.1 判断题

(1) 仅由一个孤立点构成的图才是零图。（ ）

(2) 由 n 个孤立点构成的图是平凡图。（ ）

(3) 简单图 G 的最大度数 $\Delta(G)$ 必小于 G 的顶点数。（ ）

(4) 若图 G_1 与 G_2 是同构的，则它们必有相同的点数和边数。（ ）

(5) G 是非连通图，当且仅当其边连通度 $\lambda(G)=0$。（ ）

(6) 若无向图 G 中存在桥，则 G 的点连通度和边连通度均是 1。（ ）

(7) 任何一条边均是桥的图必是树。（ ）

(8) 连通无向图 G 的任何一条边都是 G 的某一棵生成树的弦。（ ）

(9) 若无向图 G 中任意两点之间均有唯一一条初级通路，则 G 是树。（ ）

(10) 带权无向图的最小生成树可能不唯一，但权必相同。（ ）

(11) 任何平面图的对偶图都是连通平面图。（ ）

(12) 极大平面图 G 的对偶图 G^* 也是极大平面图。（ ）

(13) 两个同构的平面图的对偶图也必同构。（ ）

(14) K_5-e 是极大平面图，$K_{3,3}-e$ 也是极大平面图（e 是图中任一条边）。（ ）

(15) 有向图 G 是强连通的，当且仅当 G 是欧拉图。（ ）

4.2 单项选择题

(1) 设 n 阶图 G 中有 m 条边，每个顶点的度数或者是 k 或者是 $k+1$，若 G 中有 i 个 k 度顶点，余者为 $k+1$ 度顶点，则 $i=$（ ）。

A) $\dfrac{n}{2}$ B) nk

C) $n(k+1)$ D) $n(k+1)-2m$

(2) G 是 4 阶无向图，能使 G 为简单图的度数列是（ ）。

A) 0，1，2，3   B) 1，2，3，4

C) 1，1，3，3   D) 2，2，3，3

(3) 设 $G=\langle V,E\rangle$ 是无向图，$|V|=6$，$|E|=22$，则 G 必为（ ）。

A) 完全图   B) 正则图

C) 简单图   D) 多重图

(4) 设 G 是 8 阶简单连通无向图，G 中顶点之间的距离的上界为（ ）。

A) 7   B) 8   C) 9   D) 10

(5) 如果一个简单图 G 同构于自己的补图，则称 G 为自补图。3 阶有向完全图 G 的非同构子图中为自补图的共有（ ）个。

A) 2   B) 3   C) 4   D) 5

(6) n 阶有向图 $G=\langle V,E\rangle$ 是强连通图，当且仅当（ ）。

A) G 中至少有一条通路　　　　B) G 中有通过每个顶点至少一次的通路

C) G 中至少有一条回路　　　　D) G 中有通过每个顶点至少一次的回路

(7) 无向完全图 K_5 的非同构的生成树共有（　）棵。

A) 2　　　　　B) 3　　　　　C) 4　　　　　D) 5

(8) 连通无向图 G 有 6 个顶点、9 条边，T 是 G 的一个生成树，对应 T 的基本回路的数目为（　）。

A) 4　　　　　B) 5　　　　　C) 6　　　　　D) 7

(9) 设 G 是有 n 个顶点，m 条边的无向简单图，关于下面三个命题有结论（　）。

　　　命题 1：G 连通且无回路(指初级回路或简单回路)。

　　　命题 2：G 连通且 $m = n-1$。

　　　命题 3：G 中每条边均是桥。

A) 命题 1 当且仅当命题 3　　　　B) 命题 1 当且仅当命题 2

C) 命题 2 当且仅当命题 3　　　　D) 命题 1 当且仅当命题 2 当且仅当命题 3

(10) $K_{3,3}$ 是（　）。

A) 欧拉图　　　　　　　　　　　B) 哈密顿图

C) 平面图　　　　　　　　　　　D) 完全图

(11) 设 G 是无向完全图 $K_n (n \geqslant 6)$，下列命题中为假的是（　）。

A) 在 G 中，$\Delta = \delta$　　　　B) G 中定含有子图 K_4

C) G 必是欧拉图　　　　　　　D) G 必是哈密顿图

(12) K_n 是 $n(n \geqslant 1)$ 阶无向完全图，下列命题中为真的是（　）。

A) K_n 是 $n-1$ 度正则图

B) K_n 是欧拉图

C) K_n 是哈密顿图

D) 任何与 K_n 有相同顶点数和边数的无向图均与 K_n 同构

(13) 下面给出的符号串集合中，构不成前缀码的是（　）。

A) $\{0, 10, 110, 1111\}$

B) $\{b, c, aa, ac, aba, abc, abb\}$

C) $\{a, ba, bba, bbba\}$

D) $\{b, c, aa, ab, aba, abc, abb\}$

4.3　填空题

(1) 任何图中度数为奇数的顶点的个数为_____。

(2) 设 G_1、G_2、G_3 和 G_4 均是 4 个顶点 3 条边的无向简单图，则其中至少有_____个是同构的。

(3) 已知图 G 中有 12 条边，1 度顶点有 1 个，2 度与 3 度顶点各有 2 个，5 度顶点有 1 个，其余顶点的度数均是 4，则 G 中共有_____个 4 度顶点。

(4) 无向完全图 K_n 有 36 条边，则顶点数 n 为_____。

(5) 有向图 G 的邻接矩阵为 $\boldsymbol{A}$，$A^k = (a_{ij}^{(k)})_{n \times n} (k \geqslant 2)$，则 $a_{ij}^{(k)} = 4$ 表示 G 中_____。

(6) 有向图 G 的邻接矩阵为 $\boldsymbol{A}$，$A^k = (a_{ij}^{(k)})_{n \times n}(k \geqslant 2)$，则 $\sum\limits_{i=1}^{n}\sum\limits_{j=1}^{n}a_{ij}^{(k)} = m$ 表示 G 中 _____。

(7) 如果将可达性看成是有向图顶点集上的一个二元关系，则它具有 _____ 性和 _____ 性。

(8) 共有 7 个顶点，其中 3 片是树叶的非同构的无向树共有 _____ 棵。

(9) 设 G 是 n 阶 m 条边的无向简单连通图，则 G 的任何生成树对应的 G 的基本割集系统中均有 _____ 个元素。

(10) n 阶无向连通图 G 每条边均带有权 a，则其最小生成树 T 的树权 $W(T) =$ _____。

(11) 完全二部图 $K_{r,s}$ 当 _____ 时，必不是哈密顿图。

(12) 设 G 是极大平面图，则对 G 的每个面 R_i，均有 $\deg(R_i) =$ _____。

(13) 一个图是平面图，当且仅当它不含与 _____ 或 _____ 同胚的子图。

4.4 设 v_1，v_2，v_3 是任意图（无向或有向）G 中的任意三个顶点，以下三个命题是否为真？若不为真，请举出反例。

(1) $d(v_1, v_2) \geqslant 0$，并且等号成立当且仅当 $v_1 = v_2$。

(2) $d(v_1, v_2) = d(v_2, v_1)$。

(3) $d(v_1, v_2) + d(v_2, v_3) \geqslant d(v_1, v_3)$。

4.5 设 n 阶无向图 G 的每个顶点的度数均为 3，且有 $2n - 3 = m$（m 是边数），问在同构的意义下 G 是唯一的吗？

4.6 设有一简单有向图 G，其邻接矩阵为

$$\boldsymbol{A}(G) = \begin{bmatrix} 0 & 0 & 1 & 1 & 0 \\ 1 & 0 & 0 & 0 & 0 \\ 0 & 0 & 0 & 1 & 1 \\ 0 & 1 & 0 & 0 & 0 \\ 0 & 0 & 0 & 0 & 0 \end{bmatrix}$$

(1) 画出 G 的图形。

(2) 画出 G 的所有强分图。

4.7 设 G 是具有 n 个顶点 m 条边的简单无向图，

$$m > \frac{1}{2}(n-1)(n-2)$$

试证 G 是连通图。

4.8 设 e 是无向图 G 中的一条边，$p(G)$ 为 G 的连通分支数，$G - e$ 为从 G 中删去边 e 后所得的图，证明：$P(G) \leqslant P(G-e) \leqslant P(G)+1$。

4.9 给彼得森图中的边加上方向，使得其

(1) 成为强连通图。

(2) 成为非强连通的单向连通图。

4.10 设 G 是 n 阶无向图，其中不存在长度为 k 的简单通路，则 G 的边数 $|E(G)| \leqslant \frac{k-1}{2} \cdot n$。

4.11　证明：若无向连通图 G 不是平凡图，且 G 中无度数为 1 的顶点，则 G 中必有圈。

4.12　设 T_1 和 T_2 是连通图 G 的两棵生成树，边 a 在 T_1 中但不在 T_2 中，证明：存在只在 T_2 中而不在 T_1 中的边 b，使得 $(T_1 - \{a\}) \bigcup \{b\}$ 和 $(T_2 - \{b\}) \bigcup \{a\}$ 都是 G 的生成树。

4.13　设 T 为非平凡的无向树，$\Delta(T) \geqslant k$，证明 T 至少有 k 片树叶。

4.14　设 C 为无向图 G 中的一个圈，$\forall e_1, e_2 \in E(C)$，证明 G 中存在含边 e_1, e_2 的割集。

4.15　设 T 是无向图 G 的生成树，S 是 G 的一个边割集，证明：

(1) 生成树的余树 $G - T$ 不包含 G 的割集。

(2) $G - S$(从 G 中删去 S 的所有边所得的图) 不包含 G 的生成树。

4.16　根据简单有向图的邻接矩阵，如何判断它是否是根树？如果是根树，怎样确定它的根和叶？

4.17　给定算式 $\{[(a+b) \times c] \div (d+e)\} - [f - (g \times h)]$，试用根树表示。

4.18　甲乙二人进行象棋比赛，规定一方连胜两局或胜局首先达到三局者为胜方。问甲乙至少、至多要进行多少局比赛能定出胜负？

4.19　证明正则二元树的树高 h 满足

$$\left\lfloor \mathrm{lb}(n+1) - 1 \right\rfloor \leqslant h \leqslant \frac{1}{2}(n-1)$$

其中 n 为二元树的顶点数，$\left\lfloor a \right\rfloor$ 表示大于等于 a 的最小整数。

4.20　有八枚硬币，其中至多有一枚是假币，假币与真币重量不等(假币可能重也可能轻)。试用一架大半来称量，三次称出假币(指出其轻重)或断言假币不存在，请用决策树(一棵根树)表示称量策略。

4.21　构造一个与英文字母 b，d，g，o，y，e 对应的前缀码，并画出该前缀码对应的二元树，再用此六个字母构成一个英文短语，写出此短语的编码信息。

4.22　设 G 是 $n \geqslant 4$ 的有偶数个顶点的简单图，且顶点度数相等。证明：G 与 $\bar{G}$ 中有一个是哈密顿图。

4.23　9 个学生打算几天都在一个圆桌上共进晚餐，并且希望每次晚餐时，每个学生两边邻座的人都不相同，按此要求，他们在一起共进晚餐最多几天？

4.24　某人用 6 种不同颜色的毛线织双色毛衣，已知每种颜色至少适宜和其他 5 种颜色中的 3 种相搭配。证明可以有 3 件毛衣，它们恰有 6 种不同的颜色。

4.25　设 G 是顶点数 $n = 6$，边数 $m = 12$ 的简单连通平面图。

(1) 求 G 的面数 r。

(2) 求 G 中各面的次数。

4.26　设 10 阶平面图 G 有 5 个面，求 G 的边数 m。

4.27　设 G 是有 n 个顶点、m 条边、$k(k \geqslant 2)$ 个连通分支的平面图，G 的每个面均至少由 $l(l \geqslant 3)$ 条边围成，证明：

$$m \leqslant \frac{l(n-k-1)}{l-2}$$

4.28　围棋棋盘可以看作一个连通的平面图 G，它有 19×19 个顶点和 18×18 个网格，验证图 G 满足欧拉公式。

4.29 在一间机房中,有 5 台微机,分别可提供使用的高级语言是:1 号机为 A;2 号机为 B 和 E;3 号机为 A 和 C;4 号机为 E;5 号机为 D。现有 5 人要同时上机解题,他们会使用的高级语言分别是:张会 A 和 B;王会 C 和 D;李会 A 和 D;赵会 B;刘会 E。如果李先坐在 3 号机位置,其他人的座位应如何安排?

4.30 求 K_{2n} 和 $K_{n,n}$ 中不相同完美匹配的个数。

■ 补充题四答案

4.1
(1) × (2) × (3) √ (4) √ (5) × (6) × (7) × (8) × (9) √
(10) √ (11) √ (12) × (13) × (14) × (15) ×

4.2
(1) D) (2) D) (3) D) (4) A) (5) C)
(6) D) (7) B) (8) A) (9) B) (10) B)
(11) C) (12) A) (13) D)

4.3
(1) 偶数
(2) 2
(3) 2
(4) 9
(5) 从顶点 v_i 到顶点 v_j 长度为 k 的通路有 4 条
(6) 长度为 k 的通路共有 m 条
(7) 自反,传递
(8) 3
(9) $n-1$
(10) $a(n-1)$
(11) $r \neq s$
(12) 3
(13) K_5,$K_{3,3}$

4.4 **解** (1)、(3) 对于无向图和有向图均为真。
(2) 对于无向图为真,对于有向图不一定为真,例如在图 A4.1 中,$d(v_1, v_2) = 1$,但是 $d(v_2, v_1) = \infty$。

4.5 **解** G 中每个顶点的度数均为 3,由握手定理可知,$2m = 3n$,将条件 $2n - 3 = m$ 代入得 $n = 6$,$m = 9$,G 是 6 阶 3 度正则图。在同构的意义下,G 不是唯一的。如图 A4.2 所示,图 (a)、(b) 均是 6 阶 3 正则图,但不同构。

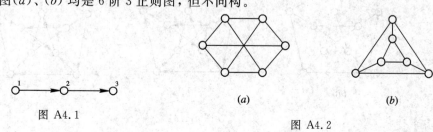

图 A4.1

(a)   (b)

图 A4.2

4.6 **解** G 的图形见图 A4.3(a)，强分图见图 A4.3(b)。

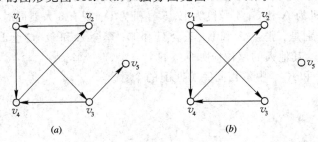

图 A4.3

4.7 **证明** $n=2$ 时显然成立。考虑 $n>2$，用反证法。假设 G 不连通，则可将 G 中的顶点集 V 划分成两个顶点子集 V_1 和 V_2，满足 $V_1 \bigcup V_2 = V$，$V_1 \bigcap V_2 = \varnothing$，且 V_1 与 V_2 不连通。设由 V_1 生成的 G 的子图 G_1 中有 n_1 个顶点、m_1 条边，由 V_2 生成的 G 的子图 G_2 中有 n_2 个顶点、m_2 条边，则 $n_1+n_2=n$，$m_1+m_2=m$。因为 G 是简单无向图，所以 G_1 和 G_2 也都是简单无向图，从而有

$$m_1 \leqslant \frac{1}{2}n_1(n_1-1), \qquad m_2 \leqslant \frac{1}{2}n_2(n_2-1)$$

于是
$$m = m_1 + m_2 \leqslant \frac{1}{2}n_1(n_1-1) + \frac{1}{2}n_2(n_2-1) \tag{1}$$

又有条件
$$m > \frac{1}{2}(n-1)(n-2) = \frac{1}{2}(n_1+n_2-1)(n_1+n_2-2) \tag{2}$$

由于 $n>2$，因此 n_1 和 n_2 中至少有一个大于等于 2，不妨设 $n_1 \geqslant 2$，由（2）式可得

$$m > \frac{1}{2}(n_1+n_2-1)(n_1+n_2-2) = \frac{1}{2}n_1(n_1+n_2-2) + \frac{1}{2}(n_2-1)(n_1+n_2-2)$$

$$\geqslant \frac{1}{2}n_1(n_1-1) + \frac{1}{2}n_2(n_2-1)$$

这与（1）式矛盾，故 G 是连通图。

4.8 **证明** 设 e 属于 G 的第 i 个连通分支 G_i，$e=(u,v)$。若 e 是 G_i 中某条初级回路中的边，则删去 e 后不会影响 G_i 的连通性，因此 G 的连通分支数无变化，即 $P(G)=P(G-e)$。若 e 不在 G_i 的任何回路中，即 e 是 G_i 中的桥，则删去 e 后必使 G_i 变成两个连通分支，因此 $G-e$ 比 G 多一个连通分支，即 $P(G-e)=P(G)+1$，故
$$P(G) \leqslant P(G-e) \leqslant P(G)+1$$

4.9 **解** 见图 A4.4，(a) 为彼得森图，(b) 为强连通图，(c) 为单向连通图。

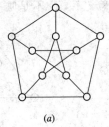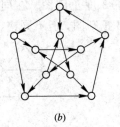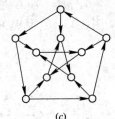

图 A4.4

4.10 证明 不妨固定 k，然后施归纳于 G 的顶点数 n。

对于 $n \leqslant k$，因为 $|E(G)| \leqslant \dfrac{(n-1)n}{2} \leqslant \dfrac{(k-1)n}{2}$，所以结论成立。

现设 $n > k$。若 G 是连通图，因为不存在长度为 k 的简单通路，所以在图 G 中不可能有 k 个顶点的完全子图，而且至少有一个顶点 v，其度数 $d(v) \leqslant \dfrac{k-1}{2}$，否则，对任意的两个顶点 v_1 和 v_2，有 $d(v_1) + d(v_2) \geqslant k$，导致在 G 中有长度为 k 的简单通路而引出矛盾。于是

$$|E(G)| = d(v) + |E(G-v)|$$

$$\leqslant \frac{k-1}{2} + \frac{k-1}{2}(n-1) = \frac{k-1}{2} \cdot n$$

若 G 不连通，则对 G 的每个连通分支 $G_j (1 \leqslant j \leqslant r)$，均有 $|E(G_j)| \leqslant \dfrac{k-1}{2} \cdot n_j$，故

$$|E(G)| = \sum_{j=1}^{r} |E(G_j)|$$

$$\leqslant \sum_{j=1}^{r} \frac{k-1}{2} \cdot n_j$$

$$= \frac{k-1}{2}(n_1 + n_2 + \cdots + n_r)$$

$$= \frac{k-1}{2} \cdot n$$

4.11 证明 用反证法。假设 G 中无圈，因为 G 是连通图，所以 G 为一棵树，而"任何非平凡树至少有两片树叶"，与 G 不是平凡树且无度数为 1 的顶点的条件矛盾，故 G 中必有圈。

4.12 证明 从 T_1 中删去边 a，得树 T_{11} 和 T_{12}，用 V_1 和 V_2 分别表示 T_{11} 和 T_{12} 的顶点集合，设

$$S_a = \{e \mid e \text{ 的两个端点分别属于 } V_1 \text{ 和 } V_2\}$$

显然 $a \in S_a$。因为边 a 不在 T_2 中，所以 a 是 T_2 的弦，设 C_a 是 T_2 对应弦 a 的基本回路，则在 C_a 上必存在 T_2 的树枝 b，b 不在 T_1 中但在 S_a 中。否则，C_a 上的 T_2 的所有树枝均在 T_1 中或者均不在 S_a 中。如果 C_a 上的 T_2 的所有树枝均在 T_1 中，则 C_a 的所有的边就都在 T_1 中，这与 T_1 是树矛盾。又若 C_a 上的 T_2 的所有树枝均不在 S_a 中，则 C_a 中除了 a 边外，所有的边的端点或者均在 V_1 中，或者均在 V_2 中，这与 C_a 是回路矛盾。因此，C_a 中必存在不在 T_1 中但在 S_a 中的 T_2 的树枝，设 b 为其中的一条，则 $(T_1 - \{a\}) \cup \{b\}$ 连通无回路且是 G 的生成子图，所以它是 G 的生成树。同理，$(T_2 - \{b\}) \cup \{a\}$ 也是 G 的生成树。

4.13 证明 设 T 有 n 个顶点，t 片树叶。因为 $\Delta(T) \geqslant k$，所以 T 中至少有一个顶点的度数大于等于 k，而 $n-t-1$ 个顶点的度数至少是 2，由握手定理知

$$2m = 2(n-1) = \sum_{v \in V} d(v) \geqslant k + 2(n-t-1) + t$$

$$\Rightarrow 2n - 2 \geqslant k + 2n - t - 2$$

$$\Rightarrow t \geqslant k$$

所以，T 中至少有 k 片树叶。

4.14 证明 设 C 在 G 的某个连通分支 G_1 中，在 G_1 中求一棵生成树 T，使得 e_1 为

弦，e_2 是树枝，令含 e_2 的基本割集为 S，则 S 中除 e_2 外均是弦。若 $e_1 \notin S$，则对 T 而言，因为只删去了 e_2 一个树枝，所以 T 分成了两棵子树：T_1 和 T_2，而由于 e_1，e_2 同在圈 C 上，因此 e_1 的两个端点必分属 $V(T_1)$、$V(T_2)$，故 $T_1 \bigcup T_2 + \{e_1\}$ 是连通的，从而 $G-S$ 仍是连通的，与 S 是割集矛盾，所以 $e_1 \in S$，即 G 中存在含边 e_1，e_2 的割集。

4.15　证明

(1) 若生成树的余树 $G-T$ 包含 G 的割集，则在 G 中删去 $G-T$ 后也就去掉了一个割集，因而所得的生成树是不连通的，这与生成树的定义矛盾。故生成树的余树 $G-T$ 不包含 G 的割集。

(2) 由于 S 是割集，所以 $G-S$ 是不连通的，故 $G-S$ 不包含 G 的生成树。

4.16　解　一个有向图为根树，它的邻接矩阵必须满足：

(1) 所有主对角线上的元素均为 0；

(2) 矩阵中有且仅有一列元素均为 0，而其他列中元素均恰有一个为 1。如果一个邻接矩阵对应的有向图是根树，则唯一的一个全零列对应的顶点是根，而所有全零行对应的顶点是树叶。

4.17　解　算式 $\{[(a+b) \times c] \div (d+e)\} - [f-(g \times h)]$ 的根树表示见图 A4.5。

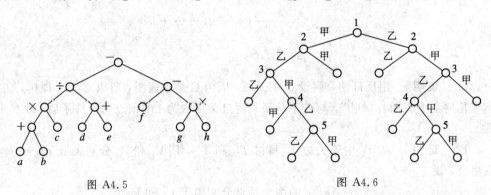

图 A4.5　　　　　　　　　　　　　　　　图 A4.6

4.18　解　我们用一棵根树来描述比赛的各种可能进程：用分支点表示一局比赛，用树叶表示胜负已定比赛终止，用分支点关联的两条边表示胜负状况，标记"甲"的边表示甲胜，标记"乙"的边表示乙胜（见图 A4.6），从而可以确定比赛至少要进行 2 局，至多要进行 5 局才能定出胜负。

4.19　证明　在高为定值 h 的正则二元树中，完全正则二元树的顶点数最大，为

$$2^0 + 2^1 + 2^2 + \cdots + 2^h = 2^{h+1} - 1$$

所以有 $2^{h+1} - 1 \geqslant n$，即 $2^{h+1} \geqslant n+1$，因而 $h \geqslant \mathrm{lb}(n+1) - 1$，故

$$\lfloor \mathrm{lb}(n+1) - 1 \rfloor \leqslant h$$

另一方面，在高为定值 h 的正则二元树中，每个分支点的两个儿子中必有一个儿子是树叶的正则二元树的顶点数最少，为 $(h+1)+h$，所以 $(h+1)+h \leqslant n$，故 $h \leqslant \dfrac{1}{2}(n-1)$。

4.20　解　将八枚硬币编号，决策树如图 A4.7 所示，其中每个分支点表示一次称量，其邻接的三条边表示左右盘高低的状况，左边表示左盘低，右边表示右盘低，中间边表示两盘水平。分支点上的数目表示左、右盘上所称硬币的号码，树叶上的数目表示假币（重或轻），$\varnothing$ 表示没假币（中间的 $\varnothing$）或不可能出现的情况（其他的 $\varnothing$，因为至多只有一枚假币

重或轻)。

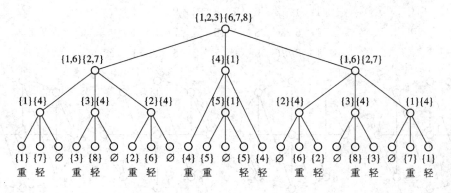

图 A4.7

4.21　解　构造一棵有6片树叶的正则二元树（见图 A4.8），六个字母对应的前缀码为

b——000;　　　d——001;

g——01;　　　o——10;

y——110;　　　e——111。

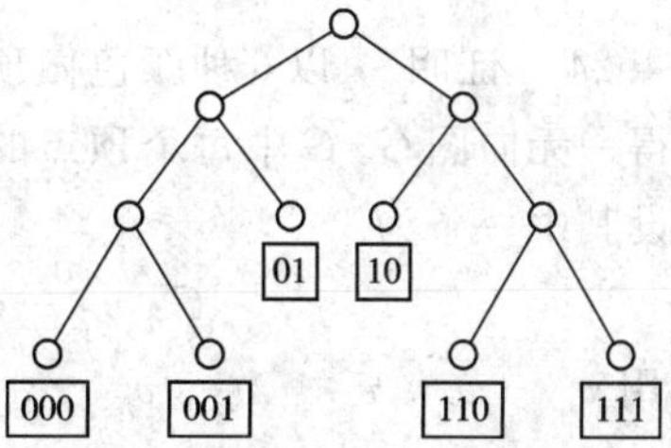

英文短语：good bye

此短语的前缀码信息为：011010001000110111

图 A4.8

4.22　证明　因为 $n \geqslant 4$ 是偶数，所以完全图 K_n 的每个顶点的度数 $d(v_i(K_n)) = n-1$ 是奇数，又因为 v_i 在 G 中的度数 $d(v_i(G))$ 与 v_i 在 $\overline{G}$ 中的度数 $d(v_i(\overline{G}))$ 之和等于 $n-1$，并且 v_i 在 G 中的度数相等，所以 $d(v_i(G))$ 与 $d(v_i(\overline{G}))$ 中至少有一个大于 $(n-1)/2$，不妨设 $d(v_i(G)) > (n-1)/2$，则 G 中任意两个顶点的度数之和均大于等于 n，由定理可知 G 中有哈密顿回路，故 G 是哈密顿图。

4.23　解　以9个顶点表示人，边表示相邻而坐的二人，则任意一人与其他人相邻就座的所有情况，就是9个顶点的完全图；一次晚餐的就座方式，就是 K_9 中的一个哈密顿圈；每次晚餐时，每个学生两边邻座的人都不相同，就是在 K_9 中的每个哈密顿圈没有公共边，问题归结为在 K_9 中最多有多少个没有公共边的哈密顿圈。因为9人的坐法只由它们之间的相邻关系决定，排成圆形时，仅与排列顺序有关。因此对各种坐法，可认为一人的座位不变，将其设为1号，并不妨放在圆心，其余8人放在圆周上。于是不同的哈密顿圈，可由圆周上不同编号的旋转而得到。

9个顶点的完全图共有 $\dfrac{9 \times (9-1)}{2} = 36$ 条边，在 K_9 中每条哈密顿圈的长度为8，则没有公共边的哈密顿圈数是 $\left\lfloor \dfrac{36}{8} \right\rfloor = 4$ 条（$\lfloor a \rfloor$ 表示小于等于 a 的最大整数），即最多有四天。此4条不同的哈密顿圈可由下面方式作图得到：

设有一条哈密顿圈 $1 - 2 - 3 - \cdots - 9 - 1$，将此图的顶点标号旋转 $360°/8$，$2 \times 360°/8$，$3 \times 360°/8$，就得到另外三个图（如图 A4.9 所示）。每个图对应一条哈密顿圈。如果9个人标记为 $1, 2, \cdots, 9$，四天中排列情况如下：

$$
\begin{array}{ccccccccccc}
1 & 2 & 3 & 4 & 5 & 6 & 7 & 8 & 9 & 1 \\
1 & 4 & 2 & 6 & 3 & 8 & 5 & 9 & 7 & 1 \\
1 & 6 & 4 & 8 & 2 & 9 & 3 & 7 & 5 & 1 \\
1 & 8 & 6 & 9 & 4 & 7 & 2 & 5 & 3 & 1
\end{array}
$$

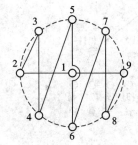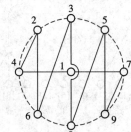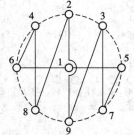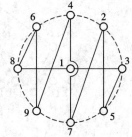

图 A4.9

4.24 证明 以 6 种颜色做顶点，若两种颜色适宜搭配，则在代表它们的顶点之间连边，得一无向图 G。G 中每个顶点的度数至少是 3，故由定理 10.5 可知，G 中存有哈密顿回路，设其中一条为

$$C:v_{i_1}-v_{i_2}-v_{i_3}-v_{i_4}-v_{i_5}-v_{i_6}-v_{i_1}$$

用 $v_{i_1}-v_{i_2}$、$v_{i_3}-v_{i_4}$、$v_{i_5}-v_{i_6}$ 分别织成 3 件双色毛衣，他们恰好用了 6 种颜色。

4.25 解

(1) 因为是连通简单平面图，所以由欧拉公式知：$n-m+r=2 \Rightarrow 6-12+r=2$，得 G 的面数 $r-8$。

(2) 因为 $2m=\sum\limits_{i=1}^{r}\deg(R_i)=2\times 12=24$，又因为 $r=8$ 且 G 是简单图，所以 $\deg(R_i)=3$。

4.26 解 设 G 有 k 个连通分支 $G_1,G_2,\cdots,G_k$，每个连通分支 G_i 有 n_i 个顶点、m_i 条边和 r_i 个面。显然，$\sum\limits_{i=1}^{k}n_i=n$，$\sum\limits_{i=1}^{k}m_i=m$。每个 G_i 作为一个独立的平面图均有一个无限面，而将所有的 G_i 合成 G 时，只有一个无限面，所以，$\sum\limits_{i=1}^{k}r_i=r+k-1$。因此，

$$
\begin{aligned}
n-m+r &= \sum_{i=1}^{k}n_i-\sum_{i=1}^{k}m_i+\sum_{i=1}^{k}r_i-k+1 \\
&= \sum_{i=1}^{k}(n_i-m_i+r_i)-k+1 \\
&= 2k-k+1=k+1 \quad \text{(称为推广的欧拉公式)}
\end{aligned}
$$

所以，G 的面数 $m=n+r-k-1=10+5-k-1=14-k$。

4.27 证明 设 G 有 r 个面，则诸面的次数之和 $\sum\limits_{i=1}^{k}\deg(R_i)=2m$。因为 G 的每个面均至少由 l 条边围成，所以 $l\cdot r\leqslant 2m$。由推广的欧拉公式(见 4.26 题)得 $r=m-n+k+1$，从而 $l\cdot(m-n+k+1)\leqslant 2m$，整理得 $m\leqslant\dfrac{l(n-k-1)}{l-2}$。

4.28 证明 因为有 18×18 个网格，再加上外部面，所以 G 的面数 $r=18\times 18+1$，

顶点数 $n = 19 \times 19$，而边数 $m = 2 \times 18 \times 19$，于是

$$n - m + r = 19 \times 19 - 2 \times 18 \times 19 + 18 \times 18 + 1$$
$$= (18 + 1)^2 - 2 \times 18 \times (18 + 1) + 18 \times 18 + 1$$
$$= 18^2 + 2 \times 18 + 1 - 2 \times 18^2 - 2 \times 18 + 18^2 + 1 = 2$$

所以欧拉公式成立。

4.29 解 5 个人与 5 种高级语言之间有使用关系：

$R_1 = \{\langle 张, A \rangle, \langle 张, B \rangle, \langle 王, C \rangle, \langle 王, D \rangle, \langle 李, A \rangle, \langle 李, D \rangle, \langle 赵, B \rangle, \langle 刘, E \rangle\}$

5 台微机与 5 种高级语言有对应关系：

$R_2 = \{\langle 1, A \rangle, \langle 2, B \rangle, \langle 2, E \rangle, \langle 3, A \rangle, \langle 3, C \rangle, \langle 4, E \rangle, \langle 5, D \rangle\}$

于是 5 个人与 5 台机器之间有可使用关系 R：

$R = R_1 \circ R_2^{-1} = \{\langle 张, 1 \rangle, \langle 张, 3 \rangle, \langle 张, 2 \rangle, \langle 王, 3 \rangle, \langle 王, 5 \rangle, \langle 李, 1 \rangle, \langle 李, 3 \rangle,$
$\langle 李, 5 \rangle, \langle 赵, 2 \rangle, \langle 刘, 2 \rangle, \langle 刘, 4 \rangle\}$

分别以顶点表示 5 个人和 5 台机器，则关系 R 对应二分图 G（见图 A4.10）。按题意，求 G 中的已选定边 (李, 3) 的完全匹配：$\{(张, 1), (王, 5), (李, 3), (赵, 2), (刘, 4)\}$。

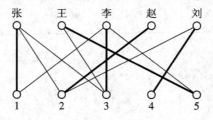

图 A4.10

4.30 解

(1) 记 K_{2n} 中不同完美匹配数为 $f(n)$，显然有 $f(1) = 1$。在 K_{2n} 中任取一个顶点 v_1，其关联的边共有 $2n - 1$ 条，故 K_{2n} 中任一顶点可有 $2n - 1$ 种方法被饱和，一旦选定某一条边属于某个匹配 M 后，剩下的还有 $2n - 2$ 个顶点，它们的导出子图是 $K_{2n-2} = K_{2(n-1)}$。再在 $K_{2(n-1)}$ 中任取一个顶点 v_2，其关联的边共有 $2n - 3$ 条，故 $K_{2(n-1)}$ 中任一顶点可有 $2n - 3$ 种方法被饱和，一旦选定某一条边属于某个匹配 M 后，剩下的还有 $2n - 4$ 个顶点，它们的导出子图是 $K_{2n-4} = K_{2(n-2)}$。依次类推，可知 K_{2n} 中完美匹配数为

$$f(n) = (2n - 1) \cdot f(n - 1) = (2n - 1)(2n - 3) \cdots f(1) = (2n - 1)!!$$

(2) 记 $K_{n,n}$ 中不同完美匹配数为 $g(n)$，显然有 $g(1) = 1$。在 $K_{n,n}$ 中任取一个顶点 u_1，其度数 $d(u_1) = n$，故 u_1 被饱和的方法可有 n 种，一旦选定某一条边属于某个匹配 M 后，剩下的还有 $2n - 2$ 个顶点，它们的导出子图是 $K_{n-1,n-1}$。再在 $K_{n-1,n-1}$ 中任取一个顶点 u_2，$d(u_2) = n - 1$，故 $K_{n-1,n-1}$ 中任一顶点 u_2 可有 $n - 1$ 种方法被饱和，一旦选定某一条边属于匹配 M 后，剩下的还有 $2n - 4$ 个顶点，它们的导出子图是 $K_{n-2,n-2}$。依次类推，可知 $K_{n,n}$ 中完美匹配数为

$$g(n) = n \cdot g(n - 1) = n(n - 1) \cdots g(1) = n!$$

参 考 文 献

[1]　左孝凌，李为镒，刘永才. 离散数学：理论·分析·题解. 上海：上海科学技术文献
　　　出版社，1988.

[2]　檀凤琴，何自强. 离散数学习题与解析. 北京：科学出版社，2002.

[3]　孙学红，秦伟良.《离散数学》习题解答. 西安：西安电子科技大学出版社，1999.

[4]　耿素云. 离散数学习题集：图论分册. 北京：北京大学出版社，1990.

[5]　傅彦，顾小丰. 离散数学及其应用习题解析. 北京：电子工业出版社，1997.

[6]　王元元，张桂芸. 离散数学解题指导. 北京：科学出版社，2003.